U0305041

卡特兰

Cattleya Alliance

王 雁　陈振皇　郑宝强　周照川　黄祯宏 / 著

中国林业出版社

内容简介

本书选用1330张精美的图片，科学地论述了卡特兰属类的属名及品种名变革、命名、植物学特征、自然家族资源、规模栽培技术、繁殖、育种及应用，是观赏园艺学和园林花卉学领域的书籍。系统梳理了卡特兰属类的三次属名变革，及由此带来的品种名的变革，并通过对卡特兰属类自然家族中的14个属及其近缘属的详细介绍，为读者提供了详尽而清晰的血统脉络，以及准确的分类体系和各属、种、品系及品种间的亲缘关系。介绍了不同花色、类型的15类卡特兰铭花，对各类铭花的育种历史及特色进行了论述，为读者呈献了卡特兰浩瀚花海中最具代表性的精品。本书也系统论述了卡特兰的生产栽培技术、繁殖技术、病虫害防治等。卡特兰育种部分是本书的另一特色，针对卡特兰花器官的特殊性，介绍了亲本选择、花粉块保存及授粉方法，并通过具体实例对卡特兰的花色育种、花型（唇瓣）育种、楔形花育种、多花性育种及植株矮化、肥化育种等做了详细说明。本书全面反映了国际卡特兰的最新成果和应用水平。

本书内容系统、全面，文字准确简练，科学性、权威性强，图文并茂，引人入胜。该书集科学性、知识性和实用性于一体，视野开阔，资料翔实，图版精美，适合园艺从业者、专业院校教学科研人员、兰花专业人士和广大花卉爱好者阅读。

国家林业局948重大创新项目（2006-4-C07）资助

图书在版编目（CIP）数据

卡特兰 / 王雁等著. — 北京 : 中国林业出版社, 2012.8
ISBN 978-7-5038-6694-4
Ⅰ. ①卡… Ⅱ. ①王… Ⅲ. ①兰科－花卉－观赏园艺－图集 Ⅳ. ①S682.31-64

中国版本图书馆CIP数据核字(2012)第173737号

责任编辑 贾麦娥

出版发行 中国林业出版社(100009 北京市西城区德内大街刘海胡同7号)
E-mail：jiamaie@yahoo.com.cn 电话：(010)83227226
http://lycb.forestry.gov.cn
经　销 新华书店
制　版 北京美光设计制版有限公司
印　刷 北京华联印刷有限公司
版　次 2012年8月第1版
印　次 2012年8月第1次
开　本 230mm × 300mm
印　张 32.5
定　价 620.00元

序言 Preface one 1

在20世纪90年代中期，当我第一次看到卡特兰时，便被其硕大的花姿，绚丽的色彩，迷人的芳香所吸引，于是建议中国林业科学研究院花卉研究与开发中心进行引种和研究。经过十多年潜心的栽培和研究，中心取得了一系列可喜的成果，大作《卡特兰》出版，甚为欣喜，于是欣然作序。

回顾我国花卉产业发展的30年，我国花卉业取得了显著的成绩，也逐步得到国家的重视和支持。花卉产业已经成为美丽产业和朝阳产业，对于优化产业结构、改善生活环境、提高生活质量、构建社会主义和谐社会具有非常重大的意义。目前花卉产业已被纳入国家“林业产业政策要点”和“林业产业振兴规划”，成为林业“十二五”规划中着力培育的十大主导产业之一。

热带兰花产业是花卉业的重要组成部分。全球约有原生种兰花800属近24000种，均具有很高的经济价值。

我国具有发展热带兰花产业得天独厚的自然条件，我国属于热带和亚热带的地区共有48万km^2，约占国土总面积的5%，主要分布于台湾、海南、广东、广西、云南和福建的南部，以及贵州、四川南端的河谷带，这些地区气候温和，雨量较多，土壤肥沃，水源充足，很适宜热带兰花的生长。充分利用我国优越的自然条件，适地、适种地引种和开发，将促进我国热带兰花产业快速发展。近年来，热带兰在中国花卉市场上掀起了消费热潮，蝴蝶兰、文心兰、春石斛成为我国年宵花卉的宠儿，占有相当大的市场份额。目前在广州、厦门、深圳、珠海、海口、昆明等地已经有了文心兰、石斛兰、蝴蝶兰等工厂化生产基地，出产的品牌和品种也逐渐被市场所认可，整个兰花产业发展迅猛，形势喜人。

中国潜在兰花生产和消费市场也逐渐被世界各国所看好和期待，2006年底首届中国热带兰花博览会在三亚召开，时任世界兰花大会理事会主席的Peter R.Fumiss先生出席大会，我受邀主持开幕式，并对卡特兰金奖颁奖，使我对兰花事业的发展感触颇深。目前该展会已经连续召开6届，而且展会规模不断扩大，操作也越来越成熟。在此影响下，2010年第十届亚洲太平洋热带兰花展暨兰花会议（简称亚太兰展）在重庆成功举办，山东泰安也成功举办了三届国际兰花节，并将每年一届的展会作为兰花产业交流和发展的重要平台，带动了花卉及相关产业的快速发展。

中国林业科学研究院花卉研究与开发中心一直重视兰花科研工作，一直进行热带兰种类的收集、栽培技术研究、繁殖和品种选育等工作。本书不仅是对热带兰科研工作持久专注和探索的又一结晶，同时本书也是海峡两岸文化交流不断发展的一个见证。本书不仅凝聚了作者们精准的栽培技术、先进的管理经验、清晰的育种理念、丰硕的科研成果，同时还凝聚着作者们对卡特兰的眷爱、对卡特兰事业的殷切希望，是对中国热带兰花事业的一个卓越贡献！

本书对卡特兰属类的属名大变革进行了梳理和介绍，为对卡特兰命名和书写存在困扰的科研工作者和爱好者点亮了一盏明灯；书中对卡特兰的原种、近缘种、人工杂交种铭花进行了详尽介绍，同时辅以精美图片，由浅入深，通俗易懂，让人一经阅读不忍释手。同时本书汇集了有关卡特兰栽培、应用、育种的理论与经验，内容注重科学性并力求实用，做到学术性与实用性并重，填补了我国卡特兰培育与应用的诸多空白，是系统研究卡特兰属类的不可多得的专著，堪称是一部卡特兰全书！我确信，该书的出版将对中国卡特兰产业的蓬勃发展产生巨大的推动作用。我再次谨向本书作者表示衷心祝贺和感谢！相信我国热带兰花爱好者们同样祝贺这样一部著作问世，同样感谢本书作者对中国兰花事业所作的贡献。

江澤慧

中国林业科学研究院　首席科学家

中国花卉协会　会长

2012年8月

从“嘉德丽雅兰”到“卡特兰”

序言 Preface two 2

卡特兰，台湾称为嘉德丽雅兰。台湾栽培嘉德丽雅兰几十年，从只有达官贵人、医师显要栽培得起，到如今人人都能拥有，许多还被当成生活点缀品、消费品；从一株要一栋洋楼天价的凤毛麟角，到如今只要一个便当钱的大量商业生产；从朱门庭户深锁、不轻易示人，到如今满园花簇簇、到处都飘香，还摆得阳台、窗架、庭园树干上都是她们的芳踪倩影。这一个台湾几十年的嘉德丽雅兰栽培史，其实也正是台湾社会经济几十年的变迁史。如今，台湾的兰花在世界各处都被视为一项骄傲：蝴蝶兰的育种及栽培居世界之冠；仙履兰（兜兰）的育种也后来居上、目前执世界牛耳；咱们嘉德丽雅兰，几十年的历史是一项没有停止的成长，大轮嘉德丽雅早已是世界育种及栽培的供应中心，中小轮乃至迷你品系也早就一路争前、独领风骚，所谓“掌上袖珍型品种”则全世界都还属新发展阶段，看谁领先群伦。

卡特兰的栽培，在大陆正重新掀起兰花栽培的热潮，正方兴未艾。这一属类的兰花，在欧美发展已有两百多年，但是，美丽兰花的发展没有限量，喜好没有尽头，育种的发展则有无限可能的空间；老事物、老品系就需要活力的滋养、活水的浇灌，更何况，两百多年的历史，只是人类这一整个大家庭生命中的沧海之一粟，她们的育种还有很长的路要走，栽培繁殖技术还有很多的研究要做，还需要我们继续努力。

不管她们是叫做卡特兰或称为嘉德丽雅兰，美好的事物就是生活中最好的装饰和点缀，卡特兰的各种组合花、礼盆花，更是逢年过节、各种婚丧喜庆活动中最佳而不可或缺的美丽。

本书是一本介绍详尽而严实考据的专业书籍，从自然界中的原种一一谈起，到市面上的商业品种分类，以及针对卡特兰的栽培、病虫害防治、观赏、日常应用等都有深入介绍，并且列出“卡特兰的育种”一章节，提供给有兴趣于卡特兰育种的人士作为参考。不仅是给兰花从业者及有兴趣卡特兰栽培、研究、欣赏的社会大众作为随手工具书，也可以提供大学、研究所、植物园等学术单位作为卡特兰大家族各属类辨别、分类以及了解来龙去脉之材料，尤其在卡特兰家族各属类属名重大变革的这个时代转接点，本书提供了由浅至深、让人们能够迅速进入状况的门径。

在这个时刻，如果您对卡特兰好奇，想了解，有兴趣，要栽培，做买卖，纯欣赏，只看看……都可请您，从翻开本书开始。

周進昌

台湾嘉德丽雅兰艺协会　理事长

2012年8月

当我第一次在巴西原始森林中看到卡特兰野生种时，就为之激动不已，其鲜艳的色彩和硕大的花朵紧紧依附在高大的树干上，在蓝天的背景中显得尤为动人。以后又在安第斯山脉的哥伦比亚、厄瓜多尔见到了多种卡特兰、树兰和其它热带兰花，这些神奇的热带兰花深深地吸引了我。卡特兰原产南美洲，中国无分布，引种时间短，且栽培不多，对卡特兰知之甚少，且由于广义卡特兰又由多个不同属组成，属名变动，种名变动，加之很多属间杂种和种间杂种不断产生，因此对于卡特兰的分类就更加不清楚，这也使我更加关注卡特兰资源方面的研究，但始终找不到一本系统全面阐述卡特兰方面的权威的专著以解心头之惑。

当我看到中国林业科学研究院林业研究所花卉研究室王雁研究员等五位专家的《卡特兰》专著手稿时，立即被此书吸引，并在最短的时间内一口气读完。这本专著全面、系统地阐述了卡特兰的分类、资源特点，属名种名的变化来由以及地理分布、栽培技术、育种及应用；对卡特兰属及相关属的亲缘关系进行了科学的梳理，给读者明晰的脉络。该书的另一个特点是详尽介绍了卡特兰生产栽培养护技术、繁殖技术、病虫害防治技术等。不仅可以指导卡特兰商业化生产，对卡特兰爱好者栽培也有很大的帮助。第三个特点是该书针对卡特兰育种，对其花器官的特点、亲本选择、花粉块保存、授粉方法进行了介绍，通过实例对卡特兰不同类型育种进行了全面的论述。该专著对卡特兰商品育种具有重要指导意义和实用价值。第四个特点是该专著图片精美，代表性强，不仅数量多，达到1300多幅，而且图片均很好地反映了该物种和品种的特点。本书图文并茂，集知识性、科学性与实用性为一体，是一本值得兰花研究者和爱好者参考和珍藏的专著。

中国有着悠久的花卉栽培与应用历史，同时，中国也有丰富的花卉资源。近十多年来，世界各国对于新花卉作物的研发给予了高度重视。兰科植物多数花型奇特，观赏价值高，是新花卉作物中最有开发前景的一类新花卉。中国有兰科植物1000多种，多数都具有较高的观赏价值。中国在地生兰类栽培应用方面有千年的历史，但对于大花类型热带兰类，如蝴蝶兰类、文心兰类、大花蕙兰、石斛兰类等只是近30年来才开始引进栽培，商业化水平还有待进一步提高，育种工作还刚起步。我国西南地区、海南地区等仍有大量野生大花附生类型兰花资源，这些资源不仅观赏价值高，而且亟待保护。该书的出版对于我国研究、保护和利用中国兰科观赏植物有重要的借鉴作用。

中国林业科学研究院林业研究所花卉研究室王雁研究员及其团队多年致力于热带兰研究，长期以来，从国内外收集了大量的种质资源，并对其栽培繁殖技术、生产技术及育种技术进行了深入的研究，取得了丰硕的成果，本书是其多年研究的又一代表性成果，填补了我国在卡特兰分类、育种等系统研究方面的空白。本专著的出版将为中国观赏园艺的花园里增添一朵美丽的花朵。

北京林业大学　教授

中国园艺学会观赏园艺专业委员会　主任

2012年8月

前言
Foreword

伴随着我国20多年花卉业日新月异的发展，人们的生活更加多姿多彩，在赏花方面追求新奇艳丽、观赏和装饰效果一流的花卉。近年来从国外引进了大量的热带兰，主要有蝴蝶兰、石斛兰、文心兰、兜兰、卡特兰和万代兰等。这些种类的花型、花色、生长周期都具有非常好的商业价值。曾经奇货可居的蝴蝶兰经过十余年的发展和推广，已经占有了相当的市场份额，成为年宵花卉的宠儿，进入普通百姓家，目前其供求和价格已基本趋于稳定。卡特兰、石斛兰、兜兰生产正快速崛起，必将在中国花卉市场上掀起新的消费热潮。

卡特兰（*Cattleya*）因其花大形美、色彩丰富艳丽并且大多具有芳香，被世界公认为"洋兰之王"。其原产于中南美洲，尤其以哥伦比亚及巴西最为有名。她象征着勤劳、友好和尊重，代表着雍容华贵和高雅大方，各国人民对她钟爱有加，有不少和卡特兰有关的爱情故事流传至今，也有些故事成了文学名著，有些卡特兰和原产地人民的生活融合在一起，成了不可分割的一部分，哥伦比亚、巴西、哥斯达黎加等国都以卡特兰作为国花。1962年国家主席刘少奇携夫人王光美出访印度尼西亚，该国总统苏加诺特意将两盆名贵的卡特兰作为国礼赠送给他们，并当即命名为"王光美之花"，足见卡特兰的珍贵。

早在20世纪60年代初，园艺工作者就开始从我国台湾及泰国、新加坡和美国等地引进卡特兰品种进行研究和繁殖。由于卡特兰的种及品种众多，遗传背景复杂；同时，其开花与栽培技术、环境等关系密切。所以，一直以来，卡特兰的产业化受到品种及技术水平的制约。因此，有不少兰花企业和研究单位，在进行卡特兰品种的收集、栽培繁殖技术研究和品种选育等工作，为卡特兰的规模生产奠定着基础。

在国家林业局科技司、北京市园林绿化局的支持下，中国林业科学研究院长期以来一直跟踪国际卡特兰研究、产业发展动向，开展卡特兰产业化各环节的技术研发。重点突破育种、繁殖、标准化栽培、花期调控等方面的技术难关，在系统总结国内外最新成果，并分享中国林业科学研究院近20年的创新研究成果的基础上，编著完成《卡特兰》一书。

《卡特兰》是一部综合性专著。全面系统地介绍了卡特兰的历史变革、种质资源、栽培、繁殖、精品铭花、病虫害防治、育种及应用等，并选配了1330幅精美的图片。在第一章，介绍了卡特兰属类的属名大变革。自卡特兰属名三次大变革后，全球卡特兰界陷入了一时的混乱，许多业者更是无法适应，即使是在一些国际性兰展上，有的属名标注还在沿袭旧的写法。本书的属名都是依变革后的属名经系统梳理后进行编纂，希望在此能够起到正本清源的作用；在第二章中，介绍了卡特兰的命名、名牌以及授奖，并简介卡特兰的植株构造；第三章介绍了卡特兰自然界里的家族，详尽介绍了其来源和历史变革，归纳介绍了常见的14个自然属及其它近缘属，以及各属常见的原生种；第四章中依花色、花型、特殊性等划分为15大类，介绍享誉国际兰坛的、人工育种的卡特兰铭品，及各自的育种故事和得奖记录；在第五章卡特兰的栽培中，介绍了卡特兰的栽培环境、植材及栽培介质、栽培方法、环境调控、繁殖方法等；第六章详尽介绍了虫害、生理障碍、病害等的特征和防治方法；第七章卡特兰的育种，系统论述了卡特兰育种的特殊性，引导有兴趣于卡特兰杂交育种的兰友及业者，享受育种的乐趣和惊喜；第八章介绍了卡特兰的应用，论述如何利用盛开的卡特兰装点人们的生活，并介绍了专业兰展的组织、评比等事项。

本书是我国海峡两岸卡特兰研究者和从业者集体智慧和努力的结晶，在编写过程中作者间伴随着广泛的交流和互相学习，也结下了深厚的友谊。同时，深深地感谢TOGA现任主审郑金楞先生，是他默默整理的RHS文献为我们梳理卡特兰属名变革提供了便利，感谢赖清义、李柏欣、张进丰等朋友提供了多张铭花照片，使本书更加全面丰富。

本书的酝酿和写作得到了中国花卉协会会长江泽慧教授、北京林业大学副校长张启翔教授、台湾嘉德丽雅兰艺协会理事长周进昌先生的关怀和鼓励，同时在本书书稿付梓之时欣然为序，谨此深致谢意。

本书的出版承蒙中国林业出版社的支持，谨此表示真诚的感谢。

由于本工作的开创性和前瞻性，多方面的研究尚属于探索，欢迎各位专家、同仁的交流和指正。

作者
2012年7月

卡特兰属类分布图

Cattleya Alliance Map

目录 Contents

序言1 / 003
序言2 / 005
序言3 / 006
前言 / 008
卡特兰属类分布图 / 010

014 Chapter 1 卡特兰属类的属名变革

1.1 卡特兰属类变革前分类 016
1.2 第一次变革 017
1.3 第二次变革 019
1.4 第三次变革 021

026 Chapter 2 卡特兰的名字和植株构造

2.1 卡特兰的名字 028
- 2.1.1 原种的命名 028
- 2.1.2 人工杂交种品种命名 029
- 2.1.3 人工杂交种品种的授奖记录规范 031

2.2 卡特兰的植株构造 034
- 2.2.1 根 034
- 2.2.2 茎 035
- 2.2.3 叶 037
- 2.2.4 芽 039
- 2.2.5 花 040
- 2.2.6 果实 046
- 2.2.7 种子 047

048 Chapter 3 自然界里的家族

3.1 *Cattleya* 卡特兰属（*C.*） 050
- 3.1.1 自原本的 *Cattleya* 属保留下来的原种 052
- 3.1.2 自原本全部原产于巴西的 *Laelia* 属移入 *Cattleya* 属的原种 085
- 3.1.3 原本的 *Sophronitis* 属改归入 *Cattleya* 属 100

3.2 *Brassavola* 白拉索兰属（*B.*） 102
- 3.2.1 美形白拉索组 *Eubrassavola* 102
- 3.2.2 锯齿唇瓣组 *Prionoglossum* 103
- 3.2.3 螺壳唇瓣组 *Conchoglossum* 103
- 3.2.4 楔形唇瓣组 *Cuneilabium* 104

3.3 *Laelia* 蕾莉亚兰属（*L.*） 106
- 3.3.1 蕾莉亚亚属 *Laelia* 106
- 3.3.2 匈伯加亚属 *Schomburgkia* 109

3.4 *Rhyncholaelia* 喙蕾莉亚兰属（*Rl.*） 110
3.5 *Guarianthe* 圈聚花兰属（*Gur.*） 112
- 3.5.1 圈聚花组 *Aurantiaca* 112
- 3.5.2 笼聚花组 *Moradae* 112

3.6 *Myrmecophia* 蚁媒兰属（*Mcp.*） 114
3.7 *Caularthron* 节茎兰属（*Cau.*） 116
3.8 *Broughtonia* 布劳顿氏兰属（*Bro.*） 118
- 3.8.1 拟卡特组 *Cattleyopsis* 118
- 3.8.2 拟蕾莉亚组 *Laeliopsis* 118
- 3.8.3 布劳顿组 *Broughtonia* 118

3.9 *Epidendrum* 树兰属（*Epi.*） 122
3.10 *Encyclia* 围柱兰属（*E.*） 130
3.11 *Prosthechea* 佛焰苞兰属（*Psh.*） 142
3.12 *Leptotes* 细叶兰属（*Let.*） 150
3.13 *Tetramicra* 四腔兰属（*Ttma.*） 152
3.14 *Dinema* 多球小树兰属（*Din.*） 154
3.15 其它的近缘属 155

158 Chapter 4 卡特兰铭花赏析

4.1 紫红色系铭花 160
4.2 橙红色及砖红色系铭花 172
4.3 浅色~粉色系铭花 180
4.4 白色系铭花 186
4.5 白花红（紫）唇及白底五剑花铭花 191
4.6 蓝色系铭花 197
4.7 黄色系铭花 202
4.8 绿色系铭花 212

4.9 星形花铭花 220
4.10 楔形花铭花 227
4.11 斑点花铭花 237
4.12 其它花色铭花 243
4.13 其它异属杂交花铭花 247
4.14 迷你型铭花 258
4.14.1 紫色～浅色～白色～蓝色系 258
4.14.2 黄色～橙色系 269
4.14.3 楔形花 278
4.14.4 其它异属杂交迷你品系卡特兰 283
4.15 掌上型卡特兰 286

294 Chapter 5
卡特兰的栽培与繁殖

5.1 栽培场所 296
5.1.1 个人趣味性栽培 296
5.1.2 专业生产者栽培 299
5.2 盆具和器皿 304
5.2.1 兰盆 304
5.2.2 盆框 306
5.3 常用植材 307
5.3.1 盆植的植材 307
5.3.2 板植的植材 309
5.3.3 栽植在树木上 311
5.4 栽培方法 312
5.4.1 分株 312
5.4.2 跳盆及换盆 315
5.4.3 瓶苗出瓶与栽培 320
5.5 设施栽培环境调控 325
5.5.1 光照 325
5.5.2 温度 325
5.6 浇水 326
5.6.1 水源 326
5.6.2 浇水时间 326
5.6.3 浇水量 326
5.6.4 浇水部位 327
5.6.5 其它注意事项 327
5.7 施肥 328
5.7.1 肥料的类型 328
5.7.2 施肥的原则 330
5.8 日常管理 331
5.9 花期调控 332
5.9.1 温度调控花期 334
5.9.2 激素调控花期 335
5.10 繁殖技术和方法 338
5.10.1 有性繁殖 338
5.10.2 无性繁殖 340

344 Chapter 6
卡特兰病虫害防治

6.1 卡特兰病害及其防治 346
6.1.1 病毒 346
6.1.2 细菌性病害 350
6.1.3 真菌性病害 354
6.2 虫害及其防治 360
6.3 生理障碍及健康管理 368
6.3.1 生理障碍 368
6.3.2 卡特兰花朵畸变 371
6.3.3 健康管理 374
6.4 用药方法、原则及安全须知 376
6.4.1 安全用药原则 376
6.4.2 用药方法及原则 376

378 Chapter 7
卡特兰的育种

7.1 关于育种的一些基本概念 388
7.2 亲本的选择 390
7.2.1 育种亲本选用的基本原则 390
7.2.2 卡特兰育种亲本特性要求 391
7.2.3 择定亲本、亲本收集与重点亲本 393
7.3 亲本的配对 396
7.3.1 同构型杂交 396
7.3.2 异质性杂交 396
7.3.3 互补性杂交 396
7.3.4 嵌入性杂交 397
7.3.5 异色杂交 397
7.4 授粉与花粉块的保存 398
7.4.1 授粉 398
7.4.2 花粉块的保存 401
7.5 子代的筛选 403
7.6 花色育种 405
7.7 花型与唇瓣遗传育种 410
7.8 楔形花育种 421

7.9 多花性育种 426
7.10 植株矮肥化育种 428
7.11 多倍体与变异 430
7.11.1 多倍体 430
7.11.2 变异 431

436 Chapter 8 卡特兰的趣味

8.1 日常生活中的卡特兰 438
8.2 卡特兰的欣赏 448
8.3 卡特兰花朵的观赏整理 449
8.4 卡特兰的组合盆花与礼盆花 454
8.5 卡特兰的购买 461
8.6 参观兰展 465
8.7 参加兰展比赛 469
8.7.1 兰展比赛项目 470
8.7.2 个体花审查 471
8.7.3 竞赛人名编制 471
8.7.4 奖项的设置 472
8.7.5 卡特兰的分组 473

474 Appendices 附录

附录一 属名及属间杂交新属属名表 475
附录二 常见的兰花授奖之国际性兰花协会及兰展与审查授奖奖别 509
附录三 卡特兰组织培养常用的培养基配方 511
附录四 *Rlc*. Hey Song（黑松）亲本树谱系图 514
附录五 TIOS 和 TOGA 个体审查评分表 516

参考文献 / 518
作者后记 / 519

第壹章

卡特兰属类的属名变革

卡特兰，兰科（family Orchideceae）、树兰亚科（subfamily Epidendroideae）、树兰族（tribe Epidendreae）、蕾莉亚亚族（subtribe Laeliinae），又名卡多利亚兰、卡多丽雅兰、卡得利亚兰，在我国台湾称之为嘉德丽雅兰。

卡特兰，有狭义和广义两种说法。狭义的卡特兰只是指 *Cattleya* 这个属，包括属内的原种、属内种间的杂交品系，该属植物约有100个原生种，原产于美洲热带和亚热带，从墨西哥到巴西都有分布，其中以

Rlc. King of Taiwan 'Da Shin # 1'

哥伦比亚和巴西最多，均为附生，多附生于森林中大树的枝干上。

广义的卡特兰是泛指*Cattleya*属及其它相关近缘属的所有原种及杂交种，包括卡特兰属原种及属内杂交种、卡特兰近缘属及属内杂交种、卡特兰属与近缘属的杂交种，以及卡特兰近缘属之间的杂交种。本书以广义卡特兰，即卡特兰属类（Cattleya Alliance）为范畴进行系统论述。

1.1 卡特兰属类变革前分类

截止到2007年1月，卡特兰属类最主要由四个属组成，除了*Cattleya*（卡特兰属，简写为*C.*）外，尚有*Brassavola*（白拉索兰、柏拉兰，简写为*B.*）、*Laelia* （蕾莉亚兰、蕾丽兰，简写为*L.*）及*Sophronitis*（索芙罗兰、索芙兰、贞兰、朱色兰，简写为*S.*），这四个属经人工互相杂交而形成许多新的人工杂交属，各依其四个属组合的不同而形成卡特兰各个人工属名，如*Bc.*, *Blc.*, *Lc.*, *Slc.*, *Sc.*等等，其实这些只是人工杂交属名的简写，它们分别为：

白拉索卡特兰属：*Brassocattleya*，简写为*Bc.*= *B.* × *C.*。

白拉索蕾莉亚兰属：*Brassolaelia*，简写为*Bl.*= *B.* × *L.*。

白拉索蕾莉亚卡特兰属：*Brassolaeliocattleya*，简写为*Blc.*=*B.* × *L.* × *C.*。

白拉索索芙罗兰属：*Brassophronitis*，简写为*Bnts.*= *B.* × *S.*。

蕾莉亚卡特兰属：*Laeliocattleya*，简写为*Lc.*= *L.* × *C.*。

索芙罗卡特兰属：*Sophrocattleya*，简写为*Sc.*= *S.* × *C.*。

索芙罗蕾莉亚兰属：*Sophrolaelia*，简写为 *Sl.*= *S.* × *L.*。

索芙罗蕾莉亚卡特兰属：*Sophrolaeliocattleya*，简写为 *Slc.*= *S.* × *L.* × *C.*。

洛氏兰属：*Lowara*，简写为*Low.*= *B.* × *L.* × *S.*。

罗尔夫兰属：*Rolfeara*，简写为*Rolf.*=*B.* × *C.* × *S.*。

其中，值得注意的是：

（1）*Brassophronitis* （白拉索索芙罗兰属）的简写并不是*Bs.*，而是*Bnts.*。

（2）三个自然属杂交形成的人工属属名，除了*Blc.*、*Slc.*是以属名合并而成来登录外，*Low.*和*Rolf.*是以人名来做登录，所以这两个人工杂交属的属名简写并非以*B.*、*C.*、*L.*、*S.*的组合方式来呈现。

（3）具有*B.*、*C.*、*L.*、*S.*四个自然属血统的人工杂交属属名为*Potinara*，波廷兰属，简称为*Pot.*，登录于1922年，用以纪念法国园艺协会会长朱立恩·波廷（M. Julien Potin），也有人以属名的发音直译为波地那拉兰属。

（4）所谓“卡特兰”大家族并非只有*B.*、*C.*、*L.*、*S.* 4属的族群组成，只要是她们的近缘属类都有可能被兰花育种者用于跨属杂交育种，形成一包含数十个属（genus）、可以互相杂交亲和的族群，被称之为蕾莉亚亚族（the subtribe Laeliinae，也有人称之为树兰亚族 the subtribe Epidenrinae，但较少采用），形成广义的卡特兰大家族。蕾莉亚亚族中较常见或较常用于杂交育种的自然属有*Epidendrum*、*Encyclia*、*Broughtonia*、*Schomburgkia*、*Prosthechea*、*Barkeria*等，将于第三章介绍自然属时更详细说明。

1.2　第一次变革

2007年1月，主掌全世界兰科植物人工杂种登录（注册）（Sander's List of Orchid Hybrids,《国际散氏兰花杂种登录目录》）的英国皇家园艺学会（The Royal Horticultural Society，简称RHS）召开了“Advisory Panel on Orchid Hybrid Registration”（简称APOHR）会议，对卡特兰属名进行变革。

（1）原本的*Laeliopsis*（拟蕾莉亚兰属，*Lps.*）和*Cattleyopsis*（拟卡特兰属，*Ctps.*）取消，一并归入*Broughtonia*（布劳顿氏兰属、波东兰属，*Bro.*）。

（2）原本的*Epidendrum*（树兰属，*Epi.*）划分为*Epidendrum*（*Epi.*）、*Encyclia*（围柱兰属，*E.*）、*Nidema*（*Nid.*）、*Prosthechea*（佛焰苞兰属，*Psh.*）及*Psychilis*（蝶唇兰属，*Psy.*）等5个属。

（3）原本修来改去的*Diacrium*属（*Diacm.*）取消，从此完全更正为*Caularthron*（节茎兰属、处女兰属，*Cau.*）。

（4）原本变来改去而后新设立的*Euchile*属（*Ech.*）改为并入*Prosthechea*（佛焰苞兰属，*Psh.*），包括*citrina*及*mariae*。

卡特兰异属杂交的重要亲本原种：处女兰*Caularthron bicornutum*，*Diacrium*属取消，从此定名为节茎兰属*Caularthron*（*Cau.*）。

心脏树兰 *Encyclia cordigera* 变更为心脏围柱兰，*Encyclia*（*E.*）属正式与*Epidendrum*（*Epi.*）属完全分离，*Encyclia*属内的成员在中文上从此更正名称为“xx围柱兰”，而不再称“xx树兰”。

*Prosthechea cochleata*大章鱼兰，英文中有“Black Orchid”的称呼，所以也称做黑章鱼兰。唇瓣围成一整片并没有很明显地分为侧裂片、中裂片，但基本上仍视作“唇瓣侧裂片围着蕊柱”，所以这一个新属中的原种在以前被归为*Encyclia*属较多。

“树兰玛利亚”从此归入*Prosthechea*佛焰苞兰属，变更为 *Prosthechea mariae*。

1.3 第二次变革

2007年5月，RHS召开APOHR会议，决定对卡特兰属名进行第二次变革。自2007年10月起，卡特兰属及其相关近缘属的原生种、属名做了以下四大变革：

（1）原白拉索属*Brassavola*（*B.*）中的两个原种*digbyana*及*glauca* 改为早已被国际上广泛承认多年的*Rhyncholaelia*（喙蕾莉亚兰属，*Rl.*），即原本的*B.digbyana*、*B.glauca*改为*Rl. digbyana*、*Rl. glauca*。

（2）原产于中美洲的双叶种*Cattleya* 属改为圈聚花兰属*Guarianthe*（*Gur.*），包括*aurantiaca*、*skinneri*、*guatamalensis*、*bowringiana*、*deckeri*、*patinii*。

（3）所有巴西原产的蕾莉亚兰属*Laelia*（*L.*）改为归入索芙罗兰属*Sophronitis*（*S.*）。（请注意，此点于2009年5月的公告中，连同原有的*Sophronitis*属全部改归入*Cattleya*属。）

（4）*Schomburgkia* （匈伯加兰属、香蕉兰属、熊保兰属，*Schom.*） 划分为两部分：原本的*Chaunoschomburgkia*亚属改为*Myrmecophila*（蚁媒兰属、蚁嗜兰属，*Mcp.*），其余原本的*Schomburgkia*亚属改归入蕾莉亚兰属*Laelia* （*L.*），*Schomburgkia*属取消。

原本的*Brassavola digbyana*—俗称“大猪哥”，从此定案为喙蕾莉亚兰属*Rhyncholaelia*（*Rl.*），此一要点是“卡特兰类属名大变革”中的一个重点事项。*Rl. digbyana* 是卡特兰之中一个相当重要的亲本，在过去，卡特兰里原有的“*Blc.*”、“*Bc.*”中的“*B*”有九成以上品种是因为含有*Rl.digbyana*的血统。

*Rhyncholaelia glauca*是 *Rhyncholaelia*属里另一个原种，俗称“小猪哥”，她的杂交育种后代目前还比较少。

许多过去的“*Blc*.”因为*Rhyncholaelia digbyana* 以及 *Laelia* 属的改变，从此变为“*Rlc*.”，譬如：*Blc*. Liu's Joyance 'Yeon Den # 3' 变更为 *Rlc*. Liu's Joyance 'Yeon Den # 3'。此处的“*Rl*”来自*Rhyncholaelia*属的缩写*Rl*.，并非*Laelia*属的“*l*”，因为在此品种血统里，原有的*Laelia*属已经不存在了。

*Brassavola*属里剩下的完全是“星形花”种类，以*Brassavola nodosa*为代表种。

原产于中美洲的双叶种*Cattleya*（*C*.）属改为围聚花兰属 *Guarianthe*（*Gur*.），如：*C. skinneri* 变更为 *Gur. skinneri*。

1.4 第三次变革

前两次变革一经公布并执行，全世界的兰界陷入了一片争议的混乱哗然之中，几经讨论，RHS的Advisory Subcommittee on Orchid Hybrid Registration（简称ASCOHR）于2009年5月20日再次做出变更公告，将所有索芙罗兰属*Sophronitis*（*S.*）（包括原有的，以及自巴西原产的*Laelia*并入来的）全部改归入*Cattleya*属，*Sophronitis*（*S.*）索芙罗兰属自此取消。如此一来，原有的*B.*、*C.*、*L.*、*S.*四个自然属的人工杂交属名发生了巨大变动，其中有的依然存在，但属内的成员可能大大地增加或减少，值得一提的是，*Sc.*，*Sl.*，*Slc.*，*Bnts.*，*Low.*，*Rolf.*，*Pot.*属名不再存在。

经过三次属类变更，形成了所谓的“卡特兰属类的属名大变革”，原本全世界所认同的卡特兰属类属名发生了翻天覆地般的变化。本书中的所有卡特兰类属名即根据全新更正的卡特兰类新属名编纂而成。关于“卡特兰属类的属名大变革”，记述要点如下：

（1）原本的*Laeliopsis*（拟蕾莉亚兰属，*Lps.*）和*Cattleyopsis*（拟卡特兰属，*Ctps.*）取消，一并归入*Broughtonia*（布劳顿氏兰属、波东兰属，*Bro.*）。（2007年1月，APOHR）

（2）原本的*Epidendrum*（树兰属，*Epi.*）划分为*Epidendrum*（*Epi.*）、*Encyclia*（围柱兰属，*E.*）、*Nidema*（*Nid.*）、*Prosthechea*（佛焰苞兰属，*Psh.*）及*Psychilis*（蝶唇兰属，*Psy.*）等5个属。（2007年1月，APOHR）

（3）原本修来改去的*Diacrium*属（*Diacm.*）取消，从此完全更正为*Caularthron*（节茎兰属、处女兰属，*Cau.*）。（2007年1月，APOHR）

（4）原本变来改去而后新设立的*Euchile*属（*Ech.*）改为并入*Prosthechea*（佛焰苞兰属，*Psh.*），包括*citrina*及

所有巴西原产的蕾莉亚兰属*Laelia*（*L.*）改为归入卡特兰属*Cattleya*（*C.*），如大型种的紫花蕾莉亚兰*L. purpurata*变更为*C. purpurata*。

大部分的*Laelia*属变成*Cattleya*属之后，原本许多她们的*Lc*.等异属杂交品系就变成了*Cattleya*的同属内杂交品系，如：*Lc*. Aloha Case 'Chie' 变更为 *C*. Aloha Case 'Chie'。（其中还夹杂了一小段这些*Laelia*改成*Sophronitis*属的历史：*Lc*.变更为*Sc*.再变更为*C*.）

mariae。（2007年1月，APOHR）

（5）原*Brassavola*（*B*.）白拉索兰属中的*B. digbyana*及*B. glauca*改为喙蕾莉亚兰属*Rhyncholaelia*（*Rl*.），成为*Rl.digbyana*、*Rl.glauca*。（2007年10月，APOHR）

（6）原产于中美洲的双叶种卡特兰属*Cattleya*（*C*.）改为圈聚花兰属*Guarianthe*（*Gur*.），包括*aurantiaca*、*skinneri*、*guatamalensis*、*bowringiana*、*deckeri*、*patinii*。（2007年10月，APOHR）

（7）原本的匈伯加兰属*Schomburgkia*（*Schom*.） 划分为两部分：

其一，原本的*Chaunoschomburgkia*亚属改为*Myrmecophila*蚁媒兰属（*Mcp*.），包括：*albopurpurea*、*brysiana*、*chionodora*、*christinae*、*exaltata*、*galeottiana*、*grandiflora*、*humboldtii*、*lepidissima*、*anderiana*、*thomsoniana*、*tibicinis*、*wendlandii*；其二，其余原本的*Schomburgkia*亚属改为归入*Laelia*蕾莉亚兰属（*L*.），如：*elata*、*gloriosa*、*rosea*、*lueddemannii*、*superbiens*、*splendida*等。（2007年10月，APOHR）

（8）所有巴西原产的蕾莉亚兰属*Laelia*（*L*.）改为归入卡特兰属*Cattleya*（*C*.）。（2009年5月20日，ASCOHR）

（9）所有索芙罗兰属*Sophronitis*（*S*.）全部改归入卡特兰属*Cattleya*（*C*.）。（2009年5月20日，ASCOHR）

当这些自然界原生种和属变更了属名之后，相对的人工杂交种的登录名在《国际散氏兰花杂种登录名录》上的属名也跟着一起变更，有的是原本就有的人工杂交属名，有的则是新产生的最新公告的人工杂交属名，各自汇入兰花杂种登录名录，归建新的家系。关于这些属名，在本书附录一里详细列明。

Sophronitis 属变为*Cattleya*属的成员之后，原有杂交品种之中属名缩写的“S”消失，如：*Sc.* New Year's Gift 变更为 *C.* New Year's Gift ［= *C.*（原为*Sc.*）Beaufort × *C.*（原为*Sc.*）Batemanniana］。

所有巴西原产的*Laelia*属中，还包括所有的岩生种，如迷你的*L. milleri* 变更为 *C. milleri*。

卡特兰类大家族最迷你的成员之一，*S. cernua*正式成为卡特兰属*Cattleya*的成员之一，*S. cernua* 变更为 *C. cernua*。

Slc. Dream Catcher 变更为 *C*. Dream Catcher ［= *C*.（原为*Sc*.）Beaufort × *C*.（原为*Slc*.）Bright Angel］。

所有的索芙罗兰属*Sophronitis*（*S*.）都改归入卡特兰属*Cattleya*，如：*S. coccinea* 变更为*C. coccinea*。*Sophronitis*属从此成为历史上的名词。

Sc.、*Slc*.等消失，由“S”造成的旧属名*Pot*.等也都消失，譬如*Pot*. Hey Song ‘Tian Mu’，在其原种亲本谱系中只剩下*Rhyncholaelia*及*Cattleya*两个属的血统，所以属名改为*Rhyncholaeliocattleya*（*Rlc*.），变更为 *Rlc*. Hey Song ‘Tian Mu’。

一些原本的*Laelia*属仍是*Laelia*属，她们的*Lc.*系杂交子代仍是*Lc.* 的异属杂交品系，如：*Lc.* Fiesta Days 'Sold Flight' 变更后仍为 *Lc.* Fiesta Days 'Sold Flight'[= *C.*(原为*Lc.*) Chiapas × *L. anceps*]。

2

第贰章

卡特兰的名字和植株构造

植物的学名（即拉丁学名），是指现在通用于全世界的科学名称。具体到每种植物的学名，都是经过植物分类学家认真地研究、比较、鉴定而确定的。每个名称只代表一种植物，在全世界范围内不会有同名异物和同物异名的现象出现。经过人工培育或杂交而成的兰花种类，它们的命名也同样受国际植物命名法规的约束，同时还要遵守国际栽培植物命名法规（International Code of Nomenclature for Cultivated Plants）（ICNCP）的规定。

国际认可的兰科植物杂交属和集体杂种（Grex）登录权威机构

Rth. Shinfong Little Sun 'Young-Min Golden Boy'

（International Registration Authority for Orchid Hybrids）是英国皇家园艺学会（RHS）。该协会负责兰科植物的登录和发表工作，并以《国际散氏兰花杂种登录目录》出版，并持续接受登录和发表。这一登录制度对全世界的兰花杂交育种工作有极大的意义，使世界范围内的兰花杂交工作有条不紊地进行，避免混乱和重复的杂交工作。目前世界上所有的兰花杂交种都能清楚无误地知道其血统来历，这对兰花育种工作有极大的参考价值。

2.1 卡特兰的名字

在卡特兰出售和评比过程中（当然其它的兰花也都是），会见到附在花盆上的名牌，这个名牌上标示出的就是她的名字及获奖信息，这是世界上卡特兰栽培的规范做法。然而，在栽培卡特兰不久的我国，这种规范做法往往被忽略，以至于许多种类和品种查找不到其确切的名称而成为无名之辈，或者其学名被撇弃，直接起个具有吉祥色彩的商品名，这是有害于卡特兰研究及发展的。记录着学名的标签是每一株卡特兰的一部分，标示着卡特兰的身份、血统、荣誉等信息。

2.1.1 原种的命名

通常，学名一般是两组文字，即属名+种名，且为斜体书写。以一个被全世界最热衷搜集栽培的卡特兰原种*Cattleya walkeriana*（沃克氏卡特兰）举例来说明:

Cattleya + *walkeriana*

属名 + 种名

在学术性的场合上，她的命名者会被放在种名之后，而园艺栽培上则常常省略:

Cattleya + *walkeriana* + Grandner

属名 + 种名 + 命名者

有时在种名之后还加上个体名（clone name），以表示这个“个体”是特别存在的、和其它同种的兄弟姊妹植株不同的、有不同身份故事历史的……，这个“个体名”特别被规定以正体书写，并加单引号来表示:

Cattleya + *walkeriana* + ‘Tian Mu’

属名 + 种名 + 个体名

为求书写快速、方便，或将学名简短化，属名通常会被简写，并加上缩写点（属名的全名及缩写请见本书的附录一）:

C. + *walkeriana* + ‘Tian Mu’

属名（缩写） + 种名 + 个体名（‘天母’）

有时在种名之后还会加上变种名（var.）或变型名（f.），表明这个植株是此原种的特殊变种，特别强调她并非一般的常见普通种类，变种或变型以斜体书写，但 var. 或f.为正体。如:

C. + *walkeriana* + var. *coerulea* + ‘Tian Mu’

属名（缩写） + 种名 + 变种名 + 个体名（‘天母’）

到此为止已可完整陈述一个原种个体的兰花名，但是，有时在个体名之后还会加上“授奖纪录”，以下述仿真为例：

C. *walkeriana* var. *coerulea* ‘Tian Mu’ AM / AOS

AM / AOS指的是：AOS（美国兰花协会）这个单位团体曾发给过这个兰花个体AM（银牌）奖，奖名在前，单位团体名在后，中间以斜线“/”区隔开。

兰花品种的评审、展览会，通常由当地的兰花协会或学会出面组织，定期举办，专业经营者和业余爱好者把杂交育种培育出来的新品种参加展示和评比。在评比会上得奖的品种通常会名扬四海，身价百倍。除了协会团体外，授奖单位一方也有可能是国际上众所公认的专业兰展，如世界兰展（WOC）、2004年在台湾台南举办的第八届亚太兰展（APOC8）、2010年在重庆举办的第十届亚太兰展（APOC10）等。兰花的品种评比活动和各种展览，有力地推动了兰花新品种的培育工作，使每年都有大量的兰花新品种出现。

2.1.2 人工杂交种品种命名

杂交登录种命名和登记与原种略有不同，其一，集体杂种（Grex，品系）的书写必须是正体；其二，在原种中可能会有变种名（var.---）的书写，人工杂交登录种却不应该有变种名的出现。譬如，以*C*. Aloha Case（夏威夷情事）来说，她们有很多花色（请见第四章卡特兰铭花赏析——迷你型铭花部分），一般是粉红花~紫红花，另外还有白花、白花红唇、蓝色花等，但是这些白花、白花红唇、蓝色花等，却不能写成*C*. Aloha Case var. *alba*、*semi-alba*、*coerulea*等。要达到形容她很不同于一般个体的目的，只能从‘个体名’（clone name）去力求词达其意了。个体经市场认可并扩大繁殖，即可称之为品种（cultivars）。

卡特兰杂交种正确的名称书写方式：属名（用斜体，第一个字母必须大写、其余字母小写）+集体杂种附加词（即品系，用正体，每个单词第一个字母大写，其余字母小写）+个体名/栽培品种附加词（用正体，每一个单词第一个字母大写，加上单引号）。例：*Rhyncholaeliocattleya* Tainan Gold ‘Canary’。

另外，杂交种的命名和书写还需要注意以下几点：

（1）按照兰花杂交种国际登记制度，每个杂交种的血统都可以通过“Sander’s List of Orchid Hybrids”（《国际散氏兰花杂种登录目录》）查询，上面记载了父母本、杂交育种者和登记日期，然而对于观赏中最重要的花型和花色都没有记载。卡特兰可以与十几个近缘属进行杂交，其杂种后代分离现象十分严重，一对杂交组合的卡

台湾国际兰展上卡特兰类的展示名牌。

各式各样的兰花名牌。

夏威夷H＆R兰园的卡特兰出瓶苗培育场，大片者为兰花品种纪录名牌，小片者为各兰花品种各自名牌。

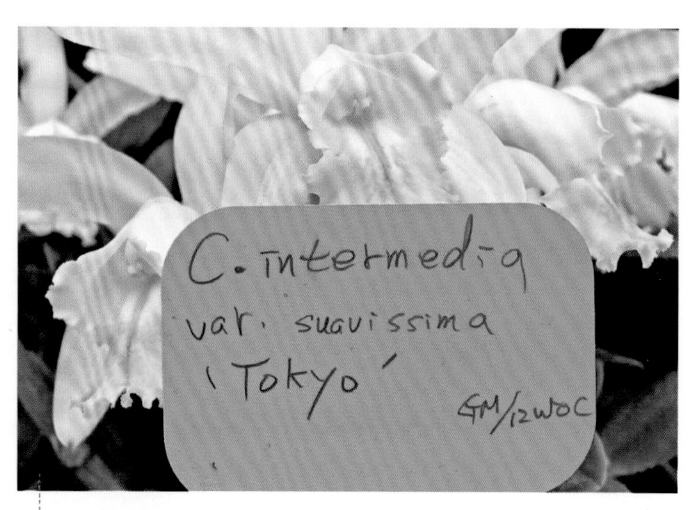

记录着种名、变种名、个体名、授奖纪录的兰花名牌。

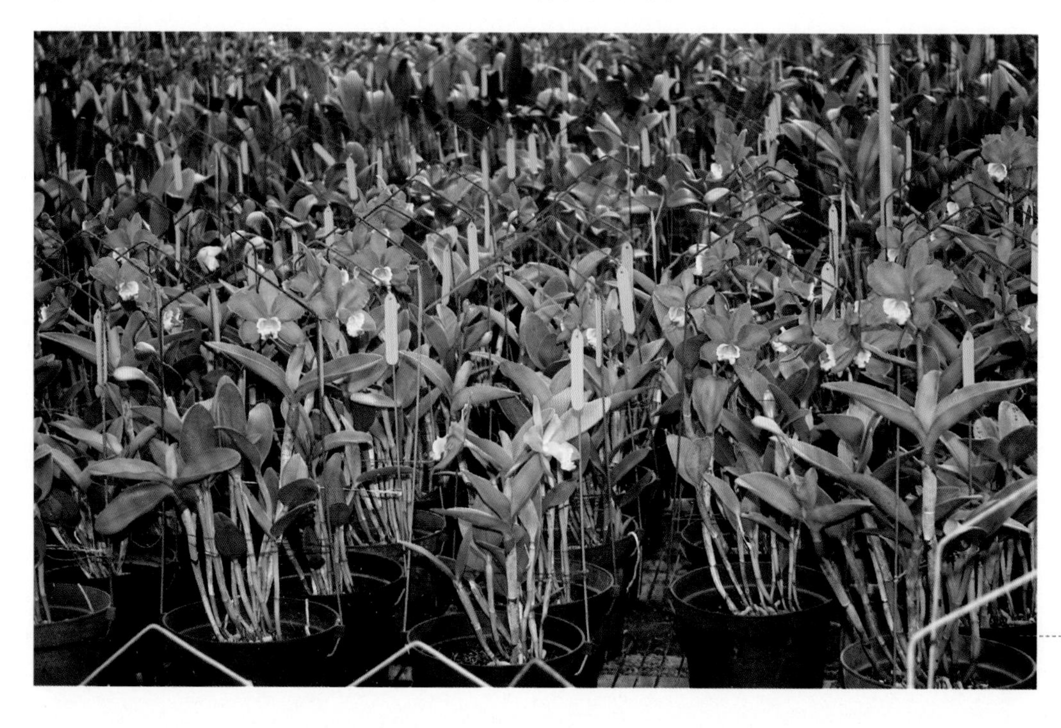
兰花名牌吊挂于兰盆。

特兰亲本，可能培育出数千株至数十万株的后代。这些“兄弟姐妹”植株往往有着巨大的差异，在花型、花色等方面变化万千。因此，可以从其中选出几个至几十个花型、花色最美的单株作品种推广。然而，凡是人工杂交成功的杂种，只要所用的两个亲本的种类不变，不论正交、反交，其直接后代的全部个体都用一个名称，以表示它们整个集体是一个杂种，也就是集体杂种（Grex），即品系。例如阿克兰德卡特兰（*Cattleya aclandiae*）和罗迪皆西卡特兰（*Cattleya loddigesii*）杂交的杂种称布拉邦卡特兰（*Cattleya* Brabantiae），不论用哪个做父本或母本，用哪个个体杂交，直接后代（杂种）都应叫“布拉邦卡特兰”。

（2）杂交登录种名通常以1～3个英文式单字（词）组成，最多也不得超过3个字（词）。应避免使用数字或符号作名称。如果习惯上必须用，则每个数字或符号均作1个字（词）计算，总数也不得超过3个字（词）。

（3）书写时必须以登录者正式登录记载的为准，并且不得为了贪图书写方便就擅自缩写，譬如：*Rlc*. Memoria Crispin Rosales 不能简写为 *Rlc*. Mem. Crispin Rosales，又另如：*Bc*. Saint Andre（＝*B. nodosa* × *C. dowiana*）不能简写为*Bc*. St. Andre。

（4）起名时避免用太长的字（词）、夸大其词的字（词）（如“最美”“最好”的Finest、Best）和含混不清的字（词）（如“黄色”的 Yellow，但“黄花”的Yellow Blossom可写）。除非语言需要，不得用冠词（如“The Fabia Beauty”）和称呼（如“Professor”“Mr.”等）。

（5）不允许使用常见植物的名称来命名。例如，一种叫玫瑰卡特兰（*Cattleya* Fabia ‘Rose’）的栽培品种，用“Rose”（玫瑰）来作为名称（附加词）是不恰当的，因为玫瑰是很常见的植物，但若改为‘Rose Parker’则可以。

（6）集体杂种（Grex）和栽培品种（Cultivar）的名称（附加词），不得出现“变种（variety）”或“变型（form）”的字样。例如 *Laeliocattleya* Buccaneer ‘Alexancter’s Variety’中，由于出现Variety（变种）字样，故不能使用。

2.1.3 人工杂交种品种的授奖记录规范

杂交种授奖的纪录与原种的记录方式相同。杂交种尚未登录，但却已被授奖的，只能先以括号标写出父母本，母本在“×”号之前，父本在“×”号之后，括号之后写上个体名，最后是授奖纪录。譬如，假设*Rlc*. Hey Song ‘Tian Mu’AM/AOS（＝*Rlc*. Shinfong Lisa × *Rlc*. Maitland）尚未登录，那么她被授奖了就会写成：（*Rlc*. Shinfong Lisa × *Rlc*. Maitland）‘Tian Mu’ AM/AOS。但是，几乎世界上所有正式的兰花团体，都会要求育种者在一定的时间期限内完成登录，才会正式授奖。如果育种工作由自己完成，在开花后应及时地按照要求向RHS登记、发表，以优先取得全世界的认可。但如

美国兰花协会（AOS）各地方分会（南佛罗里达州迈阿密，2008）进行个体审查情形。

AOS各种审查表格。

美国兰花协会（AOS）审查委员于台湾国际兰展（TIOS2009）中个体审查情形。

果是别人所做，而且对方又不愿花费时间、精力、经费去登录，则必须征求其同意才能去登录，并在登录申请表格上注明育种者的名字。

授奖纪录是一株兰花个体光荣的身世、历史，是每位兰花栽培者，不管是专业经营者或是业余爱好者都追求的荣誉。分数越高、所授的奖等级越高，越代表了育种者独到的眼光及骄傲的栽培技术。在审查中，90分以上为金牌奖（FCC或GM），80分以上为银牌奖（AM或SM），75～80分为铜牌奖（HCC或BM）。在兰花审查过程中，被授奖是很不容易的事，如果一株花被审查得了75分以上的分数，这代表她已跨过了“优秀花”的门坎，正式取得了步入“兰坛高手”的资格，可以继续精心栽培，来年继续参展、送审，寻求审查得更高的分数、晋级更高分数的授奖。

American Orchid Society

AWARD OF MERIT

Awarded to Potinara Hey Song
'Tian Mu', 85 points

Exhibited by Tian Mu Orchids
at Tainan Hsien, Taiwan on March 9, 2007

AOS兰花个体审查授奖证书（*Rlc*. Hey Song ‘Tian Mu’ AM / AOS，85分，当时属名为*Pot.*）。

CERTIFICATE OF AWARD POTENTIAL

Rsc. Haw Yuan Gold 'Yong Kang #2'

This is to certify the above named plant was unofficially judged by a team of Certified American Orchid Society Judges, and the average score was 90 points. The score indicated the plant has the potential to receive a First Class Certificate at a future judging.

AOS Team Captain

Taipei, Taiwan International Flower Show　　March 11, 2009

正式国际兰展兰花个体审查授奖证书举例：台北国际花卉展（Taipei，Taiwan International Flower Show）兰花个体审查授奖证书（*Rlc*. Haw Yuan Gold ‘Yong Kang’ FCC /TTIFS，90分），当时属名为*Rsc*.。

FCC与GM，AM与SM，HCC与BM是一样的，代表了同样的等级和荣誉，差别在于授奖团体的性质。FCC、AM、HCC由“兰花协会”、“兰艺协会”、“兰花爱好者协会”之类性质的兰花团体所授予，他们的英文一般是“Xxxxx Orchid Society”（简称－OS），是强调“兰花爱好者”（当然也包括专业的生产者）组成的协会。而GM、SM、BM则是由“兰花生产者协会”、“兰花业者组合”之类性质的兰花团体所授予，他们的英文一般是“Xxxxx Orchid Growers Association”（简称－OGA），是强调“兰花生产者”（当然一般有兴趣者也可以参加），所以在针对兰花优缺点的审查上，一般多以商业市场考虑为导向。其实兰花的审查授奖不只这些，还有许多其它的奖项，我们将常见的兰花的审查授奖奖项及其代表意义、授奖分数，以及在栽培、欣赏卡特兰时，可能常会见到的兰花审查团体、国际性兰展列于本书末的附录二，供读者们参考。

19th World Orchid Conference
Silver Medal

is awarded to

Pot. Hey Song "Tian Mu" (Pot. Shinfong Lisa x Blc Maitland)

exhibited by
Tian Mu Orchids Co. Ltd.

大型国际兰展兰花个体审查授奖证书举例：第十九届世界兰展（19thWOC）兰花个体审查授奖证书（*Rlc*. Hey Song ‘Tian Mu’ SM / 19thWOC），当时属名为*Pot*.。

台灣蘭花產銷發展協會審查證書

Taiwan Orchid Growers Association Certificate of Judge

評定為 SM 級 特發給證明

此　證

Pot.Hey Song "Tian Mu"

周進昌
天母蘭業

82

簡維佐
劉黃崇德

TOGA兰花个体审查授奖证书（*Rlc*. Hey Song ‘Tian Mu’ SM / TOGA，82分），当时属名为*Pot*.。

卡特兰的气生根。

自卡特兰假鳞茎基部正长出的新根。

2.2 卡特兰的植株构造

2.2.1 根

卡特兰类为附生兰（又称着生兰或气生兰），根是特化的气生根，一般肉质而粗肥，从根的基部到根尖大都是相同的粗度，有的分枝，有的不分枝。根部有非常发达的根被层和皮层，可以黏着抓附于树木枝干上或岩石壁或栽培盆器上，起固定和支撑植物体的作用，同时还具有吸收以及储存水分和养分的功能。当根被层干燥时，因反射光线而显现出白色的光泽；当根被层湿润时，则会变成半透明状，因内部含有叶绿素而呈现绿色光泽。

由根被层向内逐次为外皮、皮层、内皮、根轴，根轴是韧皮部及木质部合成的维管束，为根部的中心柱，是一条坚韧可弯弹的硬纤维物。在外皮和内皮之间的皮层，为海绵组织所构成，分为受光和不受光的部分，受光的部分含叶绿素可进行光合作用，不受光的部分则有共生的真菌存在，这些共生的真菌称为根菌，也称兰菌。兰菌与兰根共生的原理一般是指在兰株的幼期或成长期，兰菌以菌丝的形式侵入到根的内部，共生于细胞之内，其代谢产生的许多有机酸和养分被兰根直接输送，成为兰花生长发育必不可少的营养物质，这种根系和兰菌共生的现象对附生兰的气根从空气中吸取养分十分重要。由于气根在空气中无法直接获取养分，只有依靠这些菌根固定空气中的氮元素后，再消化和吸收由根部合成的含氮物质，其效果就如同豆科植物的根瘤菌可固定空气中的氮供给植物生长的情形相类似。同时，兰菌在种子发芽时也起重要的作用，由于兰花种子仅有胚而没有胚乳，在自然界中必须依赖可共生的兰菌提供养分才能进行生命初期的萌芽生长。

根部的尖端是兰花生长和细胞分裂最快速的部位之一，最前端为根冠，起保护根部生长的作用，同时对外界干扰极为敏感，若人为的碰触、病虫害的侵袭或接触过浓的肥料和农药，均易受伤害，直接影响兰株的正常生长。根尖是细胞分裂最为旺盛的部位，在显微镜下可观察到细胞分裂以及染色体的数目、形态，是兰花生理研究和育种的重要参考。

2.2.2 茎

卡特兰的茎分为根状茎（匍匐茎、走茎）和假鳞茎（伪鳞茎、假球茎、伪球茎，pseudobulb，肥厚状似鳞茎、球茎，却非真正的鳞茎、球茎）两部分，因为卡特兰是气生兰，根状茎在树干上或石壁上攀爬匍匐生长，茎上分有多节，各节点有生长点，生长点可分生为根，也可向上生长发育成带有假鳞茎和叶片的植株体，此假鳞茎植株体（在数个月至1年之内）完成生长之后即不再继续向上生长，而在基部的1至数个芽点向侧边长出新芽，这些新芽会带有一段或长或短的根状茎，然后再弯向上长成假鳞茎植株体。对卡特兰来说，整个植株体的假鳞茎部分才是会开花的器官（有些其它种类的兰花则是在根状茎上抽梗开花，如石豆兰*Bulbophyllum*中的许多种类）。多年生的卡特兰会长成一大片在植株底部以根状茎相连结的直立假鳞茎植株体，这种植株形态的兰花称之为“合轴类”兰花，也称之为“复茎性”兰花。这与蝴蝶兰（*Phalaenopsis*）、万代兰（*Vanda*）、仙人指甲兰（*Aerides*）、

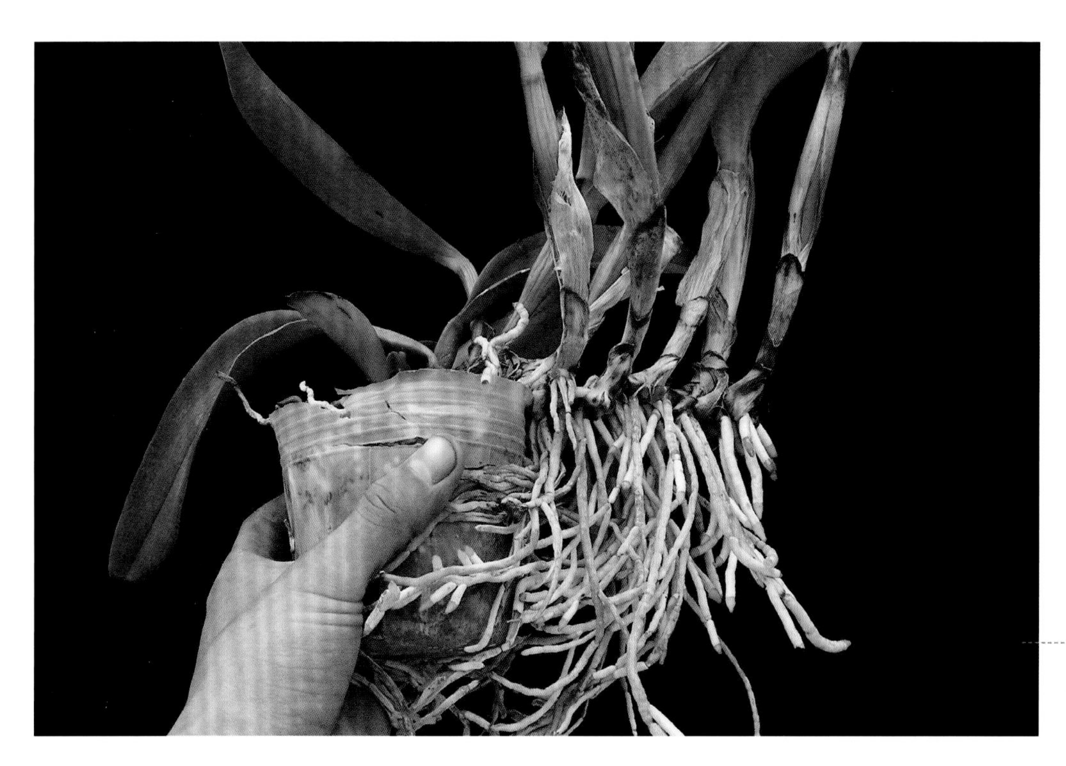

卡特兰合轴类（复茎性）兰花生长特点。

狐狸尾兰（*Rhynchostylis*，喙蕊兰）、火焰兰（*Renanthera*，肾药兰）、风兰类（*Angraecum*、*Aerangis*、*Neofinetia*……）等不同，这些种类的直立茎（有些种因为是悬垂生长而向下）前端每年都会不停地向上生长，称之为“单轴类”兰花，或称之为“单茎性”兰花，特点是同一个茎体可持续生长多年，只有在若干年后，当向上生长已达该种植物植株高度的极限，便不再继续抽长，而由该茎基部节点上的生长点长出新芽，继续长成另一株植物体。

卡特兰的假鳞茎通常膨大肥壮，充满肉质，里面贮存大量水分和养分，当环境干燥或生长不佳时，假鳞茎则会逐渐消瘦干瘪，因为贮存的水分和养分已在逐渐消耗。多年生的卡特兰拥有许多新老的假鳞茎，并且老假鳞茎仍然保持粗肥壮硕，将数个老假鳞茎自根状茎截断切下，另外栽植，即可自假鳞茎基部有效的节点长出新芽并长成新的植株，此新的植株与原有的植株完全相同，为同一个个体（clone），使用同一个个体名（clone name）。

棒状叶的卡特兰（*Lptv.* Rumrill Snow = *Lpt. bicolor* × *B. nodosa*），她的茎部只有在植株基部的一小段，而没有形成肥壮的假鳞茎，养分和水分则贮存于多肉质的棒状叶片。

当新芽的假鳞茎生长时，旧的假鳞茎有时会因为消耗养分而稍微皱缩，图为翼翅围柱兰（*E. alata*）。

匍匐茎（走茎）较长的种类（*Guarianthe skinneri*）。

2.2.3 叶

根据每一个假鳞茎上生长的叶片数不同，可以分为单叶类、双叶类和多叶类卡特兰。一般的卡特兰多为单叶类或双叶类，而多叶类的卡特兰则多出自多叶性异属的杂交，这些多叶性的异属如：*Epidendrum*、*Encyclia*、*Prosthechea*、*Caularthron*等属（请参考本书第三章：自然界里的家族），尤其是*Epidendrum*属之中的“芦苇型”树兰，她们的茎部呈细轴生长而不膨胀，每个茎节都长有一片叶片并呈互生排列，即使在与假鳞茎明显肥厚的种属杂交之后，这些茎叶特征也都会很强烈地遗传着，如*Epc*. Rene Marques、*Epc*. Fireball、*Ett*. Don Herman等。

大多数的卡特兰叶片是肥厚而多肉质的，完全成熟的卡特兰叶片可以留存多年，除了可以进行光合作用持续制造养分外，它们也贮存了相当多的水分和养分。另外，叶片也是吸收水分和养分的部位，以喷雾方式进行叶面施肥，是现今卡特兰商业化生产中重要的施肥手段。

在卡特兰栽培过程中，可能是由于栽培措施或环境的原因，有时会出现没有叶片的假鳞茎，但仍然能够正常开花，第二年由其基部发出的新芽也能够正常发育，长出有叶片的假鳞茎。但有的种类却是由于本身特性所致，比如卡特兰原种中的*C. walkeriana*和*C. nobilior*经常会长出没有叶片、纯粹是要开花的长纺锤形假鳞茎，之后，其基部生长点发出新芽，有时则长出具有叶片的普通假鳞茎。

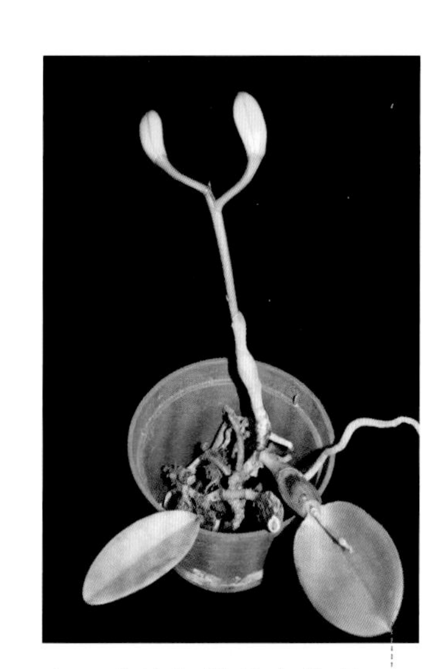

自无叶的假鳞茎直接长出花梗的*C. walkeriana*，花苞已吐露完成；前一芽（图中右方）是有叶片的一般开花植株体，其旧花梗还残留着。

单叶种的卡特兰茎与叶，有时也会出现双叶。

双叶种卡特兰的茎与叶。

正在逐渐肥壮的新假鳞茎，其茎鞘正由上逐渐往下干枯成粗膜状，新茎完成或半完成后它的新根才会长出来。

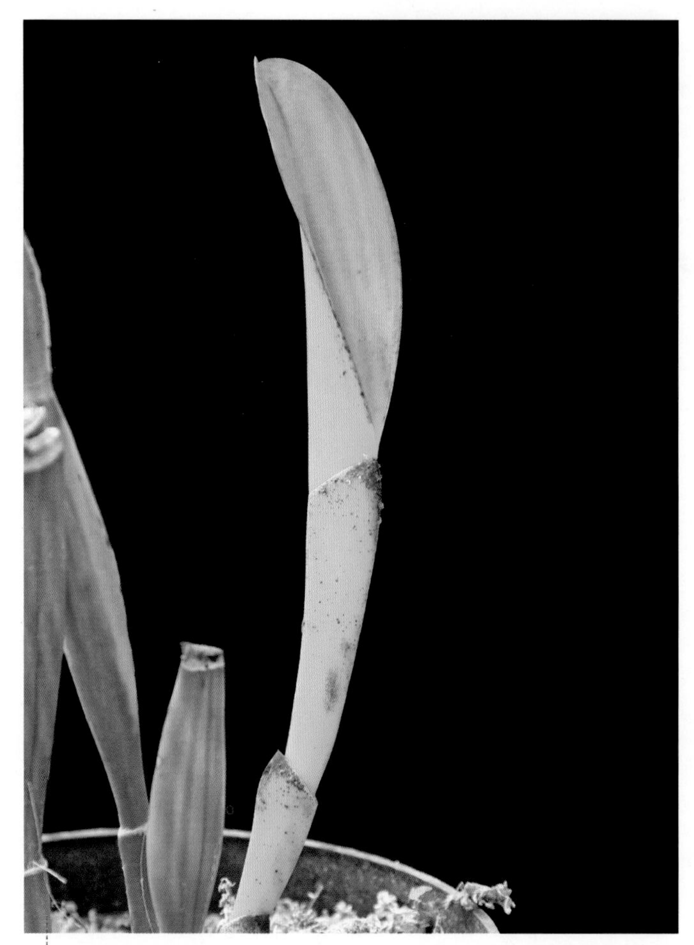

正成长中的新芽，最上一片为叶片（单叶种），第二片及往下的叶状体都是芽鞘；第二片将来会成为假鳞茎的茎鞘，往下数片将会是假鳞茎基部及一小段匍匐茎的茎鞘。

新芽在生长过程中因某些原因没生长完成，但其基部或根状茎上的生长点仍在，仍能够继续生长新的芽体。

当休眠芽受损而死亡时，在假鳞茎下部第一节处会有隐芽发出，但生长势会较弱。

假鳞茎生长完成并粗肥后（本图为新芽开花品系，花开后茎叶继续生长，留下干枯的花梗），通常会胀破茎鞘，此时即可轻易以手将它剥除，注意不要弄伤假鳞茎基部的新芽点。

2.2.4 芽

当卡特兰的新芽自假鳞茎基部长出并向前伸长时，上面包覆有保护新芽的一节一节的芽鞘，当此新芽逐渐长成后，芽鞘转变成包覆着根状茎和假鳞茎的茎鞘，当假鳞茎逐渐成熟之后，包覆着它的茎鞘会被撑成薄片状，然后逐渐干枯，有时会影响植株整体的美感，一般应小心地将其剥除，当剥到假鳞茎基部（与根状茎连结处）时会稍难剥除，为避免扯断新的芽点或撕裂茎部，可用剪刀剪除。每个假鳞茎基部有2个新芽，2个新芽都有生成新植株的潜力，但一般只萌发其中一个，另一个呈休眠状态，当遇到外界刺激或分株繁殖时，休眠芽就会萌发。有时当休眠芽受到损伤而死亡时，在假鳞茎下部第一节处会有隐芽发出，但生长势会较弱。这个隐芽长成新植株后，它的基部也会有2个新芽。

没剥除而太杂乱的旧茎鞘，既不美观，植株也容易积贮脏污及杂菌因而生长不佳。

2.2.5 花

不同的卡特兰种类有不同的开花特性。有的种类在假鳞茎完全成熟、新叶充分长成后才会开花，有的种类在假鳞茎尚未长成、新叶才刚展开就会开花。卡特兰的花梗也会因种类的差异，有长短、粗细、挺立或软垂的不同，在选种育种时，花梗长度适中而且强壮挺直是一个重要的条件。

卡特兰的花芽自叶心之间的茎顶芽点抽出。一般情况下，花芽外面都有一层花鞘保护，但有时也会没有花鞘的保护，花芽独自从叶心之间长出。花鞘的形状也会与种类有关系，有的呈大苞状，有的呈尖刀形。但有花鞘不一定就会开花，这跟植株的年龄和营养状况有关，幼龄期和营养状况不佳的植株经常出现空花鞘。如果在晴天的中午，将植株举起对着阳光，可以清晰地观察到花鞘内花芽的雏形，此情形特别称为“入米”。在花芽生长过程中如果遭遇环境不适，花鞘会逐渐干枯，但花芽并不会受到影响，会继续生长，此时应当将花鞘撕开，保证花芽正常生长。如果花鞘撕开过晚，花芽的生长受到限制，花柄会逐渐弯曲。有时在干枯的花鞘内又有新的花鞘长出，此时也应该将干枯的花鞘撕开。花芽出现后，要特别注意叶心之间不要积水及脏物（如灰尘），尤其在剧烈的冷热之下（如中午的强日照或天冷时），有可能造成花芽败育或腐烂。

大苞状的花鞘。

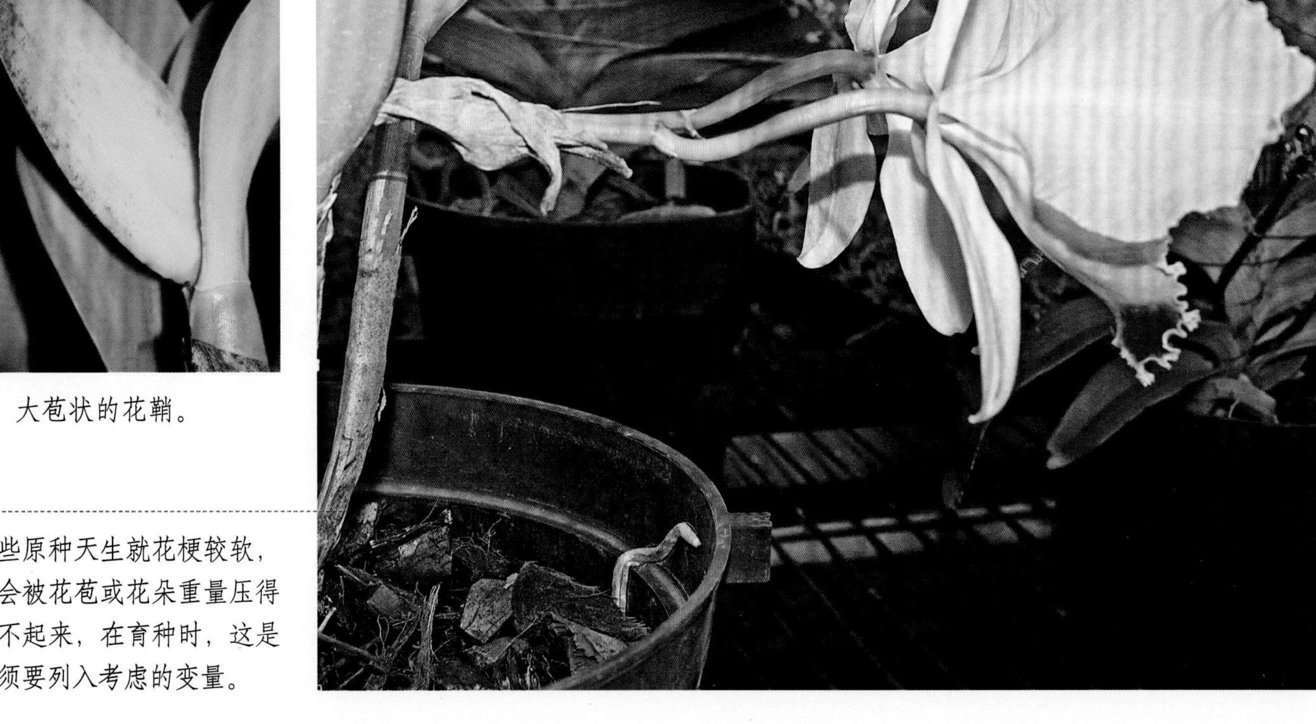

有些原种天生就花梗较软，常会被花苞或花朵重量压得立不起来，在育种时，这是必须要列入考虑的变量。

正由新芽体叶心之间吐出的花鞘。

尖刀形的花鞘。

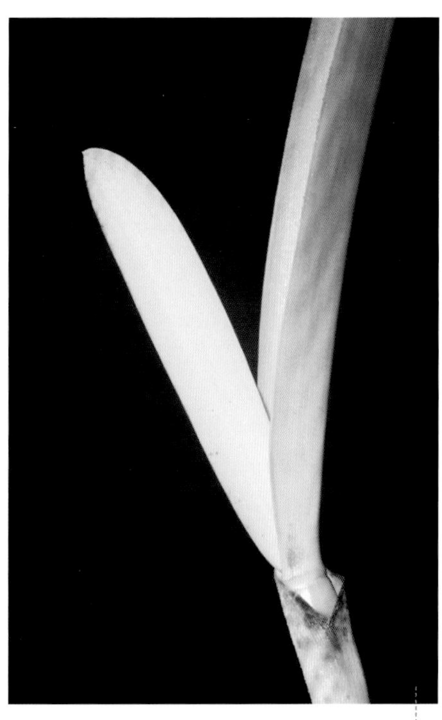

即使花鞘长到这么大，都还不能确定她是否马上就要开花。

置于阳光或灯光下观察，可观察到花芽的雏形，此情形特别称为“入米”。

无花鞘或花鞘不明显的种类自新叶间直接长出花梗，吐露花苞。

双叶种卡特兰自双叶之间的茎顶长出花鞘，即使花鞘长出，仍不能确定她马上就要开花，有时是下一芽才开花，有的是待到下一芽长出花鞘才一起开花。

有时候在花芽生长过程中遭遇环境不适，花鞘会逐渐干枯，但花芽会继续生长。此时应当将花鞘撕开，保证花芽正常生长。

有时在干枯的花鞘内又有新的花鞘长出，此时也应该将干枯的花鞘撕开。

干枯的花鞘撕开过晚，花柄会弯曲生长。

卡特兰的花朵。

卡特兰花朵绽放时，先由“外衣”的三片萼片打开，再展开侧瓣，侧瓣展开后唇瓣才会随着吐露出来。

卡特兰的花朵具有典型的兰科植物特征，由六被片一蕊柱组成，分为三轮，最外一轮是3片萼片，一般都同形同色，呈“品”字形排列，最上一片称“上萼片”（Dorsal Sepal，简写：DS），下面二片呈左右对称排列，称“下萼片”（Lateral Sepal，简写：LS ）。第二轮为3片花瓣，呈倒“品”字形排列，上方二片一般都同形同色、呈左右对称排列，称“侧瓣”（Lateral Petal，一般简做Petal，简写：P ），而下方的一片花瓣是兰科植物中最特化、最变化多端、最令人眼花缭乱的构造，称之为“唇瓣”（Lip或Labellum，简写：L）。唇瓣形状和花色因种类不同而表现各异，有的呈喇叭卷筒状，有的呈卷筒打开状，有的唇瓣完整一片包卷着，有的则宽宽阔阔地完全展开，有的唇瓣分裂成几部分，有的中间深裂将唇瓣分成两段……。不管如何变化，不管是整片完整或是中间凹刻分裂，唇瓣基本上可分成四个部位：基部、喉部、侧裂片、中裂片（唇片）。

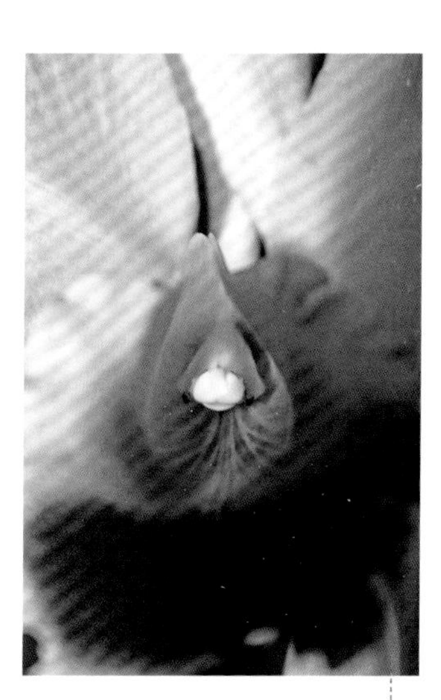

蕊柱通常被唇瓣所包围。

唇瓣基部就是唇瓣连结在花朵上的部位，在蕊柱基部的下方。然后是喉部，有些品系喉部有亮眼的色块，有些在中央部位有竖片或瘤起，有些有分泌物或散发气味，有些有浓色筋脉，有些有放射状线条自喉部发出；唇瓣喉部在生物学上的功能就是让虫媒再深入并流连在里头，才有机会碰到蕊柱的花粉块及柱头。唇瓣前段包围或环绕着蕊柱的部位都被视为唇瓣的侧裂片，所谓的“侧”就是在蕊柱的两侧，与中裂片的分界线并不明显，只有习惯上位置的认定；唇瓣侧裂片在生物学上的功能是托住、保护蕊柱，或将蕊柱“包拢”进来，是虫媒走向蕊柱的唯一通道。

唇瓣向外开展而出的前端一大片，称为中裂片（也称“唇片” ），是提供给虫媒前来驻足的平台，有了这片驻足平台，昆虫才能继续被吸引前进，一步步完成授粉使命。唇瓣的侧裂片和中裂片不一定有着相同的样式或色彩，不同色彩、形状的搭配，为卡特兰的美增添了更多不同的花样。

蕊柱是所有兰科植物最主要的共同特征，只除了拟兰亚科（Apostasioideae）中

卡特兰中有些花粉帽包覆不完全的品系，当花朵潮湿或被晃动，都很容易产生自花授粉。另外，由本图中柱头内的Y字形沟槽，可以看出柱头（相对的子房也是）是由三部分合成。

Apostasia（拟兰属、屋久兰属，约10种，分布于热带亚洲及大洋洲）和*Neuwiedia*（三蕊兰属，约10种，地生兰，有3个雄蕊，分布于东南亚群岛，海南岛产1种）两个属无合生蕊柱或蕊柱合生不完全外，仅凭观察蕊柱的有无，即可判断一株植物是不是兰科植物。蕊柱是由雄蕊与雌蕊合生而成，位于花朵中央呈柱状竖立，蕊柱末端为花粉帽，挑开花粉帽，里头是由花粉柄所连接分为左右两部分的花粉块；蕊柱末端的下方向内凹陷并分泌黏液，这就是雌蕊的柱头部位，花粉块在此着床后，花粉管发育直达蕊柱下方连接的子房，之后子房膨胀发育成蒴果。兰科的子房分为三室，所以所发育成的蒴果果荚也就分为三室。卡特兰的蕊柱有的细长、有的宽粗、有的短圆，不一而论；花粉块数也有4、6、8等不同的数目，也就是Y状花粉柄左右两端各连着有2、3、4块花粉块。以前，花粉块的数目是属类分类的重要根据，如原本的*Cattleya*属有4个花粉块，原本的*Laelia*属及原本的*Sophronitis*属有8个花粉块，她们的属间杂交子代就会变成6个花粉块或4大4小一共8个花粉块，当年巴西的*C. dormaniana*就是根据其怪异的花粉块数目——6块，而被判断出是*C. bicolor* 和 *L. pumila*的异属天然杂交种（*Lc.* × *dormaniana*，属名变革之后 变更为*C.* × *dormaniana*）。

卡特兰的花粉块有大有小，以原种来说，原本的*Cattleya*属花粉块最大，*Rhyncholaelia*属、*Brassavola*属及原本的*Laelia*属的花粉块属于中等大小，原本的*Sophronitis*属的花粉块最细小，需要用放大镜才能观察。

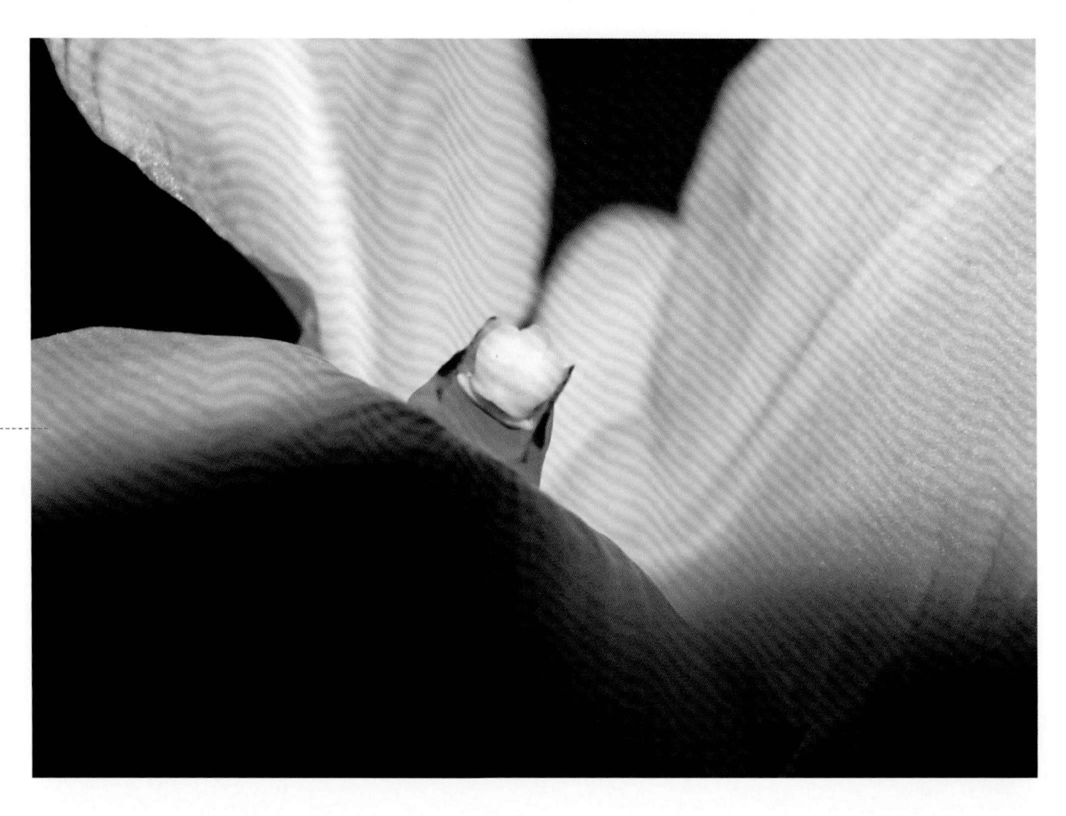

蕊柱末端的花粉帽，就如一顶帽子罩住花粉块，其下方仿如隔板的一片是“蕊喙”；再下方向内凹陷处就是授粉位置的柱头。所以花粉帽和蕊喙有防止自己花粉向下自花授粉的生物学意义。

原本的*Cattleya*属有4块较大的花粉块，图中为*Cattleya trianae*。

蕊柱上花粉帽、花粉块、蕊喙、柱头的相对位置。此图有稍微将花粉帽掀开一些，稍微露出里面的花粉块，以方便观察；但是卡特兰之中的确有许多品种的花粉帽包覆不完全，上边的花粉块常常向下边的柱头“偷偷地涎走”，或“光明正大地拜访”，形成许多自花授粉的自交品系，甚至造成育种上的误认。

原本的*Sophronitis*属有8块很小的花粉块，图中为*Cattleya cernua*。

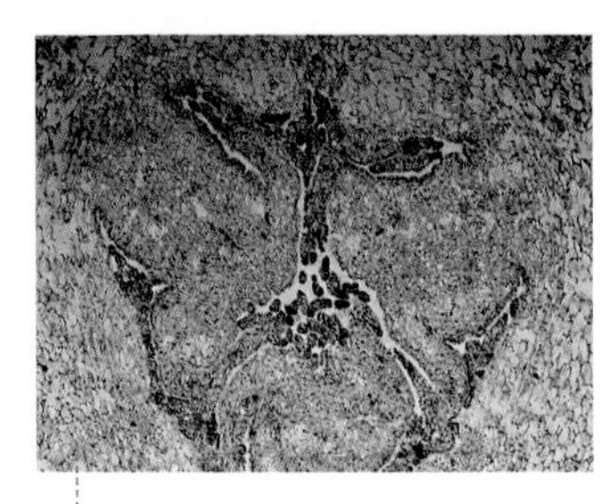
蒴果果荚分为三室，为侧膜胎座。

2.2.6 果实

卡特兰花朵授粉后萼片和花瓣开始萎凋，柱头留宿，子房开始膨胀而后发育成蒴果，蒴果内的种子成熟需3～8个月，平均需6～7个月，视种（品种）及日照、温度而定，干燥、日照太强烈、气温太高、植株状况不佳等情况，则会影响果荚及种子的发育，有时甚至会造成果荚假成熟、荚果早裂等，影响无菌播种的进行。

即将成熟的卡特兰果荚，其所组成三片的接缝逐渐变黄，果荚基部的柄也逐渐变黄并软皱。

兰花的果荚为蒴果，由三片所组成，卡特兰的蒴果一般为纺锤形。

不同形状和大小的果荚。

并非所有的卡特兰大家族蒴果都是纺锤形，图中的*Psh. boothiana*即为相当分明的三角形。

种子的显微照片，只有一层膜质透明物质且扭曲的是种皮，胚已经消失，中间有褐色的胚且饱满的是正常发育的种子。（显微镜下40倍）

不同成熟度的种子。

白色种子为无胚的败育种子。（显微镜下40倍）

2.2.7 种子

卡特兰果荚成熟后，果荚会呈三裂裂开，不同成熟期的种子呈不同的颜色，成熟度越高，种子颜色越深，一般种子随着成熟度的增加，颜色逐渐由白变成黄褐色或黑褐色。兰花的种子呈非常细小的粉末状，能够随风飞散。在显微镜下，种皮是一层膜质的透明物质，有不同的网纹，未萌发的胚位于种子的中部。有时，卡特兰成熟果荚内的种子仍然呈白色，在显微镜下可以看到种子只剩下一层种皮，胚已经消失，这在播种的时候要注意。卡特兰果荚中的种子数目非常多，约数10万至100万枚。自然界中随风飘散的种子如遇到合适条件且有兰菌共生，便会萌发，但成苗率极低。在人工栽培的环境下，能在盆中自然萌发的种子更是稀少。因此，只能采用无菌播种的方法，提供种子萌发生长必备的营养物质和生长激素，才能获得一定数量的小苗。如果要进行无菌播种，最好在果荚裂开之前进行，但必须要保证果荚的成熟度，因为种子的萌发率和小苗的生长势会随着种子成熟度的增加而升高。如果果荚已经开裂，必须对种子进行消毒，除了过程繁琐，发芽率也低得多。

卡特兰的种子相当小，如粉末一般，将其撒布于亲本盆中，利用亲本盆中的兰菌促进发芽，此种播种方式称为“亲盆播种”，也称“有菌播种”，只是所得到的实生子代并不多。

3

第叁章

自然界里的家族

卡特兰是一个集合名称，而这个集合里最知名、最多、最美、一开始就最瞩目的以*Cattleya*属为代表，经过100多年来不断的异属间杂交育种，终被糅合成一个共享的大家族名称。卡特兰家族是各大类兰花之中，近缘属之间杂交最广泛、异属杂交后代最多而且也最成功的一大类。在世界各地正式的国际兰展之中，卡特兰和她的近缘属类被归在同一类，即卡特兰属类（Cattleya Alliance），即使一些长得根本不

Cattleya araguaiensis

像卡特兰，花也根本不像卡特兰的树兰（*Epidendrum*）和她的其它近缘属类也一样，都归在卡特兰属类，而非被笼统地归并入其它兰类属（Other Genus）里。我们分别来介绍一些常见的属。

3.1 *Cattleya* 卡特兰属（*C.*）

除了发展已有千百年历史的中国国兰（*Cymbidium* sp.）的栽培外，发展于欧洲的洋兰才短短200多年。最先引入热带兰科植物的欧洲国家，一说是荷兰，荷兰人于无意之中引入了*Brassavola nodosa*（夜夫人），但没有真正栽培成功并保留下来，也就没了真正的证据昭示天下。有证据显示，经营纺织业却对植物有兴趣的英国人Peter Collinson，他在1731年冬天自中美洲巴哈马群岛邮购入*Bletia verecunda*（当时尚未创立二名法的学名，此学名为后来所求证的）的干燥标本中，发现了似乎还活着的干瘪球根，便将之种在庭院里，第二年夏天这棵植物开花了，所以便被认为是“洋人”中成功栽培出“洋兰”的第一位。1739年英国人Robert Miller 把自墨西哥犹加敦半岛运来的香草（梵尼拉，*Vanila*）的果荚与切段的茎条种在地上，后来茎条又长出了茎叶，但只活了1年而已。1759年英国伦敦成立了官方的Kew Garden（邱园——英国皇家植物园），自此以后邱园成了欧洲的植物学、园艺学方面的研究中心，至今在全世界的植物学界中依然名声响亮，当时引种的各种热带植物主要来自中美洲的西印度群岛，但据1768年的记载，才只有24种兰科植物，而且24种之中只有两种是热带的兰花。此时热爱冒险，并且爱上了热带地区兰花的英国海军库克船长乘着军舰，以澳大利亚为中心，遍寻热带兰，掀起了英国人栽培热带兰花的狂热。1778年来到中国旅行的Dr. John Fotherrgill，把中国华南所产的*Cymbidium ensifolium*（建兰）与*Phaius grandifolius*（= *Phaius tankervilleae*, 鹤顶兰）首次带回英国。1804年英国设立皇家园艺学会，开始大力推广园艺活动与事业，并且正式出现商业性的兰花栽培。

就是在这样的历史背景下，促成在英国发生了“卡特兰-Cattleya”的故事。

1818年英国人William Swainson（威廉·斯威逊，以亚马孙河流域为主的动植物采集者）在巴西里约热内卢（Rio de Janeiro）近郊森林采集地上的植物，并用随手在树干上抓扯下看似“藤蔓”的绿色“蔓生植物”加以捆扎，然后这一捆一捆的巴西植物被运往英国。当时英国著名的园艺学家威廉·卡特列（William Cattley，或翻译成威廉·嘉德烈）对于用来当捆绳的这种绿色“蔓生植物”颇觉好奇，便没有将之丢弃，而是尝试种植，看看能不能活过来，结果这株植物逐渐生长，后来竟于1821年秋天在邱园的温室中开出花朵巨大、颜色紫红鲜艳、而且具有十足魅力的大唇瓣的花朵，一时之间欧洲兰界（园艺界、植物学界）为之疯狂。原本要被归到*Epidendrum*树兰属中去，终因花朵实在美得与既知的*Epidendrum*种类悬殊太大

（但今知二者互为近缘属类），几经犹疑不决。后来，参与这种新发现植物栽培过程的英国植物学家林德利博士（Dr. John Lindley）认定这是一个新的属，并推崇这是William Cattley的殊荣，便于同年把属名命名为“*Cattleya*”，又因此花的大片唇形花瓣最为吸引人，便以拉丁文的labium（嘴唇）将种名命名为*labiata*，后来又改为*autumnalis*（秋天的），表示是在秋天开花的。后来在巴西的东南部于1823年又陆续发现了*C. forbesii* 及 *C. loddigesii*，都由林德利博士所命名。*Cattleya* 这个新属名毋庸置疑了，1824年*Cattleya* 的属名于书籍文献上正式发表，*autumnalis* 也改回以*labiata* 发表（于今天已趋完备的二名法法规来说，当然也是以最早发表的*C. labiata* 为学术上正式承认的学名；既然已正式发表，除非是错误的，否则已经不是原发表者自己说要改就能改的）。

Cattleya 这个属名就这样“出现”在这个世界上了，颇有些“买珠得椟”的意味。卡特兰这个大家族也就这么一步一步地诞生了。

2009年5月的“卡特兰属类的属名大变革”之后，*Cattleya*这个自然属变得更庞大，当然还有一些专家学者存有异议，其中最大的争议在于花粉块的数目。原本的*Cattleya*属有4块较大的花粉块，平板而呈软蜡质，而*Laelia*属与*Sophronitis*属的花粉块数都是8个，大多呈小圆粒状，各是4个与8个的花粉块数的不同族群，各有为数众多的原种。2009年5月20日RHS的ASCOHR报告提供了最新的分子生物学和系统学（phylogenetic）技术的高科技分类证据，显示这些属都归于同一个属内。*Sophronitis* 设立于1828年，*Laelia*设立于1831年，两个属都是林德利博士所设立，都晚于*Cattleya* 的1821年或1824年，*Sophronitis*属已经取消，而*Laelia*属仍保留着，但移出了大部分旧成员然后加入了少数新成员。下面我们就将整个新的*Cattleya*属做简略的分类介绍，以原本的*Cattleya*属、原本的*Laelia*属以及原本的*Sophronitis*属进行描述，作为读者对于原种个别认识的参考。以下的分类系统采用CARL L. WITHNER所著的*The Cattleyas And Their Relatives* Vol.Ⅰ～Ⅵ（Timber Press）书中的分类法，即使经过了卡特兰属类的属名大变革之后，这套分类系统依然是很方便的分类方法，在属名改变的前提下大致保留着原来亚属和组（节，section）的名字。

3.1.1 自原本的*Cattleya* 属保留下来的原种

3.1.1.1 类蕾莉亚亚属 *Laelioidea*

此亚属只有× *dormaniana* （ *bicolor* 与 *pumila*的天然杂交种）1个种。

C. **×** ***dormaniana*** **多马利卡特兰**，原产于巴西，*C. bicolor*与*C.*（原*L.*）*pumila*的天然杂交种，1879年发现，1880年Rchb.f.发表为*Laelia dormaniana*，随后被确定为异属天然杂交种，改为*Laeliocattleya dormaniana*，1882年又改做*Cattleya dormaniana*，种名是当初栽培者的名字。（图：黄伟熏）

3.1.1.2 藕茎花亚属 *Rhizantha*

植株较低矮，走茎呈莲藕接连状攀爬生长，假鳞茎肥短壮硕，会出现不长叶只开花的假鳞茎，蕊柱巨大。

此亚属只有*walkeriana*、*nobilior* 2个种。

Cattleya walkeriana **沃克卡特兰**，原产于巴西，有许多不同颜色的变异，本图为*Cattleya walkeriana* var. *tipo*，也就是所谓的一般种类。

Cattleya walkeriana* var. *semi - alba 沃克卡特兰的白花红唇半白变种。通常来自于*Cattleya walkeriana*与*Cattleya walkeriana* var. *alba*的杂交，或是*Cattleya walkeriana* var. *semi- alba*再自交（× self）或兄弟交（× sib）。

Cattleya walkeriana* var. *alba 沃克卡特兰的白花变种。其实*walkeriana*的白花变种，被许多兰花学者、见识极多的卡特兰育种者，怀疑与*walkeriana*的一般种类是不同的原种，因为她们的植株与花朵的确颇有不同，各自杂交的后代也有不太相同的遗传。

有些有名的 *Cattleya walkeriana* var. *alba* 和 var. *semi- alba* 后来被怀疑并非是纯正的变种，如 *Cattleya walkeriana* var. *semi- alba*‘Kenny’AM/AOS。

***Cattleya walkeriana* var. *alba* 'Christin'**，*Cattleya walkeriana* 花朵最明显的特点就是如大鼻子般的宽大蕊柱。

Cattleya walkeriana* var. *coerulea，水蓝花色变种。

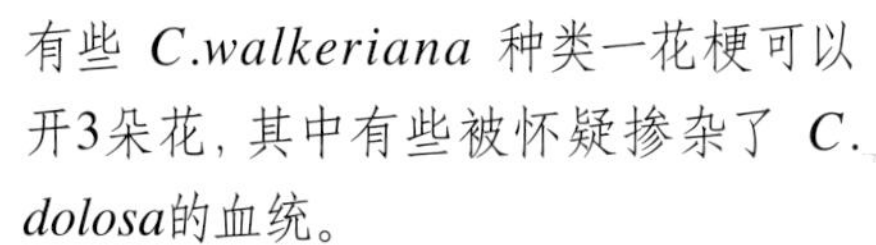

有些 *C.walkeriana* 种类一花梗可以开3朵花，其中有些被怀疑掺杂了 *C. dolosa*的血统。

***Cattleya nobilior* 高贵卡特兰**，也是原产于巴西的原生种，过去曾被视为*Cattleya walkeriana*的变种，以至于在*Cattleya walkeriana*的品系纯正上造成很大的争议和困扰；她和*Cattleya walkeriana*的杂交种在2003年被日本须和田兰园（Suwada）登录为*C.* Brazilian Jewel（巴西宝石）。种名*nobilior*意为“高贵的”。

***Cattleya nobilior* 'Brilliant' SM/JOGA** 盛开的花朵。*Cattleya nobilior* 最明显的特征是唇瓣中裂片（唇片）上的明显放射线，以及环形包住大鼻子蕊柱的侧裂片。

3.1.1.3 卡特亚属 *Cattleya*

单叶种，花朵较大，萼片与花瓣一般呈纸质。本亚属下设置三个组（section）。

3.1.1.3.1 卡特组 *Cattleya*

花朵的三萼片与二侧瓣一般较宽展，花型较整型（注：整型指花朵较宽圆，三萼片与三花瓣相贴合、空隙少）。

包括*eldorado, gaskelliana, jemanii, labiata, lawrenceana, lueddemanniana, mendelii, mossiae, percivaliana, chocoensis (=quadricolor), schroederae, trianae, warneri, warscewiczii (=gigas),* × *hardyana*等种。

***Cattleya labiata* 唇形卡特兰**，原产于巴西东部，*labiata*意为"唇形的"。一般为粉红～桃红花色，图为白花红唇的半白变种：*Cattleya labiata* var. *semi-alba*。（图：罗嘉丰）

***Cattleya trianae* 多利安那卡特兰**，原产于哥伦比亚，也是大轮花原种*Cattleya*的代表种，有许多的变异品系。*trianae*命名自哥伦比亚植物学者J. J. Triana。

***Cattleya trianae* 多利安那卡特兰**之二。

***Cattleya trianae* 多利安那卡特兰**之三。

***Cattleya trianae* 多利安那卡特兰**之四。

***Cattleya trianae* 多利安那卡特兰**之五。

***Cattleya trianae* 多利安那卡特兰**之六。

Cattleya trianae* var. *alba 多利安那卡特兰白花变种，是现今大轮白花卡特兰的始祖源头之一。

***Cattleya mendelii* 门德尔卡特兰**，原产于哥伦比亚。种名取自人名。

***Cattleya mossiae* 摩斯卡特兰**，原产于委内瑞拉。种名*mossiae*取自最初栽培开花者Mrs. Moss。

***Cattleya warscewiczii* 瓦些威治卡特兰**（=*C. gigas*巨大卡特兰），原产于哥伦比亚，名为巨大，其实植株和花朵的大小也有很大的差异。*warscewiczii*取自人名，*gigas*意则为"巨大的"，通常指的是植株体或花朵大小，但已被列为异名，登录上不采用。

Cattleya warscewiczii* var. *semi-alba
瓦些威治卡特兰半白变种。

***Cattleya lueddemanniana* 路德曼卡特兰**，原产于委内瑞拉。种名命名自当时巴黎栽培者Lueddemann。

C. lueddemanniana 路德曼卡特兰之二。

Cattleya lueddemanniana* var. *semi-alba 路德曼卡特兰的半白变种。

Cattleya lueddemanniana* var. *coerulea 路德曼卡特兰水蓝色变种。

Cattleya lueddemanniana* var. *alba 路德曼卡特兰的白变种。

Cattleya lueddemanniana* var. *coerulea 路德曼卡特兰蓝色唇瓣变种。

Cattleya percivaliana **珀西瓦尔卡特兰**，原产于委内瑞拉。种名取自人名R. P. Percival。

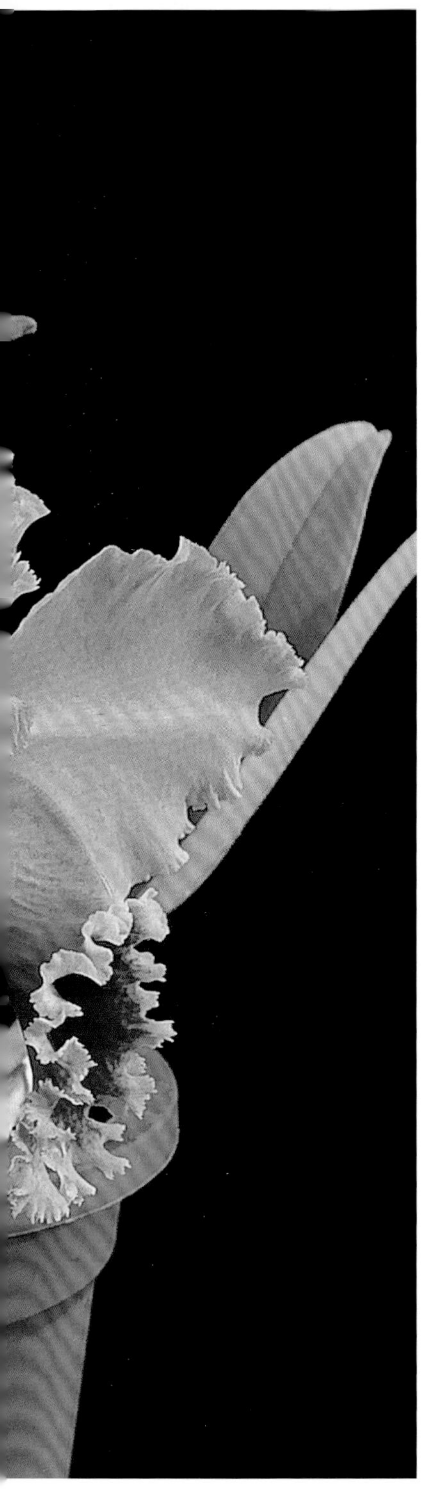

Cattleya percivaliana 珀西瓦尔卡特兰之二。

***Cattleya chocoensis* 乔科省卡特兰**（=*C. quadricolor* 四色卡特兰），原产于哥伦比亚。*chocoensis*意为新葛瑞纳达的“乔科省（Choco）所产的”之意，*quadricolor*则为“四色的”之意，现被列为异名，登录上不采用。

Cattleya chocoensis 乔科省卡特兰之二。

Cattleya chocoensis 乔科省卡特兰之三。

有些 ***Cattleya chocoensis*** 种类，花梗较短或较软，在育种上要注意。

***Cattleya schroederae* 修蕾德列卡特兰**，原产于哥伦比亚。种名取自人名Sir Henry Schroeder的夫人。

Cattleya schroederae 修蕾德列卡特兰的唇瓣翻出特写。

3.1.1.3.2 黄花组 *Xantheae*

三萼片与二侧瓣黄白～黄色，一般较瘦窄，三萼片通常会由两侧向背面反转，三萼片与二侧瓣空隙大，花朵通常较不整型。

包括*dowiana, dowiana* var. *aurea, rex* 3种。

***Cattleya dowiana* var. *aurea* 金黄卡特兰**（注：不是黄金卡特兰——*C. eldorado*，巴西原产），原产于哥伦比亚，她是今天大轮黄花、金黄花卡特兰最重要的源头。*dowiana*命名自J. Dow船长，*aurea*意为“金黄色的”。

***Cattleya rex* 雷克斯卡特兰**，原产于秘鲁及哥伦比亚。种名取自人名，或者意为“国王的”、“陛下的”。

Cattleya rex 雷克斯卡特兰之二。

***Cattleya dowiana* var. *aurea* 'Lo's Beauty'**。*Cattleya dowiana* var. *aurea*是哥伦比亚的国花，除了与模式种*Cattleya dowiana*（var. *dowiana*，原产于哥斯达黎加、哥伦比亚）在产区上有所不同外，在杂交育种上的遗传性也被证实有很明显的差异。

3.1.1.3.3 马克西马组 *Maximae*

只有*maxima* 1种，唇瓣中央成一中肋状的亮黄长条色带。

（*maxima*意为“最大的”，中文意译没有意义，故采用音译。）

***Cattleya maxima* 马克西马卡特兰**，原产于秘鲁、厄瓜多尔及哥伦比亚。*maxima*意为“最大的”，但如果直译又很怪（因为她其实不是最大），所以直接音译为“马克西马卡特兰”。

Cattleya maxima 之二，唇瓣中肋的金黄色带是*Cattleya maxima*最明显的特征。

***Cattleya maxima* var. *coerulea* 'Wan Chiao'** 马克西马卡特兰蓝花变种。

***Cattleya maxima* var. *alba* 'Lo's Max'** 马克西马卡特兰白花变种，在白色唇瓣中央也保留着明黄色的长条色带。

***Cattleya maxima* var. *coerulea* 'Ching Hua'** 马克西马卡特兰蓝花变种'清华'盛开状态。

***Cattleya luteola* 浅黄卡特兰**，原产于巴西、秘鲁、厄瓜多尔、玻利维亚，小型种，是迷你卡特兰育种的重要亲本。*luteola*意为“浅黄色的”、“带有黄色的”。

美国的国际性兰展摊位上出售的***Cattleya luteola***。

3.1.1.4 星形花亚属 *Stellata*

单叶种，植株较小，花朵也较小，二侧瓣较细窄狭长，与三萼片共同呈五芒星形，唇瓣不开展。本亚属下设置两个组。

3.1.1.4.1 星形花组 *Stellata*

唇瓣二侧裂片包围蕊柱后，边缘在蕊柱上方相对齐接合。

包括 *iricolor*, *luteola*, *mooreana* 3 种。

3.1.1.4.2 卡特蕾拉组 *Cattleyaella*

唇瓣二侧裂片包围蕊柱后，在蕊柱上方一片盖过另一片。

只有*araguaiensis* 1种。

这个组也有学者主张列为*Cattleyella*亚属，这一个 *araguaiensis* 在2007年1月的APOHR决议中被分出为*Cattleyella*属（*Cte.*），但在2009年5月的ASCOHR公告中又被改回*Cattleya*属中，*Cattleyella*属取消。

Cattleya araguaiensis 阿拉古安河卡特兰，原产于巴西，种名以产地阿拉古安河（Rio Araguaia）命名。

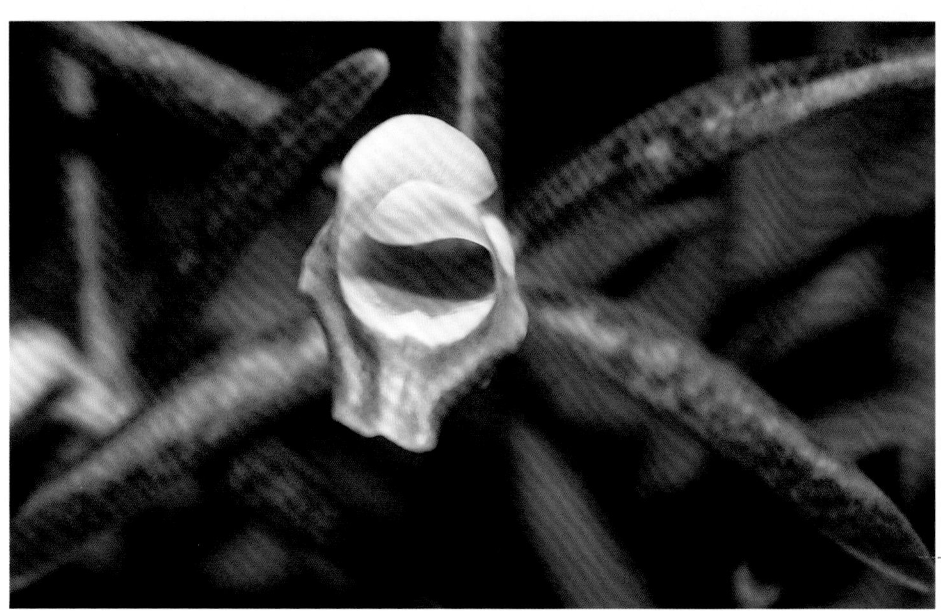

Cattleya araguaiensis 的唇瓣。

3.1.1.5 阿克兰德亚属 *Aclandia*

双叶种，花茎较短，蜡质花朵上布多数粗斑点，蕊柱宽大，唇瓣二侧裂片在蕊柱两侧开展，二侧裂片与中裂片之间的缺刻大，形成明显之桥段（形如“地峡”或独木桥），唇瓣中裂片大于侧裂片并成为铲形。

包括*aclandiae, velutina* 2种。

Cattleya aclandiae **阿克兰德卡特兰**，原产于巴西，植株近于迷你，是斑点花与迷你花的重要亲本。也有如大鼻子般的宽大蕊柱，叶片上有时带有紫黑色斑点。种名命名自当时栽培者Mrs. Acland。

Cattleya aclandiae 阿克兰德卡特兰之二。

3.1.1.6 因特美地亚亚属 *Intermedia*

双叶种，花茎略长、一梗多花，花朵通常多肉质；除了*dolosa*之外，唇瓣二侧裂片与中裂片之间有缺刻但没有形成“地峡”，侧裂片宽，像披肩包护蕊柱，侧裂片不比中裂片小，侧裂片尖端圆弧形。

（*intermedia*意为“中间的”，中文意译没有意义，故采用音译。）

包括*dolosa, forbesii, harrisoniana, intermedia, kerrii, loddigesii*等。

Cattleya forbesii
佛贝西卡特兰，原产于巴西东南部，植株中小型，种名以发现者的名字命名。

Cattleya forbesii 花朵特写。

Cattleya forbesii 佛贝西卡特兰之二。

Cattleya forbesii 佛贝西卡特兰之三。

Cattleya forbesii 佛贝西卡特兰之四。

***Cattleya loddigesii* 罗迪皆西卡特兰**，原产于巴西东南部，1823年在欧洲发表时，Loddiges园艺商社以自己的名字命名。

Cattleya loddigesii‘Yi Mei’SM/TOGA 罗迪皆西卡特兰‘义美’。

开花中的 *Cattleya loddigesii* 栽培床，图为 *C. loddigesii* ‘Yi Mei’SM/TOGA。

Cattleya loddigesii* var. *alba，罗迪皆西卡特兰白变种盛开状态。

***Cattleya harrisoniana* 哈里森卡特兰**，原产于巴西东部，曾一直被列为*C. loddigesii*的变种，而使得她们的杂交后代只能被视作*C. loddigesii*，导致混乱；植株较*C. loddigesii*瘦而高，花型也略微尖长。2002年她与*C. loddigesii*的杂交后代被登录为*C.* Brazilian Midway，意为巴西广场，很有意思。

Cattleya harrisoniana 哈里森卡特兰之二。

***Cattleya intermedia* 中等卡特兰**，原产于巴西，她和巴西原产的另一个卡特兰原种*purpurata*是所有兰科植物里种内变种最多的原种，有数十个变种，除了一些只是个别单株在花朵形色上的个体差异外，至少有一、二十个变种在自然界里大量繁衍，而且被分类学者所承认。*intermedia*意为“中等的”、“介于二者之间的”，指的是她的植株和花朵大小；也有“很相似的”之意。

***Cattleya dolosa* var. *alba* 多罗沙卡特兰**，白花变种，原产于巴西，以前一直被视为*C. loddigesii*与*C. walkeriana*的天然杂交种，但据考证这是个原种，只是自然界中原生的数量不多。图为*C. dolosa* var. *alba* ‘Gorgeous’ SM/JOGA。

Cattleya intermedia* var. *orlata，在唇瓣外缘有一圈浓紫色“眼眶”的变种。

Cattleya intermedia* var. *orlata 之二。*Cattleya intermedia* 的花朵在萼片和侧瓣上，常会出现稀疏、粗细不一的斑点。

Cattleya intermedia* var. *orlata 之三。

Cattleya intermedia **var.** ***amethystina*** **'Tokyo'**

Cattleya intermedia **var.** ***amethystina***，*amethystina* 是"紫晶色的"之意，这个变种通常花色较浅、全白或近于全白，而在唇瓣中裂片上有紫水晶的色晕。

Cattleya intermedia **var.** ***amethystina*** **'Arambeen'**

Cattleya intermedia* var. *coerulea，蓝色变种，通常是白花配浅~深蓝色的唇瓣。

***Cattleya intermedia* var. *coerulea* 'Lo's** 070320' BM/TOGA，花朵上有稀疏的小色斑。

Cattleya intermedia* var. *coerulea 之三。

Cattleya intermedia* var. *aquinii，所谓的“楔形花”（插角花）变种，是目前大部分楔形花品种的“插角”源头，这种变异来自侧瓣唇瓣化的突变。*aquinii*来自于人名F. de Aquino（1891年）。图中个体为‘Boa Vista’。

3.1.1.7 类匈伯加亚属 *Schomburgkoidea*

双叶种，花朵较硬厚、蜡质，花朵上无斑点，唇瓣的二侧裂片合抱蕊柱，侧裂片不比中裂片小，侧裂片与中裂片之间的桥段较宽，约有中裂片的一半宽，侧裂片尖端呈角形。

包括*bicolor, elongata, tenuis, violacea* 4种。

***Cattleya violacea* 紫罗兰卡特兰**，原产于巴西、秘鲁、委内瑞拉、圭亚那，*violacea*为“紫罗兰色的”之意，花朵的质地肉厚。图为‘Muse’FCC / AOS。

***Cattleya violacea* ‘Lea’**，花径硕大，花朵上有明显的脉纹。

***Cattleya violacea* ‘Tsiku Taiwan’ SM/TOGA**，来自于‘Muse’×‘Lea’。

***Cattleya violacea* var. *semi-alba* 'Hanlin'** 紫罗兰卡特兰半白（白花红唇）变种。

***Cattleya violacea* var. *coerulea* 'Blue Swan'** 紫罗兰卡特兰蓝色花变种。

***Cattleya bicolor* 双色卡特兰**，原产于巴西东南部，*bicolor*意为“双色的”，她是许多蜡质花卡特兰的亲本源头。

3.1.1.8 镰刀形花亚属 *Falcata*

双叶种，花朵较硬厚、蜡质，花朵上大都有斑点，唇瓣的二侧裂片合抱蕊柱，侧裂片与中裂片之间的桥段较窄，只有或不足中裂片的三分之一宽，侧裂片尖端呈角形。本亚属下设置两个组。

3.1.1.8.1 粗斑点组 *Guttatae*

在唇瓣二侧裂片与中裂片之间的桥段较短，只有或不足唇瓣的三分之一长。

（*guttata*意为“有斑点的”，在此按其相对意义转译为“粗斑点的”。）

包括*amethystoglossa*, *guttata*, *leopoldii*, *schilleriana* 等。

***Cattleya amethystoglossa* 紫晶舌卡特兰**，原产于巴西东部，种名之意为“紫晶舌的”、“紫色唇瓣的”。她是大型植株斑点花的重要种源。

Cattleya amethystoglossa 紫晶舌卡特兰之二。

***Cattleya guttata* var. *alba* 咕他他卡特兰**，*Cattleya guttata* 原产于巴西，一般是黄绿底斑点花，是斑点品系的重要种源；她的白变种为绿花白唇，是多花性绿花的重要亲本。*guttata* 意为“有斑点的”、“有小斑点的”，如果直接翻译就成为“斑点卡特兰”，但是这么称呼并不恰当，因为很多原种都有斑点，容易造成误认，理想的称法是直接音译为“咕他他”卡特兰。

***Cattleya leopoldii* 利奥波德卡特兰**，原产于巴西，种名来自人名，有些兰友误认做是英文字的leopard（豹），而误称她豹斑卡特兰。

***Cattleya schilleriana* 西勒卡特兰**，原产于巴西，种名来自人名，为德国有名的兰花采集者兼收藏者Consul Schiller。

Cattleya schilleriana 西勒卡特兰的“金鱼尾”唇瓣特写。

Cattleya schilleriana 西勒卡特兰盛开情形，其植株矮小、开花性优良、花朵有特色，可以开拓迷你卡特兰育种新方向；唇瓣的形色、线条特殊，特称为“金鱼尾”，也可以是未来育种可利用的特点之一。图中个体为 *C. schilleriana* ‘Sanderiana’，请注意这个“Sanderiana”是个体名，而非“变种品系”名。

3.1.1.8.2 细斑点组 *Granulosae*

唇瓣上侧裂片与中裂片之间的桥段较长，比唇瓣的三分之一还长。

（*granulosa*意为“细粒点的”，在此按其相对意义转译为“细斑点的”。）

包括*granulosa*, *porphyroglossa*, *schofeldiana* 3种。

***Cattleya porphyroglossa* 紫舌卡特兰**，原产于巴西，种名意为“紫舌的”，唇瓣中裂片像长长伸出的舌。紫舌卡特兰与*C. amethystoglossa* 紫晶舌卡特兰的中文名很接近，要特别注意。

3.1.2 自原本全部原产于巴西的*Laelia*属移入*Cattleya*属的原种

3.1.2.1 波浪边亚属 *Crispae*

曾独立为*Hadrolaelia*属，花朵形似原本的*Cattleya*属。本亚属下设置两个组。

3.1.2.1.1 波浪边组 *Crispae*

植株通常略大，形似一般的*Cattleya*属。

包括*crispa*, *elegans*, *fidelensis*, *grandis*, *lobata*, *purpurata*, *tenebrosa*, *virens*, *xanthina*等种。

***Cattleya fidelensis* 菲得利斯卡特兰**，原产于巴西，是*Crispae*亚属*Crispae*组中植株较迷你的原种，这个原种通常较少见。种名以最初在巴西发现的地方命名。

***Cattleya lobata* 浅裂卡特兰**，原产于巴西，这个原种是华盛顿公约的第一类保护植物，通常无法以商业方式进出口。图为var. *coerulea*蓝色花变种，*lobata*意为“具有裂片的”、“浅裂的”，指她的唇瓣浅浅分成三裂。

Cattleya lobata* var. *coerulea 浅裂卡特兰蓝色变种之二。

***Cattleya purpurata* 紫贵卡特兰**，原产于巴西，是巴西的国花，以她的美丽高贵、热情、多风貌取代了原本的*C. labiata*，她变化繁复的花色让许多热衷收集的栽培者一辈子又爱又恨。*purpurata*意为“紫色或缀有紫色，气质高贵者”，曾被称为紫花蕾莉亚兰。*Cattleya purpurata*植株通常高大，约30～75cm高，其中有的原种略为矮小，约30～45cm高，有时也会被列为中小型卡特兰的育种亲本。

Cattleya purpurata* var. *aco，*aco*是“钢铁的”，带有强调色彩印象的意味，var. *aco*一般是白花、带蓝紫色的暗紫红色唇瓣，很多兰友不经细辨就将她视为var. *warkhauseri*。var. *aco*与var. *roxo-violet*很相似，有时被误认为相同的变种。

Cattleya purpurata* var. *warkhauseri，这是白花、宽大的蓝色唇瓣变种，与var. *aco*的唇瓣在形、色上有很好辨认的差异。

Cattleya purpurata* var. *carnea，这个变种具有白花、浅红～鲑红～肉红色的唇瓣，*carnea* 意为“肉红色的”、“较浓的粉红色的”，花色相较于其它深色唇瓣反而显得清雅醒目。

唇瓣颜色较浅的***Cattleya purpurata* var. *carnea***。

唇瓣颜色较深的***Cattleya purpurata* var. *carnea***。

Cattleya purpurata* var. *albescens，这个变种是白花变种之一，有时几个白花变种不好辨认（如下图），或者是由人工育种育出的，常会被笼统称为var. *alba*。

Cattleya purpurata* var. *russeliana，这是白花、浅色淡蓝紫唇瓣变种，*russeliana*意为“略浅色而优雅的”、“素雅的”。

Cattleya purpurata* var. *virginalis，这个也是白花变种之一，图中个体为‘Ching Hua’（‘清华’）。

Cattleya purpurata* var. *sanguinea，花朵上紫色部位较多、较浓的变种，有时也夹杂一些“火焰”（flame）特征，而被称为var. *sanguinea-flamea*，在*Cattleya purpurata*变种的表达上常出现这样的二个变种名组合字。

***Cattleya purpurata* var. *flamea* 'Ching Hua'**，*flamea*意为“焰红色的”。

Cattleya tenebrosa **暗色卡特兰**，原产于巴西，植株与*Cattleya purpurata*很相似，花色则较*purpurata*（1852年发表）暗褐，因而被命名为“*tenebrosa*”（暗色的，1893年发表）。

Cattleya tenebrosa 暗色卡特兰的半白变种，呈现黄绿～金黄花、紫唇，一般被记述为*Cattleya tenebrosa* var. *aurea*，意为“金黄的”变种，目前常见的*C. tenebrosa* var. *aurea*似乎都是由同一品系一再自交繁殖而得，生长势比原种*C. tenebrosa*弱。

Cattleya xanthina **古桑低那卡特兰**，原产于巴西，植株与*C. purpurata*相似但较矮小，*xanthina*意为“黄色的”、“带黄色的”。中文名若直接称“黄色卡特兰”会与其它原种或杂交种中的黄花卡特兰相混淆，故以学名直接称呼，称其为“古桑低那”卡特兰。

3.1.2.1.2 贝利尼组 *Perriniae*

只有*perrinii* 1种，花的萼片与侧瓣、唇瓣都尖长，蕊柱基部宽而往尖端渐尖锥状。

Cattleya perrinii
贝利尼卡特兰，原产于巴西，种名以最早栽培开花的英国人Perrin之名命名。

3.1.2.1.3 哈卓蕾莉亚组 *Hadrolaelia*

植株矮小，形似一般*Cattleya*属之缩小版，花梗无鞘，但花芽初期有芽叶包覆，唇瓣有竖片，唇瓣的侧裂片与中裂片之间无缺刻。

包括*alaorii, dayana, jongheana, praestans, pumila*等。

Cattleya alaorii
阿拉欧卡特兰，原产于巴西，是迷你类的原种，较少见，人工栽培也较不易生长。种名取自本种发现者Alaor Oliveira。

***Cattleya praestans* 超群卡特兰**，原产于巴西，有名的迷你类原种，*praestans*意为“超群的”、“出色的”、“优秀的”。

***Cattleya dayana* 戴氏卡特兰**，原产于巴西。种名是英国著名的兰花采集家兼画家John Day，有许多原种兰花以他的名字命名。

***Cattleya jongheana* 永给氏卡特兰**，原产于巴西，也是有名的迷你类原种，种名取自本种首次采集者J. De Jonghe。自唇瓣基部到喉口有7条纵列脊状突起。

3.1.2.1.4 辛口拉组 *Sincoranae*

只有*sincorana* 1种。植株矮小，假鳞茎与叶片圆短粗肥，叶片有纵沟。唇瓣有竖片，唇瓣的侧裂片与中裂片之间有明显的缺刻。

***Cattleya sincorana* 辛口拉卡特兰**，原产于巴西，种名以首次发现的地名（Serr da Sincora）命名。茎叶肥短，假鳞茎呈近乎圆柱的纺锤形，花色一般为粉红～紫红，是迷你类卡特兰育种的重要亲本。

***Cattleya lundii* 伦德卡特兰**，原产于巴西，种名用以纪念对巴西植物学有很大贡献的学者P. W. Lund（1801～1880，1881年发表）。这是一种独特的迷你卡特兰，叶片细长肉质，假鳞茎呈长卵形～长纺锤形，白色花朵娇小玲珑，在唇瓣上有吸引人目光的紫色线纹。

3.1.2.2 小蕾莉亚亚属 *Microlaelia*

曾被独立为*Microlaelia*属。只*lundii* 1种，双叶种小植株，纺锤形的假鳞茎。花梗无鞘，唇瓣有五龙骨。

Cattleya lundii 伦德卡特兰之二。

Cattleya lundii 伦德卡特兰的浅色唇瓣变种。

3.1.2.3 镰刀叶亚属 *Harpophyllae*

曾被独立为*Dungsia*属。镰刀形的细长叶片，花梗不粗，花梗比叶片短，着生树上，黄花或橙花，假鳞茎不明显。包括*brevicaulis, harpophylla, kautskyana* 3种。

***Cattleya harpophylla* 镰刀叶卡特兰**，原产于巴西，种名之意为“具镰刀状叶片的”。

Cattleya harpophylla 镰刀叶卡特兰之二。

***Cattleya kautskyana* 考兹奇氏卡特兰**，原产于巴西，种名取自巴西有名的兰花收集栽培者Roberto Kautsky（发表于1974年）。

3.1.2.4 小花亚属 *Parviflorae*

曾被独立为*Hoffmannseggella*属。生长在岩壁上的岩生种，茎叶多肥厚，花梗自一片包鞘上逐渐伸长，小花朵星形，唇瓣的中裂片向下反转弯曲。本亚属下设置四个组。

3.1.2.4.1 小花组 *Parviflorae*

花茎长长地挺立于植株之上。

包括*angereri*, *bahiensis*, *blumenscheinii*, *briegeri*, *cardimii*, *cinnabarina*, *endsfeldzii*, *flava*, *gloedeniana*, *granilis*, *milleri*, *mixta*, *sanguiloba*等种。

Cattleya briegeri **布李格氏卡特兰**，中小型种，原产于巴西，种名取自兰花遗传学者Brieger。

Cattleya briegeri 布李格氏卡特兰之二。

***Cattleya milleri* 米勒氏卡特兰**，原产于巴西，有名的迷你橙色花原种，种名取自人名。

Cattleya milleri 米勒氏卡特兰的植株。此*Parviflorae*（小花亚属）全部原产于巴西岩石之上，特称为“岩生兰”，都是茎叶肉质肥厚之种类，各种间在植株高度、株型大小及叶片、假鳞茎的长短上均有较大变化。

***Cattleya flava* 佛拉法卡特兰**，中小型种，*flava*意为“近纯黄色的”、“浅黄色的”。

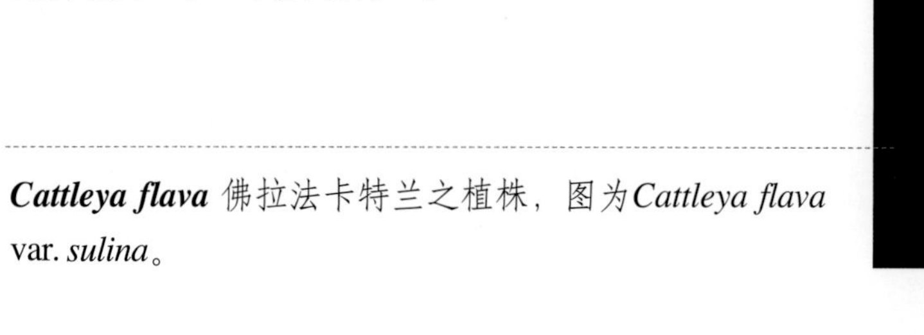

Cattleya flava 佛拉法卡特兰之植株，图为*Cattleya flava* var. *sulina*。

***Cattleya endsfeldzii* 恩德斯菲勒德滋卡特兰**，迷你种，因为名称特长，曾被称做“小黄花蕾莉亚兰”，现则俗称为“小黄花卡特兰”。原本是野外较稀有的原种，目前常见的植株多为人工繁殖栽培的。

Cattleya endsfeldzii 之人工繁殖栽培植株。

***Cattleya gloedeniana* 古列登卡特兰**，中小型种，种名取自巴西兰花收集栽培者Hector Gloeden。

Cattleya crispata **卷曲卡特兰**，中小型种，种名意为“卷曲的”、“皱曲的”，指的是她唇瓣上的波状，曾有个更为人所知的异名：*rupestris*，意为“岩生的”。花色自粉红至桃红。

3.1.2.4.2 耶沙勒奎组 *Esalqueanae*

株高8～15cm，花茎稍高于植株之上。

包括*bradei*, *esalqueana*, *itambana* 3种。

3.1.2.4.3 路佩斯崔组 *Rupestres*

植株小型～中型，花茎稍高于植株之上。

（*rupestris*意为“岩生的”，由于本亚属中其它组也都是岩生的，中文名直接意译没意义，故音译为“路佩斯崔”。）

包括*caulescens*, *crispata*, *crispilabia*, *gardneri*, *hispidula*， *pfisteri*, *tereticaulis*, *pabstii*。

Cattleya tereticaulis **长筒茎卡特兰**，中型种，种名意为“长圆筒状茎的”，指的是较长的假鳞茎，其叶片也较其它种长。

Cattleya pabstii **帕布斯特卡特兰**，原本此种学名为*Laelia mantiqueirae*，发表于1975年；另外原本的*Sophronitis*属中也有个*S. mantiqueirae*，更名发表于1972年，二者都以其最先发现地巴西的Serra da Mantiqueira山脉命名，当二者都更改为*Cattleya*属之后，先发表的*S. mantiqueirae*更改为*C. mantiqueirae*被保留下来，而这个“*Laelia mantiqueirae*”的学名被重新命名为*Cattleya pabstii*。

Cattleya crispilabia **卷唇卡特兰**，小型种，种名的学名、中文名都与*C. crispata*卷曲卡特兰很相像，却是不相同的种类。

3.1.2.4.4 袖珍岩生组 *Liliputanae*

植株很小，高10cm以下，花茎只略高于植株之上。

包括*duveenii*, *ghillanyi*, *kettieana*, *liliputana*, *longipes*, *lucasiana*, *reginae*。

***Cattleya lucasiana* 卢卡斯卡特兰**，小型种，种名命名自英国兰花收集及栽培家C. J. Lucas。

***Cattleya reginae* 女王卡特兰**，小型种，种名意为“女王的”。

Cattleya reginae女王卡特兰之二。

3.1.3 原本的*Sophronitis*属改归入*Cattleya*属

包括*acuensis*, *brevipedunculata*, *cernua*, *coccinea*, *mantiqueirae*, *pygmaea*, *wittigiana* 等种。

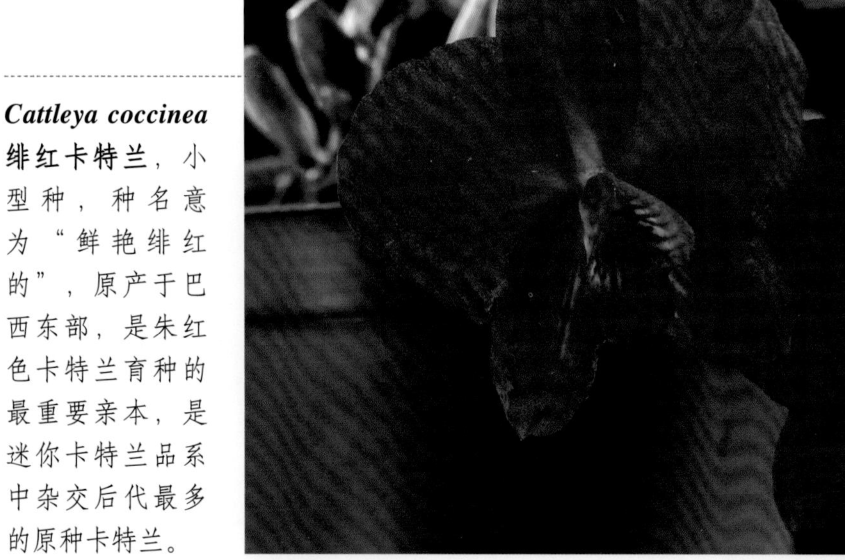

Cattleya coccinea
绯红卡特兰，小型种，种名意为“鲜艳绯红的”，原产于巴西东部，是朱红色卡特兰育种的最重要亲本，是迷你卡特兰品系中杂交后代最多的原种卡特兰。

Cattleya cernua
垂花卡特兰，迷你型原种，原产于巴西东部，是所谓“掌上型”卡特兰的最主要育种亲本，种名意为“微下垂的”、“点头状的”，花色从浅橙黄~橙朱色，由于相当吸引人目光、学名发音又近似闽南语的“新娘”，所以被兰友昵称为“新娘”卡特兰。

Cattleya cernua，垂花卡特兰小蛇木板板植的盛开状态。

夏威夷H&R兰园栽培场的*Cattleya cernua*（图中每个植株都有一支名牌）。

3.2　*Brassavola* 白拉索兰属（*B.*）

白拉索兰属，是属名直译，也叫柏拉兰、巴索拉兰。约有15个原种，原产于墨西哥、巴西等热带美洲地区，植株特性为肉厚棒状的长条形叶片，假鳞茎甚短，花为星形花，三萼片与二侧瓣尖锐狭长，唇瓣白色，宽阔开展如心形。

此属为1813年罗伯特·布朗（Robert Brown）所立，以16世纪意大利植物学家兼物理医学教授安东尼奥·穆萨·白拉索（Antonia Musa Brassavola）之名来命名。最先乃是为了将1763年所命名的*Epidendrum cucullatum*自*Epidendrum*属独立而出所设立的新属，1831年又移入了早在1753年即已命名为*Epidendrum nodosum* 的*B. nodosa*（久负盛名的"夜夫人"），至此以后才陆续发现其它新的原种。依据Schlechter的分类系统，*Brassavola*属的分类以唇瓣的特征来区分，设置四个组。分述如下：

3.2.1 美形白拉索组 *Eubrassavola*

只有*cucullata* 1种。

***Brassavola cucullata* 僧帽白拉索兰**，这是本属中最美丽又最奇特的原种，原产于墨西哥、洪都拉斯、南美北部。*cucullata*意为"僧帽状的"、"头巾、头罩状的"，指她的花形。当多花同时盛开时如同烟火齐放，有人称之为"烟火白拉索兰"。

3.2.2 锯齿唇瓣组 *Prionoglossum*

包括 *martiana*（=*multifloria*），*gardneri* 2种。

3.2.3 螺壳唇瓣组 *Conchoglossum*

包括 *flagellaris*，*revoluta*，*cebolleta*，*perrinii*（=*fragrans*），*tuberculata* 5种。

***Brassavola perrinii* 贝利尼白拉索兰**，原产于巴西，她有另一个异名：*B. fragrans*，也有学者主张与玻利维亚所产的*B. tuberculata*是同种。植株的茎、叶、花都较本属其它原种稍大。

Brassavola perrinii 贝利尼白拉索兰的花朵特写。

Brassavola flagellaris **鞭叶白拉索兰**，原产于巴西东部，茎叶都相当细长，*flagellaris*意即为“鞭状的”。

Brassavola flagellaris 鞭叶白拉索兰的花朵。

3.2.4 楔形唇瓣组 *Cuneilabium*

包括 *subulifolia*, *nodosa*（包含*venosa* 及*grandiflora*），*acaulis*，*cordata*（在RHS登录中=*subulifolia*）。

Brassavola nodosa **多节白拉索兰**，原产地范围广，从墨西哥到巴拿马、危地马拉、委内瑞拉等国家，多生长于海岸森林，花朵有怡人的香味，在夜晚芳香更为浓郁，故冠以“夜夫人”的美名，多称为“夜夫人白拉索兰”。*nodosa*意为“多节的”，指其花梗上有多节。

Brassavola cordata **心形白拉索兰**，原产于巴西，是本属中植株、花朵都较小型者，目前被视为*B. subulifolia*的同种。*cordata*意为“心形的”，乃指其唇瓣而言，其实本属的唇瓣大都是“心形的”。

Brassavola cordata 心形白拉索兰花朵特写。

有时一个种并不能以“看起来像什么原种”就写上那个原种名，如本图为*B. cordata* 与*B. nodosa*之人工杂交育种，登录名为*B.* Little Stars（一堆小星星），没有细究种源的人就会写成*B. cordata*或是*B. subulifolia*。

3.3 *Laelia* 蕾莉亚兰属（*L.*）

蕾莉亚兰属是林德利博士于1831年所设立的属。属名源自于罗马神话中灶神（女神）的处女祭司（Vestal Virgins）之一的蕾莉亚（Laelia）。属名大变革之后，原本所有巴西原产的*Laelia*属都改入*Cattleya*属之中，只留下原产于中美洲墨西哥为主的原种（只有*L. rubescens*产于墨西哥和危地马拉，其余都只产于墨西哥），然后再加入原本匈伯加兰属*Schomburgkia*中的一部分，如此成为一个崭新的*Laelia*属。

3.3.1 蕾莉亚亚属 *Laelia*

本亚属设置两个组。

3.3.1.1 蕾莉亚组 *Laelia*

花梗没有节，没有叶鞘。只 *speciosa* 1种。

3.3.1.2 柄梗蕾莉亚组 *Podolaelia*

花梗节节高伸，有节和叶鞘。

包括 *albida*，*anceps*，*autumnalis*，*bancalarii*，*furfuracea*，*gouldiana*，*rubescens*。

Laelia anceps* var. *veitchiana 二侧蕾莉亚兰蓝色花变种，花蓝唇，在*Laelia anceps* 中不写作var. *coerulea*。

***Laelia anceps* 二侧蕾莉亚兰**，原产于墨西哥，是原本*Laelia*属内的种类，以花朵典雅、长花梗、且有许多极优秀的杂交后代而闻名。*anceps*意为“二侧的、二端的、二边的”，指其花梗节上二边互生的鞘膜。

***Laelia gouldiana* 古路得蕾莉亚兰**，原产于墨西哥市北部，是*Laelia anceps*与*Laelia autumnalis*的天然杂交种，种名命名自人名。

***Laelia rubescens* 红晕蕾莉亚兰**，原产于墨西哥至危地马拉，假鳞茎呈扁卵形，*rubescens*意为“玫瑰色的、红晕的、带红色的”，本种通常花色以白里透粉红为主，故称红晕蕾莉亚兰。

Laelia rubescens* var. *alba 红晕蕾莉亚兰白变种——白花紫黑喉品系花朵特写。

Laelia rubescens* var. *alba 红晕蕾莉亚兰白变种——白花紫黑喉。

Laelia rubescens* var. *alba 红晕蕾莉亚兰白变种——白花黄喉。

Laelia rubescens* var. *aurea 红晕蕾莉亚兰黄花变种——黄花紫黑喉。

3.3.2 匈伯加亚属 *Schomburgkia*

自原本的*Schomburgkia*属中的*Schomburgkia*亚属移并而来，这一亚属中的原种也大都是长久以来有学者主张移入*Laelia*属的种类，即使她们的侧瓣和三萼片都是呈波状扭转，与原本的*Laelia* 种类不一样。

包括 *crispa*，*elata*，*fimbriata*，*gloriosa*，*lueddemannii*，*lyonsii*，*marginata*，*moyobambae*，*rosea*，*splendida*，*superbiens*，*undulata*，*weberbaueriana*，*schlechterana*，*wallisii*。

Laelia lueddemanii 路得曼蕾莉亚兰的花梗，其上可清楚看出分节与节鞘。

Laelia lueddemanii 路得曼蕾莉亚兰花朵特写。

Laelia lueddemanii 路得曼蕾莉亚兰，自原本的*Schomburgkia*属中*Schomburgkia*亚属移并过来，原产于委内瑞拉、哥斯达黎加、巴拿马，种名取自人名。

3.4 *Rhyncholaelia* 喙蕾莉亚兰属（*Rl.*）

喙的意思是“鸟嘴”，属名的意思就是“花朵具有像鸟嘴构造的蕾莉亚兰类近缘属”，这个像鸟嘴的构造指的就是长长棍棒状蕊柱的形状。本属只有两种，*Rl.digbyana*和*Rl.glauca*。

*Rl. digbyana*被中美洲国家洪都拉斯定为国花，原产于中美洲的墨西哥到洪都拉斯的热带低海拔地区。早在*Rl. digbyana* 被发现之前几年，原产于墨西哥、危地马拉、洪都拉斯的*glauca*在墨西哥被发现，林德利博士将之命名为*glauca*（意为“叶上覆有白粉的”），因为她的花朵构造和植株形态都和*Brassavola*属（白拉索兰属）相当地接近，便将之归置于*Brassavola*属内。1844年英国殖民地洪都拉斯的总督夫人Mrs. MacDonald将一种未知名的植株送给了英国的Edward St.Vincent Digby栽培，该植株于1846年开花，林德利博士便将这个新种以Digby（狄格比）之名命名，当时发现*digbyana*与*glauca*明显为同一类，其植株更大、花朵更大而且更怪异，与*Brassavola*属内的成员差异甚大，但因为*glauca*早被纳入*Brassavola*属，所以*digbyana*仍被纳入*Brassavola* 属下，成为*Brassavola digbyana*，后来本瑟姆（Bentham）将之改为*Laelia*属，直至1918年施莱赫特（R. Schlechter）设立了*Rhyncholaelia*属。

1918年兰学大师施莱赫特将与其它成员形态差异较大的*digbyana*和*glauca*两个种自*Brassavola*属中分离出来，另外设立一个属——*Rhyncholaelia*属。虽然分类证据确凿没有争议，而且也早被全世界公认了几十年，但因为*digbyana*是卡特兰类中相当重要的育种亲本，她的子子孙孙有十几代，从一开始就是以*Brassavola*属的身份进入《国际散氏兰花杂种登录目录》中，在整个卡特兰大家族中盘根错节、牵一发而动全身，因而在学术、分类、身份上一直承认她是独立的*Rhyncholaelia*属，但是在兰花杂交登录及栽培上依然沿袭她是*Brassavola*属。直到2007年10月RHS依据APOHR的决议正式公告将*digbyana*与*glauca*改划入*Rhyncholaelia*属中，历经一年多的讨论这项决定仍未实行，直到2009年5月RHS公告卡特兰属类大变革最终定案，*digbyana*与*glauca*完完全全地更正为*Rhyncholaelia*属，不再变动，从此大量少了*Bc.*、*Blc.* 人工杂交属的成员，却多出了一大堆的*Rlc.*（=*Rl.* × *C.*）之类的新属名成员。

Rl. digbyana 的种名*digbyana*发音为“狄格”，恰巧是闽南语“猪哥”发音的谐音，因此以前台湾兰界就普遍将*Rl. digbyana*叫做“猪哥”，因为此属只有*digbyana*和*glauca*两个种，所以*glauca*就称为“小猪哥”，因为有了“小猪哥”的对比，现在 *digbyana*又变成了叫“大猪哥”。

Rhyncholaelia digbyana 须状的唇瓣特写。

Rhyncholaelia digbyana **狄格比喙蕾莉亚兰**，俗称“大猪哥”。其叶片上可见覆有白粉状。

Rhyncholaelia **Aristocrat（贵族）**（= *Rl. digbyana* × *Rl. glauca*），“大猪哥”与“小猪哥”的人工杂交种。

Rhyncholaelia glauca **白粉叶小喙蕾莉亚兰**，俗称“小猪哥”。

3.5 *Guarianthe* 圈聚花兰属（*Gur.*）

一个新独立出来的属，来自原本原产中美洲的“双叶种*Cattleya*”，原被归为*Cattleya*属之下的Subgenus *Circumvola*（圈聚花兰亚属），亚属下设置两个组，在本亚属独立为*Guarianthe*属之后，此两个组不变：

3.5.1 圈聚花组 *Aurantiaca*

只有 *aurantiaca* 1种。

***Guarianthe aurantiaca* 橙色圈聚兰**，原产于墨西哥至洪都拉斯，种名意为“橙色的”。

3.5.2 笼聚花组 *Moradae*

包括 *bowringiana*，*deckeri*，*skinneri* 3种。

***Guarianthe bowringiana* 包林圈聚兰**，原产于危地马拉、贝里斯，种名命名自人名，英国的兰花种植者Bowring。

Guarianthe skinneri 史金纳圈聚兰，原产于中美洲广大区域，种名为其首次发现者George Ule Skinner。

Guarianthe skinneri 史金纳圈聚兰盛开中的花朵。

Guarianthe skinneri* var. *alba 史金纳圈聚兰白花紫喉变种。

Guarianthe skinneri* var. *alba 史金纳圈聚兰白花紫喉变种花朵特写，花朵晶莹发亮。

另有一个常见的天然杂交种 × *guatemalensis*，是*aurantiaca*和*skenneri*的天然杂交种，在花色上有白、乳黄、黄、橙~橙紫、紫色的多样变异，一般也都被归在*Moradae*组里。

*Circumvola*和*Guarianthe*都是“圈、绕、聚、围、包、卷……的花序排列的花”的意思，中文上并没有直接明确的词可以直译，我们在此按其文意，都将之称为“圈聚花兰”。

*Guarianthe*的公告成立之后，在卡特兰杂交后代的属名判别上变得更繁杂。譬如原本只是单纯的*Cattleya*（*C.*），如今却可能变成是*Cattianthe*（*Ctt.*）,也就是*Cattleya*（*C.*）卡特兰属 × *Guorianthe*（*Gur.*）圈聚花兰属。而*Rhyncattleanthe*（*Rth.*）= *Rhyncholaelia*（*Rl.*）喙蕾莉亚兰属 × *Cattleya*（*C.*）卡特兰属 × *Guorianthe*（*Gur.*）圈聚花兰属，在加入了*Rl.*属之后更是令人眼花缭乱。幸好这些都是相当清楚的、有很明显的脉络可循：只要先认定一些常见的人工杂交属一共由哪些自然属的组成即可轻易辨别。

有兴趣的读者可以比对本书后面的附录一，了解哪些是自然属，哪些是人工杂交属，这个人工杂交属有哪几个自然属的组成成分，很快就能探究清楚卡特兰属名大变革之后的混乱。

3.6 *Myrmecophia* 蚁媒兰属（*Mcp.*）

在RHS于2007年10月和2009年5月两次的公告中，有关于*Schomburgkia*（匈伯加兰属，香蕉兰属）的决议都是相同的，*Schomburgkia*属从此取消，而原本属于*Schomburgkia*属中的*Chaunoschomburgkia*亚属正式更改为*Myrmecophia*属。

1917年R.A. Rolfe将原产于热带中南美洲及西印度群岛的*Schomburgkia*属中几个花梗会分枝的种类，另外设立了*Myrmecophia*属，但未被大多数学者所接受，只被列为*Schomburgkia*属中的一个亚属或一个组，*Schomburgkia*属就这么一直维持着在属内有两个族群的现象。后来于1943年兰学大师施莱赫特（R.Schlechter）再次将*Myrmecophia*提出来慎重地探讨，并将之重新确定为一个独立属。但是几十年来分类学家各有论据，互相争论不休，在RHS的《国际散氏兰花杂种登录目录》里也就维持着原本的*Schomburgkia*属，一直到2007年1月，RHS的APOHR以现代分子生物学的证据证明*Myrmecophia*为独立的一个属，并于2007年10月公告更名。

属名*Myrmecophia*，意为“蚁好者、蚁嗜者、蚁媒者”，因为她们的假鳞茎为中空，茎基部下方有孔隙，蚂蚁会进去筑巢定居，保卫家园（植株）并且在花开时采蜜吸食，同时为其授粉。下面要介绍的*Caularthron*（节茎兰属）也有这个特性。自然界中有许多植物都会利用各种方法吸引蚂蚁在其植株上筑巢，然后互蒙其利，这些植物被特别称为“蚁植物”。

***Myrmecophila tibicinis* 喇叭蚁媒兰**，原产于墨西哥至哥斯达黎加，其花梗可高达1m以上。*tibicinis*意为“吹笛手的”、“似喇叭、似笛子的”。

Myrmecophila tibicinis 喇叭蚁媒兰的植株。

***Myrmecophila albopurpurea* 白紫蚁媒兰**，迷你型的蚁媒兰，近年来多被用于异属的迷你卡特兰育种。原被视为*Myrmecophila thomsoniana* var. *semi-alba*汤姆松蚁媒兰的半白变种，图中可看见其总花梗上有三支花梗分枝。

Myrmecophila albopurpurea 白紫蚁媒兰花朵特写。

***Myrmecophila brysiana* 布里西蚁媒兰**，原产于中美洲广大区域，种名命名自人名。

3.7 *Caularthron* 节茎兰属（*Cau.*）

这个属以*Cau. bicornutum*（俗称处女兰Virgin Orchid）最为知名，也因其而闻名于世，因此在过去都被称为“处女兰属”。属名由希腊文caulis（茎）及arthron（节）二字合并而来，指其有分节般的假鳞茎，直译为节茎兰属，为1836年拉法恩斯奎（Rafinesque）所设立，用以重置1834年新发现而被置入*Epidendrum*属内的*bicornutum*，但是1881年本瑟姆（Bentham）并不知道这个属已被更改了，另外设立新属名为*Diacrium*，意为“两个角者”（di：二个，akris顶点、角），这是根据她的唇瓣上有两个角状突起而来，而这个属名比起*Caularthron*更为知名，这恰与种名*bicornutum*（二角状的）相呼应，因而也被称为“二角兰属”。就这样，俗称处女兰的*bicornutum*的属名就一直闹着双胞案，连在RHS上的登录也变来变去，譬如她最有名的后代*Cll.*Snowflake（=*Cau.bicornutum* × *L. albida*，俗称“雪花飘飘”），自1966年登录以来，她的杂交属名就一直在*Caulaelia*（*Cll.*，=*Caularthron* × *Laelia*）与*Dialaelia*（*Dial.*，=*Diacrium* × *Laelia*）之间改来改去。根据学名命名法则，最终在2007年1月RHS的APOHR决议以*Caularthron*属名定案。

节茎兰属只有2~3个原种（由于“变种”分类认定的不同而变成不同的物种数目），原产于南美洲和特立尼达岛（Trinidad）。*Cau.bicornutum*被大量使用于卡特兰类各属之间的异属杂交，其子代*Cll.*Snowflake更继续被使用于大量育种，都是优良的育种亲本。

Caularthron bicornutum
二角节茎兰，原产于巴西、哥伦比亚、委内瑞拉、圭亚那等国。*bicornutum*意为“二角状的”，指其唇瓣上二个黄色的角状突起。英文俗称“处女兰”。

Caularthron bicornutum 二角节茎兰，花朵上可清楚看见其唇瓣上的二个黄色角状突起。

Caularthron bicornutum 二角节茎兰花朵之二。

Caularthron bicornutum 二角节茎兰，假鳞茎基部的孔洞，会吸引蚂蚁进入筑巢。

3.8 *Broughtonia* 布劳顿氏兰属（*Bro.*）

这是个植株迷你的属，植株袖珍小巧，属内的原种只有数种，但在迷你卡特兰类的杂交育种上被大量地应用。在2007年10月的RHS公告（1月的APOHR决议）中，原本两个也是很小的属（株小种少）*Cattleyopsis*（*Ctps.*）和*Laeliopsis*（*Lps.*）被移入*Broughtonia*属中，*Ctps.*属和*Lps.*属从此取消，但加入了两个属新成员的新*Broughtonia*属成员还是未破十之数。不管变动前或变动后的布劳顿氏兰属，她都是中美洲西印度群岛的特有属。

新合并的*Broughtonia*属，原本的三个属被以三个组的方式处理，以维持其各自特性：

3.8.1 拟卡特组 *Cattleyopsis*

原本的属名是勒梅雷（Lemarie）于1853年所设立，乃因其花朵形状似*Cattleya*属而得名。原产于西印度群岛上的巴哈马群岛、安的列斯群岛（Antilles），约有三个原种。以前就一直被认为是*Broughtonia*的近缘属。

3.8.2 拟蕾莉亚组 *Laeliopsis*

原本的属名为英国林德利博士于1853年所设立，因其与*Laelia*属相似而得名。原产于西印度群岛上位于多米尼加和波多黎各之间的莫纳岛和几个小岛。只有一个原种。也是以前就一直被视为是*Broughtonia*的近缘属。

3.8.3 布劳顿组 *Broughtonia*

*Broughtonia*的属名为罗伯特・布朗（Robert Browm）于1813年所设立，以当时在牙买加开展研究的英国植物学者阿瑟・布劳顿（Arthur Broughton）之名来命名，因此直译为布劳顿氏兰属。原产于西印度群岛上的牙买加及古巴。只有2~3个原种，其中*Bro. sanguinea*（血红布劳顿氏兰）最有名，并且*Broughtonia*属也是因其而知名。*Bro.sanguinea*的颜色相当多变，血红色花原种只是她的模式种，还有花色是白色、黄色、插角、粉红等不同种类，不同的色彩被用于不同色系迷你类卡特兰的育种，所以除了*Ctna.*Jamaica Red、*Ctna.*Keith Roth、*Gct.*Why Not等相当知名的红花品系外，也有*Ctna.*Maui Maid、*Ctna.*Jet Set等有名的白花，以及楔形花（插角花）的*Ctna.*Peggy San、*Gct.*Chiena Ya Ocean等各种变化丰富的后代。

***Broughtonia sanguinea* 血红布劳顿氏兰**，粉红花种类。

Broughtonia sanguinea 血红布劳顿氏兰，红花种类。

Broughtonia sanguinea 血红布劳顿氏兰，白花种类。

Broughtonia sanguinea 血红布劳顿氏兰，圆瓣白花种类。

Broughtonia sanguinea 血红布劳顿氏兰，黄白花种类。

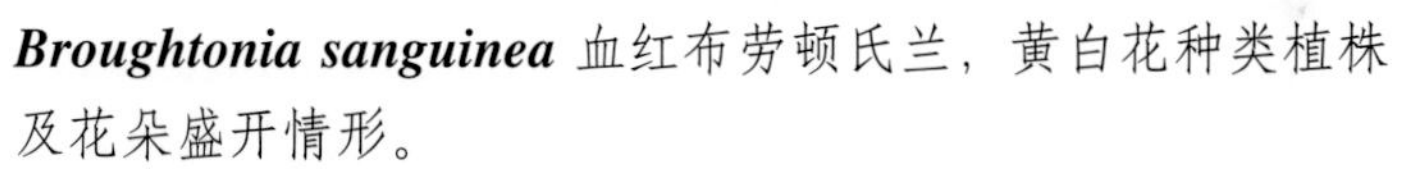

Broughtonia sanguinea 血红布劳顿氏兰，黄白花种类植株及花朵盛开情形。

Broughtonia sanguinea 血红布劳顿氏兰，黄花种类。

Broughtonia sanguinea 血红布劳顿氏兰，黄白花紫楔形花种类。

Broughtonia sanguinea 血红布劳顿氏兰，白花紫楔形花种类之二。

Broughtonia sanguinea 血红布劳顿氏兰，白花紫楔形花种类。

3.9 *Epidendrum* 树兰属（*Epi.*）

在分家之前的*Epidendrum*属是个很大的属，约有1000个原种，即使以目前RHS登录系统正式定案的*Epidendrum*属仍约有800个原种，最主要的改变是*Encyclia*属（围柱兰属）的正式分出，*Prosthechea*属（佛焰苞兰属）再从*Encyclia*属（围柱兰属）分离，另外还有*Dinema*、*Oerstedella*等小属的独立。

*Epidendrum*属为瑞典林奈（Carolus Linnaeus）设立于1753年，属名源于希腊文epi（上）及dendron（树）二字合并而来，意指其附着于树木枝干上的气生生态习性。原产地以热带美洲为中心，北起美国北卡罗莱纳州，经西印度群岛，南达南美洲北部，多为气生兰及石生兰，少部分为地生种。植株大小相差极为悬殊，从生长达1m以上状似芦苇的高大植株到小仅数厘米高的掌上型袖珍种类都有；花朵形状、色彩差异也相当大，有的艳丽，有的朴素，足以满足不同人们“山珍海味、萝卜青菜”的各类喜爱。

***Epidendrum schlechterianum* 施莱赫特树兰**，小型种，原产于墨西哥到巴西、秘鲁。*schlechterianum*名自兰学分类大师R. Schlechter。

Epidendrum ciliiare **缘毛树兰**，植株长得很像卡特兰，原产于中南美洲。*ciliiare*意为“有缘毛的、有纤毛的”，乃指唇瓣侧裂片上的毛状物。

Epidendrum diffusum **散花树兰**，原产于墨西哥、危地马拉到巴西，花开时似一群蚊子飞舞，又叫“蚊子树兰”，*diffusum*意为“散生的”、“散开式生长的”，乃指其花序。

Epidendrum difforme **异形树兰**，中小型种，原产于热带美洲广大区域。*difforme*意为“异于常型的”、“异于同属之其它正常形态者的”。

Epidendrum difforme 异形树兰自茎顶开花情形。

Epidendrum anceps **二侧树兰**，原产于热带美洲，*anceps*意为“二侧的”，是能从旧花梗节上一直抽梗开花的种类。

Epidendrum calanthum **美花树兰**，芦苇型植株的中大型树兰，*calanthum*意为“美花的”。

Epidendrum barbeyanum **巴贝氏树兰**，原产于哥斯达黎加，与*Epidendrum difforme*相似，但植株体、茎叶、花朵都略大，而且花色是淡绿色的。种名取自瑞士植物学者W. Barbey。

Epidendrum polyanthum **多花树兰**，原产于热带美洲，*polyanthum*意为“多花的”。

Epidendrum porpax **波帕克斯树兰**，迷你种，原产于墨西哥到委内瑞拉、秘鲁。

***Epidendrum radicans* 气根树兰**，原产于热带美洲，是*Epidendrum*属的代表性原种之一，*radicans*意即“气生根的”。花期不定，在热带地区可周年开花，所以常被栽种于庭园观赏，花径约2.5～3cm，在同类中算是大的。

美国迈阿密私人庭园中树下茂盛生长整片的*Epidendrum radicans* 气根树兰，其上方为原产于亚洲的仙人指甲兰（*Aerides*）。

***Epidendrum cinnabarinum* 朱色树兰**，肉厚硬叶芦苇型的代表性种类之一，*cinnabarinum*意为“朱色的”。

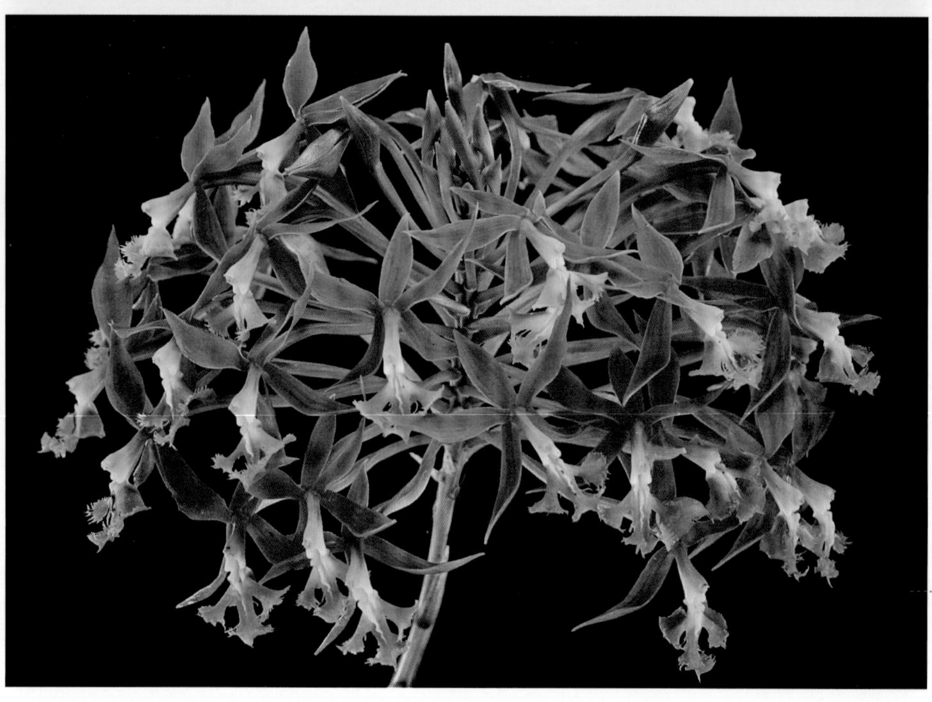

Epidendrum cinnabarinum 朱色树兰花团锦簇的花序。

***Epidendrum pseudepidendrum* 假树兰**，原产于哥斯达黎加、巴拿马，花朵质地硬质，有学者将她独立为*Pseudepidendrum*假树兰属，*pseudepidendrum*意即“假树兰的”。

Epidendrum pseudepidendrum 假树兰的花朵有着塑料一样的质地，尤其是橙色的唇瓣，在杂交育种时这项特质遗传也会带给后代较独特而硬质的唇瓣。

***Epidendrum stamfordianum* 史丹佛树兰**，原产于热带中南美洲，图为花色偏粉红的个体。这是个植株中大型而多花性的树兰原种，已有许多美丽的异属杂交后代问世。

***Epidendrum rousseauae* 卢希奥树兰**，原产于巴拿马，是小型的绿白花种类，种名来自人名Mme Rousseau。

Epidendrum parkinsonianum **帕金森树兰**，原产于墨西哥到中美洲，大型种，叶片多肉质、下垂，长可达30～45cm，一花梗开1～3朵奇特的花朵，花径达10～15cm。种名来自人名J. Parkinson。

Epidendrum secundum 侧生树兰的植株。

Epidendrum secundum **侧生树兰**，原产于热带美洲的广大区域，高50～100cm，花期不定期，在热带地区可整年开花，与*Epi. radicans*同样常被使用于庭园景观或做绿篱，但花朵较*Epi. radicans*小得多，花径约1.2cm。花色多变化，常见的有橙黄～橙红、粉红花、白色花。*secundum*意为“侧生的”，一般其花序略偏向一边生长、开花。

在所谓的“芦苇型”*Epidendrum*杂交种类中的各种花色的种类都相当多，图为在美国的一次国际兰展中不同种类的*Epidendrum*橙色花杂交品系，该6株中就有5个不同的品系。

3.10 *Encyclia* 围柱兰属（*E.*）

***Encyclia alata* 翼唇围柱兰**，原产于墨西哥，假鳞茎密生、卵形，茎长、茎粗都可达10cm，花梗高耸，多分枝、花朵数量众多，花香浓郁。*alata*意为“有翼的”、“翼状的”，指唇瓣左右侧裂片形状如翅膀开展。

在之前，很多学者将*Encyclia*和*Epidendrum* 不分家，通通归并为*Epidendrum*属，因为她们之中存在着许多在植株形态和花朵构造上的中间类型，这些中间类型，目前已被划分为*Prosthechea*属（佛焰苞兰属，*Psh.*），所以*Prosthechea*属的设立同时也解决了*Encyclia*和*Epidendrum*之间多年的分类困扰。

*Encyclia*设立于1828年，属名源于希腊文enkyklin（环绕、包围），指唇瓣的侧裂片围绕着蕊柱，所以中文直译为围柱兰属。原约有200个原种，扣除独立分出的*Prosthechea*属之后，还有100多个原种。原产于中南美洲，北起佛罗里达、墨西哥，以中美地峡国家及西印度群岛为中心，南到南美热带地区，多为气生兰或石生兰。除了唇瓣的侧裂片围着蕊柱的特征外，在植株外观上，假鳞茎一般较膨胀肥厚，卵圆、长圆或纺锤形；叶片多肉质、革质，长椭圆或长披针形。

花朵通常有芬芳的香气。由于植株高度适中、花朵的花型差异较小，也常被用于卡特兰的异属杂交，有许多不错的新品种出现。

Encyclia alata 翼唇围柱兰的花朵，唇瓣的左右侧裂片如一对宽阔的翅膀展开在蕊柱两旁，唇瓣的中裂片则如金鱼尾巴半垂半展着，上面有美丽的筋纹线条。

Encyclia alata 翼唇围柱兰的花朵之二，此个体唇瓣的中裂片下凹，如果使用于杂交育种时，此特征会影响到后代的唇瓣平展度与观赏价值。

***Encyclia bractescens* 大苞片围柱兰**，原产于墨西哥、危地马拉、洪都拉斯，是比*E. alata*小许多的中小型种，叶片虽可长达10～25cm，但是纤细而秀气。*bractescens*意为"有大苞片的、有显著苞片的"，指其花梗基部长而大的苞片（花鞘）。

Encyclia bractescens 大苞片围柱兰的花朵与其花梗基部的大苞片（图中的左下角）。

***Encyclia cordigera* 心脏围柱兰**，原产于墨西哥到委内瑞拉、哥伦比亚，这个原种花色很多、花开热闹、花香浓郁，加上栽培、开花都容易，是很受喜爱的围柱兰种类，与卡特兰或其它近缘属类的杂交都有许多不错的成绩。*E. cordigera* var. *atropurpureum*曾被视为*Epi. atropurpureum*，并使用多年，连在RHS的杂种登录名录上*Epi. cordigerum*及*Epi. atropurpureum*都各有许多后代登录，甚至相同的杂交组合却有不同的登录名，目前都已被RHS修正并公告。*atropurpureum*意为“暗紫色的”，这个变种花色较一般的*E. cordigera*更暗红，但开花数略少；*cordigera*意为“心脏形的”，指她唇瓣中裂片的形状。

可清楚地看到*E. cordigera* 的唇瓣侧裂片包围着蕊柱。

Encyclia cordigera 心脏围柱兰的蕊柱与唇瓣侧裂片、中裂片的组合，像一个可爱的小猪脸。

Encyclia cordigera* var. *rosea（此变种原作*Epi. atropurpureum* var. *roseum*）。

***Encyclia cordigera* var. *semi-alba* 'Hinomanu'** 心脏围柱兰半白变种，此个体俗称“日本国旗”（‘日之丸’）。

***Encyclia cordigera* var. *semi-alba* 'Hinomanu'** 唇瓣的侧裂片、中裂片与蕊柱相对位置，正面图。

***Encyclia cordigera* var. *semi-alba* 'Hinomanu'** 唇瓣的侧裂片、中裂片与蕊柱相对位置，俯视图。

Encyclia cordigera* var. *alba 心脏围柱兰白变种，三萼片与二侧瓣失去红色素变成绿色，唇瓣失去红色素变成白色。图中黄色的是正在凋谢的花朵。

Encyclia cordigera* var. *alba 心脏围柱兰白变种的花朵特写。

Encyclia atrorubens 暗红围柱兰的花朵。（图：孙铭鸿）

***Encyclia atrorubens* 暗红围柱兰**，原产于墨西哥，*atrorubens*意为“暗红的、带暗红色的”。

Encyclia ciperfolia **细剑叶围柱兰**

Encyclia fowleyi **花利氏围柱兰**，以美国兰学家花利博士（Dr. J. A. Fowlie，著名的兰花杂志《兰花文摘》The Orchid Digest的主编）的姓氏命名。

Encyclia ciperfolia 细剑叶围柱兰的花朵。

Encyclia adenocaula **腺茎围柱兰**，原产于墨西哥，*adenocaula*由希腊文adeno（腺体）与caulis（茎）二字合成，意为“带有腺体的茎的”，是指她带有鞘膜的花梗节点。她有另一个有名的异名是*Encyclia nemorale*，*nemorale*意思是“生长于丛林中的”。

*Encyclia adenocaula*唇瓣的侧裂片、中裂片与蕊柱相对位置，正面图。

*Encyclia adenocaula*唇瓣的侧裂片、中裂片与蕊柱相对位置，侧面图。图中在蕊柱末端的花粉帽的下方有一片膜片状构造，此乃*E. adenocaula*的大片“蕊喙”。

Encyclia rufa 路法围柱兰花朵特写。

***Encyclia rufa* 路法围柱兰**，*rufa*意为“带有红色的”，乃指其命名发表的模式标本而言，一般所见以黄花、黄绿花为多，故在此以种名直接音译为路法围柱兰，以免混淆。

Encyclia plicata
折扁状围柱兰，图为var. alba白变种。plicata意为“折扁状的”，指她的唇瓣中裂片（侧裂片也一样）像被折扁内凹的样子。

Encyclia plicata* var. *alba折扁状围柱兰白变种的花朵，侧面图。

Encyclia plicata* var. *alba折扁状围柱兰白变种的花朵。

***Encyclia randii* 兰迪围柱兰**，原产于巴西，*randii*命名自人名。这是近年来逐渐被使用于卡特兰异属杂交，或*Encyclia*属内杂交，而重新受到重视的原种。

Encyclia randii 兰迪围柱兰花朵特写。

***Encyclia tampensis* 坦奔围柱兰**，原产于美国的佛罗里达州、巴哈马州，种名取自最先发现于佛罗里达州的该地地名。是迷你种，常被使用于迷你卡特兰异属杂交，或*Encyclia*属内杂交。

Encyclia tampensis* var. *alba坦奔围柱兰白变种盛开情形。

Encyclia tampensis* var. *alba坦奔围柱兰白变种，由于此原种的白变种比一般原种更受到重视，而曾多次被大量繁殖，因而反而较常见。

美国迈阿密2008年Redland国际兰展上，*Encyclia*属分组评审中，正针对各种类一一进行讨论。（图：Eric Fang）

3.11 *Prosthechea* 佛焰苞兰属（*Psh.*）

这是个新属名，她被强调的特征是花梗出现前，如佛焰苞形态的苞鞘，所以称之为佛焰苞兰属。代表性的原种就是有名的章鱼兰（“大章鱼”、“小章鱼”、“黑章鱼”、“花章鱼”、“白章鱼”等），还有树兰类中少见的橙红花*vitellina*，而分类位置一再变更的*citrina*，以及所谓的“玛利亚树兰”（*mariae*）等也已被正式归入本属。

从*Epidendrum*属到*Encyclia*属，以及*Prosthechea*属，有许多原本在*Epidendrum*属中的原种种名字尾被更改了，如：*Epi. alatum* 变更为 *E. alata*；*Epi. cordigerum* 变更为 *E. cordigera*；*Epi. cochleatum* 变更为 *Psh. cochleata*；*Epi. radiatum* 变更为 *Psh. radiata*等。但是，也有一些原种只是属名更改，种名不变，如：*Epi. mariae* 变更为 *E. mariae* 再变更为 *Psh. mariae*。这是因为拉丁文学名有词性的分别，以拉丁文形容字尾简单略分：（1）–us：阳性；–a：阴性；–um：中性。（2）–is：阴阳性；–e：中性。

在“二名法”学名的构成中，属名是名词，种名是形容词，种名这个形容词用以形容名词的属名，如此方能达到“一个物种学名的命名”。因此属名与种名的词性必须相同，在更改属名的书写时请特别注意此点。

***Prosthechea cochleata* 大章鱼兰**，原产于自美国佛罗里达州，南到哥伦比亚、委内瑞拉，由于唇瓣呈现黑亮的色彩，而在英文中有黑兰（Black orchid）的俗称，因为花朵形似游动的章鱼，而被称作章鱼兰，后来又因同属近缘种里还有许多其它花朵较小的“章鱼”，而特别被称为大章鱼兰。*cochleata*意为“蜗牛壳状的”，是指她唇瓣的形状及花色；又有一说意为“螺旋状的”，乃指她会扭转的三萼片及二侧瓣。

Prosthechea cochleata* var. *alba 大章鱼兰的白变种，白章鱼兰。

***Prosthechea radiata* 放射线小章鱼兰**，小章鱼兰的代表性种类，原产于墨西哥、危地马拉、洪都拉斯。*radiata*意为“辐射状的、放射线状的”，指她唇瓣上的放射线条纹。

Prosthechea radiata 放射线小章鱼兰的植株，其假鳞茎呈长纺锤形。

Prosthechea lancifolia **大黄蜂兰**，原产于墨西哥西部，*lancifolia*意为“披针形叶的”，指她叶片的形状。也是小章鱼兰类的种类之一，但是在英文中有特别被称作“大黄蜂兰”的俗称。

Prosthechea allemanoides **小墨鱼兰**，原产于巴西，是小章鱼兰类的近缘种。

Prosthechea prismatocarpa **棱果佛焰苞兰**，原产于哥斯达黎加、巴拿马，*prismatocarpa*意为“棱柱状果实的”。

Prosthechea prismatocarpa 棱果佛焰苞兰的花朵。

花朵色彩斑纹较浓的***Prosthechea prismatocarpa***。（图：何国芳）

***Prosthechea garciana* 咖路西佛焰苞兰**，原产于委内瑞拉，种名来自人名。

***Prosthechea tripunctata* 三斑点佛焰苞兰**，原产于墨西哥，迷你种，*tripunctata*意为“有三斑点的”，指其在蕊柱上有三个橙色斑点。

Prosthechea tripunctata 三斑点佛焰苞兰在蕊柱末端上有三个橙色斑点，此图也可看出*Prosthechea*属在蕊柱末端上深刻的分裂。

Prosthechea boothiana 的假鳞茎。

***Prosthechea boothiana* 波西亚那小佛焰苞兰**，原产于贝里斯，迷你种，此图可看见花梗自大苞片（佛焰苞）长出。

Prosthechea vespa **伟士巴佛焰苞兰**，原产于热带美洲。

Prosthechea vitellina 蛋黄色佛焰苞兰的花朵。

Prosthechea vitellina **蛋黄色佛焰苞兰**，原产于墨西哥及危地马拉。*vitellina*意为“蛋黄色的”，她的花色也有较深的橘红色。

花色较橘红的 ***Prosthechea vitellina***。

Prosthechea mariae **玛利亚佛焰苞兰**，原产于墨西哥，原本的树兰中有名的“玛利亚树兰”。绿花大白唇的美丽大花朵（花径约6～9cm），再加上迷你的植株，在迷你异属杂交卡特兰的育种中，逐渐扮演起重要的角色。*mariaea*来自人名。

Prosthechea mariae 玛利亚佛焰苞兰的花朵与植株。

Prosthechea的属内杂交种：*Psh*. Edith Arakawa （=*Psh. radiata* × *Psh. prismatocarpa*，1990年）。

Prosthechea的属内杂交种：*Psh*. Bob Freeman （=*Psh*. *prismatocarpa* × *Psh*. *tripunctata*，2004年）。

3.12 *Leptotes* 细叶兰属（*Let.*）

这是一个小型植株的气生兰属，属内约有6个原种，原产于南美洲的巴西、巴拉圭、阿根廷。本属为1833年英国兰学家林德利所设立，属名意为“细长叶片”。这个属的特征不同于其它的卡特兰大家族自然属（花粉块数大都是4或8个），她们有6个花粉块，4个大的，2个小的。

Leptotes bicolor **双色棒叶兰**，原产于巴西，*bicolor*意为“双色的”。

Leptotes bicolor 双色棒叶兰的花朵。

Leptotes unicolor **单色棒叶兰**，原产于巴西，*unicolor*意为“单色的”。

3.13 *Tetramicra* 四腔兰属（*Ttma.*）

这也是个小型植株的气生兰属，约有11个原种，原产地自美国佛罗里达州至西印度群岛。原本是个较少会被提及的小属，却因出了一个有趣而且还曾经颇受青睐的杂交子代“黑暗王子”——*Tetrationia*（*Tttna.*）Dark Prince（= *Bro. sanguinea* × *Ttma. canaliculata*，1965年登录）而受到注目。

属名源于花药的4个小腔室而得名，也有译做“四室兰属”。这个属最有名、亦最可能常见到的*Ttma. canaliculata*，同时也是本属植株最大、匍匐茎最长的原种，单株与单株（老株与下一个新株）之间的匍匐茎长约2～10cm，植株向前延伸而出，常可长成长达数十厘米至1m长的匍匐生长蔓延植株。

***Tetramicra canaliculata* 纵槽四腔兰**，原产于美国佛罗里达、西印度群岛。*canaliculata*意为“纵向槽的、有纵向沟纹的”。

“爬”到其它兰花身上生长的*Tetramicra canaliculata*植株，还抽出花梗向上开花。

***Tttna.* Dark Prince 黑暗王子**，其植株弥补了*Tetramicra canaliculata*根茎太长的缺点。

***Tetratonia* Dark Prince** 黑暗王子花朵特写。

Tetramicra canaliculata 纵槽四腔兰的植株，其根茎（走茎、匍匐茎）很长，二个植株体之间相距远，所以以板植或放任气生方式栽培。*Tetramicra canaliculata*原不受兰花育种家青睐，却因为她与*Bro. sanguinea*的杂交子代*Tetratonia* Dark Prince（黑暗王子，1965年登录）而知名。

Tetramicra canaliculata 纵槽四腔兰会分枝的花梗。

3.14 *Dinema* 多球小树兰属（*Din.*）

本属只有1种（这种情形称之为“单种属”）：*Din. polybulbon*。

这个属的分类位置也颇有争议多年。1788年*Epidendrum polybulbon*这个原种被发表，1828年*Encyclia*属设立后仍未被挪至*Encyclia*属内。由于其花朵构造相当独特，不同于其它*Epidendrum* 或*Encyclia*属种类，1831年林德利博士特别为她创立了*Dinema*属，一属一种。可是在1961年德雷斯勒（Robert L. Dressler，美国的兰科分类学大师，现今兰科植物的分类学大致上采用其分类系统）为当时所知的所有兰科植物重新整理分类系统时，并没有采用这个属名，而将*polybulbon*这个原种改为归建在*Encyclia*属内。直到2009年卡特兰类家族属名大变革中，*Dinema*属重新被承认，*Encyclia polybulbon*改回*Dinema polybulbon*。

这个原种，在过去曾被许多兰友误认做是石豆兰属（*Bulbophyllum*），可能是因为其假鳞茎通常肥圆如豆，植株又小巧而且匍匐生长，再加上她的种名*polybulbon*之中又出现了“bulb”的字样，所以就被误认了！

Dinema pollybulbon **多球小树兰**，原产于古巴、牙买加、墨西哥、危地马拉、洪都拉斯等地。*pollybulbon*意为“具有多球茎的”。

Dinema pollybulbon 多球小树兰板植盛开情形。

3.15 其它的近缘属

除了上述14个自然属在园艺栽培及育种、应用上最常见之外，卡特兰大家族中，尚有许多近缘属在国际兰界亦有栽培或应用于杂交育种，如：

Arpophyllum（风信子兰属、香烛兰属），

Barkeria（*Bark*.，巴克兰属），

Domingoa（*Dga*.，多明哥兰属），

Isabelia（*Isa*.，伊莎贝尔兰属），

Isochilus（等唇兰属），

Meiracyllium（*Mrclm*.，攀援兰属），

Nidema（*Nid*.，尼德马兰属），

Oerstedella（*Oe*.，奥厄斯特德兰属），

Psychilis（*Psy*.，蝶唇兰属），

Scaphyglottis（*Scgl*.，船舌兰属），等。

这一整个卡特兰类大家族的自然属其实尚有许多，有的是尚未被利用于人工杂交育种而群芳谱上暂未留名，有的因为长相朴素平凡而花开深山无人识，目前尚未被重视的属类或种类，也许有一天也会登上属于她们的舞台。

Barkeria 巴克兰属的属内杂交种。

Arpophyllum giganteum 巨大风信子兰的成排小花朵。

***Arpophyllum giganteum* 巨大风信子兰**，原产于墨西哥、哥斯达黎加、哥伦比亚、牙买加。*giganteum*意为“巨大的”，因为本种植株比同属其它种类还大。

***Oerstedella centradenia* 桃色奥厄斯特德兰**，中小型种，虽是自*Epidendrum*分出的近缘属，植株的茎叶与粗肥的气生根都与细茎细叶的石斛兰很像。原产于哥斯达黎加、巴拿马。

***Scaphyglottis amethystina*紫晶色船舌兰**，原产于危地马拉、哥斯达黎加、巴拿马，*amethystin*意为“紫晶色的”。

Meiracyllium trinasutum **三大鼻攀缘兰**，原产于墨西哥、危地马拉，是种很迷你的小兰花，一般都以板植栽培为主。*trinasutum*由希腊文tri（三）及*nasutum*（大鼻的）二字合成，指其蕊柱的形状像三个大鼻子长在一起。

Isochilus major **较大等唇兰**，原产于墨西哥、巴拿马等国。因为唇瓣的大小与萼片相同而得名；*major*意为“较大的”。

Meiracyllium trinasutum 三大鼻攀缘兰的花朵。

Meiracyllium trinasutum 三大鼻攀缘兰的花芽花苞自正开展的新芽长出。

4 第肆章

卡特兰铭花赏析

卡特兰属，自原种*C. labiata*被发现开始，越来越多的原种被发现，随后掀起了*Cattleya*属内的杂交风潮，后来其近缘属也被投入到杂交育种的行列，经过一百多年来的人工杂交历史，目前已登录的品种约40000余个，形成了卡特兰大家族。

不管是原种还是人工杂交种，一旦发现了优秀美丽的个体，便会通过扩繁供应市场，经过市场洗礼，有一些花的品系特别受到人们的喜爱，口耳相传，众口铄金，竞相追逐，众所皆知，这就是所谓的“铭花”。

卡特兰的杂交品种，传统上是按其花色或花型为分类依据，在本章

Rlc. Village Chief North 'Green Genius'

中，我们以花色为分类依据，分为紫红色系、橙红色及砖红色系、浅色~粉色系、白色系、白花红（紫）唇及白底五剑花、蓝色系、黄色系、绿色系、其它花色、楔形花、斑点花、星形花、其它异属杂交花等13大类。此外，还根据某些品种植株矮小的特点，分出了迷你型和掌上型两大类。这两类也囊括了各种花色和花型的品种。这种划分并无生物学分类上的意义，纯粹只为方便欣赏。并且，本章介绍的品系、品种只是浩瀚花海众多铭花之中的一部分，因为具备了某些代表性，所以选用。

4.1 紫红色系铭花

紫红色是卡特兰的基本色彩，有许多卡特兰原种的模式种花色都是紫红花（尤其是原先的*Cattleya*属原种），她们的杂交后代大部分是紫红色系。深紫红色是通过杂交逐代加重色彩累积或者杂交入其它的色彩（如朱红色、赭红色，甚至黄色、绿色）以及染色体多倍体化等育种手段而来。

01：*Rhyncholaeliocattleya* Memoria Crispin Rosales ‘Victory’（克瑞斯品‘胜利’）

（= *C*. Bonanza × *Rlc*. Norman’s Bay，1959年登录）

Memoria Crispin Rosales克瑞斯品，是一个历史悠久却依然很受欢迎的紫红花卡特兰品系，是台湾卡特兰育种前辈陈忠纯医师的杰作之一，一般兰友都称“Crispin”，优秀的个体有数十个之多，除了‘胜利’之外，尚有‘润源’、‘丰原’、‘嘉锭’……，在AOS的审查中则有数十个审查纪录。

***Rlc*. Memoria Crispin Rosales‘Victory’（克瑞斯品‘胜利’）**

02: *Rhyncholaeliocattleya* King of Taiwan 'Da Shin#1' & 'Chang Lu'（台湾王 '大新一号' & '昌儒'）

（ =*Rlc*. Bryce Canyon × *Rlc*. Purple Ruby，1989年登录）

King of Taiwan 台湾王，大花品系，著名的个体有 '大新一号'、'昌儒' 等，其中 '大新一号' 在2009年台湾国际兰展获得AOS审查88分高分的AM奖。

***Rlc.* King of Taiwan 'Chang Lu'**（台湾王 '昌儒'）

***Rlc.* King of Taiwan 'Da Shin # 1' AM/AOS**（台湾王 '大新一号'）

***Rlc.* King of Taiwan 'Da Shin # 1' AM/AOS**（台湾王 '大新一号'）

03：*Rhyncholaeliocattleya* Pink Empress‘Ju-Sen’ AM/AOS（粉皇后‘日盛’）

（＝*Rlc*. Mount Hood × *Rlc*. Bryce Canyon，1997年登录）

Pink Empress粉皇后，大花品系，著名的个体有‘Ri Cheng’（‘丽城’）及‘日盛’，其中‘日盛’唇瓣喉部的黄色斑连成一大块，并于2001年台湾国际兰展获得AOS审查86分高分的AM奖。

***Rlc*. Pink Empress ‘Ju-Sen’AM/AOS（粉皇后‘日盛’）**

***Rlc*. Pink Empress ‘Ri Cheng’（粉皇后‘丽城’）**

04：*Rhyncholaeliocattleya* Pamela Finney ‘Little Cattle’ & ‘Big Cattle’ （潘美拉－芬妮‘小牛’&‘大牛’）

（＝*C*. Irene Finney × *Rlc*. Pamela Hetherington，1996年登录）

Pamela Finney潘美拉－芬妮品系由日本人育种与登录，但台湾于20世纪90年代引入，从少数几株未开花实生苗中，筛选出最著名的两品铭花：‘大牛’和‘小牛’。

***Rlc*. Pamela Finney ‘Little Cattle’**（潘美拉－芬妮‘小牛’）

***Rlc*. Pamela Finney ‘Big Cattle’**（潘美拉－芬妮‘大牛’）

***Rlc*. Pamela Finney‘Big Cattle’**（潘美拉－芬妮‘大牛’）

05：*Rhyncholaeliocattleya* Triumphal Coronation ‘Seto’（胜利加冕‘齐藤’）

（＝*C*. Drumbeat × *Rlc*. Pamela Hetherington，1982年登录）

由当时美国著名的卡特兰育种及生产公司Stewart Inc. 所育种及登录。

06：*Rhyncholaeliocattleya* Rosa Galante ‘Accord’（玫红卡特兰‘亚哥’）

（＝*Rlc*. South Ghyll × *Rlc*. Bryce Canyon，2002年登录）

早在1990年即于台湾育出，本个体初次开花（一梗二朵）时，就在“亚哥花园”所举办的全台兰展中勇夺新花组冠军，故以‘亚哥’为个体名。因原育种者当年一直未做登录，迟至2002年才为外国人所登录。

***Rlc*. Triumphal Coronation ‘Seto’（胜利加冕‘齐藤’）**

***Rlc*. Rosa Galante ‘Accord’（玫红卡特兰‘亚哥’）**

07：*Rhyncholaeliocattleya* Elegant Dancer‘Rouge’（优美舞者‘胭脂’）

（＝*Rlc*. Don De Mochaels × *Rlc*. Dark Eyes，1990年登录）

日本的Dogashima（堂之岛）育种及登录，个体‘胭脂’有着挺立而粗壮的花梗，其花色自三萼片、二侧瓣、唇瓣形成由浅而深三个层次的紫色，相当有趣。

08：*Rhyncholaeliocattleya* Taichung Beauty（台中美人）

（＝*Rlc*. Pamela Finney × *Rlc*. Elegant Dancer，2004年登录）

大花品系。最早是由*Rlc*. Pamela Finney中的铭花‘大牛’杂交*Rlc*. Elegant Dancer的‘胭脂’而来，育种是在台湾的台中所做，所以在2004年登录为‘台中美人’。著名个体有‘义美’、‘清明12’。

***Rlc*. Elegant Dancer ‘Rouge’（优美舞者‘胭脂’）**

***Rlc*. Taichung Beauty‘Yi Mei’（台中美人‘义美’）**

***Rlc*. Taichung Beauty（台中美人）**

***Rlc.* Taichung Beauty'Qing Ming 12'**
（台中美人'清明12'）

09：*Rhyncholaeliocattleya* Yi Mei Beauty（义美美人）

（＝*Rlc*. Mahina Yahiro × *Rlc*. Elegant Dancer，2005年登录）

大花品系，是'胭脂'另一个优良的育种后代，其母本*Rlc*. Mahina Yahiro见后面的白花~浅色花系。

***Rlc.* Yi Mei Beauty（义美美人）**

10：*Cattleya* Tsiku China （七股中国）

（ = *C.* Love Knot × *C.* Kunta Kinte，2001年登录）

中大花品系，迷帝（迷地，midi）型的矮性种。由台湾黄祯宏先生于1998年所育。

11：*Cattlianthe* Porcia （波甲）

（ = *C.* Armstongiae × *Gur. bowringiana*，1927年登录）

很古老的多花性中轮品系，植株健壮、生长势佳，由于花开热闹、极易栽培，至今仍很受喜爱，常见种植在庭园树的树干上。花径8 ~ 10cm，花团锦簇时相当喜气洋洋。

***C.* Tsiku China**（七股中国）

***Ctt.* Porcia**（波甲）

12：*Cattleya* Horace‘Maxima’（荷拉塞‘麦克西玛’）

（＝*C. triana* × *C.* Woltersiana，1938年登录）

Horace荷拉塞，大花品系。自1938年登录起一直被用于育种，至今仍是很受青睐的育种亲本。由于花本身是偏浅粉紫红的颜色，因此也常被使用于浅色花系的育种；但其实她在育种上的表现是遇浅则浅、遇紫则紫。

13：*Cattlianthe* Doris and Byron ‘Christmas Rose’（朵尔丝－拜龙‘圣诞玫瑰’）

（＝*C.* Love Castle × *Ctt.* Candy Tuft，2008年登录）

Doris and Byron 朵尔丝－拜龙，中轮多花性品系，开花相当热闹，除了春天盛开外，在温暖地区于圣诞节前后也会盛开一次，所以个体名被取为‘圣诞玫瑰’。

***C.* Horace ‘Maxima’（荷拉塞‘麦克西玛’）**

***Ctt.* Doris and Byron ‘Christmas Rose’（朵尔丝－拜龙‘圣诞玫瑰’）**

14：*Rechingerara* Cute Lady ‘Christmas Lady’（淑女‘圣诞夫人’）

（＝*Lnt*. Bowri-Albida × *Rlc*. Mellowglow，2004年登录）

长花梗的中小轮多花性品种，其盛花期为圣诞节前后。

15：*Cattleya* Brazilian Midway（巴西公路）

（＝*C. loddigesii* × *C. harrisoniana*，2002年登录）

以前*C. harrisoniana*被认为是*C. loddigesii*种内的变种，视为同种，后来被证实为不同种之后，这个杂交品系才于2002年成功登录。

Rchg. **Cute Lady ‘Christmas Lady’**（淑女‘圣诞夫人’）

***Rchg*. Cute Lady ‘Christmas Lady’**（淑女‘圣诞夫人’）花朵特写。

***C.* Brazilian Midway** （巴西公路）
花朵特写。

***C.* Brazilian Midway**
（巴西公路）

16：*Cattleya* Star Pink （星黛）

（ = *C. loddigesii* × *C. crispata*，1980年登录）

*C. loddigesii*与原本所谓“巴西岩生种蕾莉亚兰”杂交后，自实生子代中筛选出多花而植株矮短、茎叶肥硕的个体。

***C.* Star Pink（星黛）**

4.2 橙红色及砖红色系铭花

虽然橙红色系和砖红色系在花色的来源上，其亲本与途径有些不同，但是在大型兰展中，橙红花与砖红花品系/品种通常是并为一组的，我们也将其列在同单元来介绍。

橙色花系，包括许多种程度的橙：简单的称为橙色，黄中带橙的称为橙黄，橙又偏红的称为橙红，比橙红更亮红的称为朱红；如果花色在朱红之外、花朵又有天鹅绒般的质地和光泽，称为绒质朱红或绒红；如果花色似橙红、似朱红却更蕴黑，像烧出的红砖、不透光的色彩，就称做砖红。其育种途径不尽相同。

在初阶段得到橙色色彩之后，橙色花系卡特兰的育种是持续进行的：

（1）橙色花系再杂交橙色花系，其橙色会加重，子代表现为橙红花，通过筛选、再杂交，持续选育出橙红花、朱红花卡特兰品系/品种。

（2）橙色花系再杂交黄色花系，会产生花色多层次的橙色子代。

（3）当橙红花、朱红花再与紫红色系杂交，橙红的色泽将变得更厚实，虽然已经不是纯粹橙红色系，但可持续用于橙红色系的育种。

单纯橙红色花的卡特兰品系/品种以中小型花或迷你型花居多，她们的橙色大多直接来自小花的原种，包括四个来源：

（1）原本的索芙罗兰属*Sophronitis*（*S.*）而现在改为卡特兰属*Cattleya*（*C.*），特别是*coccinea*及*ceruna*，其后代都是迷你型的品系，植株、花朵都不大。

（2）原本的卡特兰属*Cattleya*（*C.*）而现在改为圈聚花兰属*Guarianthe*（*Gur.*）的橙色圈聚兰*Gur. aurantiaca*，其橙红色花后代大多是多花的中小花品系。

（3）原本的蕾莉亚兰属*Laelia*（*L.*）而现在改为卡特兰属*Cattleya*（*C.*）中的原种，分为两类，一类为岩生种的*milleri*、*angereri*、*cinnabarina*，另一类为镰刀叶类的*harpophylla*、*kautskyana*，其橙红色花后代大多是多花的小花品系。

（4）原本的围柱兰属*Encyclia*（*E.*）而现在改为佛焰苞兰属*Prostherchea*（*Psh.*）的*Psh. vitellina*，其橙红色花后代大多是迷你花中的异属杂交品系。

花色组成上较复杂的砖红、绒红花系统，特别是大轮花品系，则来自较复杂的杂交加乘作用：

（1）大花品系中，黄花与紫红花、再加上咖啡红~赤铜色色彩的交互作用，会产生较不纯质的橙色色彩，有一部分可被视为初步的砖红花。在此所说的黄花与紫红花是指来自多次杂交而浓缩、纯化的花色，而所谓咖啡红~赤铜色色彩的品系则是指某些赤铜红花色的原种或是其后代，这些原种中，以*C. tenebrosa*最为代表，然后与其它带有蜡质、赤铜色彩的原种血统，如*C.forbesii*、*C.bicolor* 等共同在杂交的基因重组中产生作用。（这些品系很多并不含有*Sophronitis*血统）

（2）初步的砖红花再经彼此杂交，或杂交其它橙红、朱红色花，经过筛选可持续选育出浓色的砖红花来。

（3）其中还可能包括染色体多倍化的因子（于育种篇中叙述），譬如许多花色更浓、花质绒质的现象来自于四倍体（4n）的产生。

橙红花与砖红花的来源可能不同，但有其脉络可循，有兴趣的读者可查看她们的亲本树谱系图（可参见附录四：“黑松”亲本树谱系图），除了可以了解一个品种的由来，也可了解她的原种组成。

01: *Rhynocholaeliocattleya* Chia Lin （佳林）

（=*Rlc*. Maitland x *Rlc*. Oconee，1989年登录）

登录名是“佳林”，这是当年育种者的兰园名，直到数年前，这一直是个红透半边天的品系，即使在今天仍有许多人非常喜欢她，有名的个体有许多，包括：‘新市’、‘包青天’、‘金超群’、‘太阳’、‘红玫瑰’等。*Rlc*. Chia Lin是由金黄花大红唇的*Rlc*. Maitland与深葡萄酒红的*Rlc*. Oconee杂交而来，这一类大轮砖红花其实完全没有*C. coccinea*的血统，其厚重的砖红完全由*C. dowiana*等黄花原种与*C. tenebrosa*、*C. bicolor*等赤铜色原种与紫红花共同作用而来。

“佳林”最有名的个体是‘新市’，她因为台湾台南新市（地名）的业者最早组培批量生产而取个体名‘新市’。她在1993年于日本的冲绳国际兰展获得82分高分的AM奖（AM/AOS），然后在1996年2月于日本的第六届东京巨蛋世界大赏（全世界三大国际兰展之一）中获得全场总冠军——日本大赏，首开日本大赏被外国人所得的先例，‘新市’声名大噪，并重新带动了整个国际卡特兰市场。但是，‘新市’在热销的同时，英文名却出现了多胞案，以在AOS的审查中来说，就出现了‘Shin Shy’、‘Shinsu#1’、‘New City’三个英文名，都是以‘新市’的中文名各自表述，两个音译、一个以中文字的表面意思意译，都是AM奖（AM/AOS），真令人不知所谓。因此，命名并确定一个个体名很重要，已经命名的中文名不可乱改，育出的品系品种命名中文名的同时，最好也把英文个体名翻译固定，免得别人乱翻译一通。

除了‘新市’，‘包青天’（‘Pau Chin Tian’）也在AOS的审查中获得AM奖（1996年4月，第10届台湾台北国际兰展）。但是，一样令人错愕的是在AOS的正式记录中居然被缩写成‘P.C.T’。

02：*Rhynocholaeliocattleya* Red Crab（红蜉）

（＝*Rlc*. Regal Pokai × *Rlc*. Memoria Seichi Iwasaki，1987年登录）

中国人爱吃螃蟹，如果蟹黄（红卵）饱满，称之为“红蜉”。这个品系命名为*Rlc*. Red Crab（红蜉），就是因为她的花色是螃蟹煮熟的颜色。她是大紫红花偏橙红至砖红的特殊花色，但是只有0.39％的*C. coccinea*血统。

03：*Rhynocholaeliocattleya* Sunstate Colorchart（太阳城图腾）

（＝*Rlc*.Oconee × *Rlc*.Sunset Bay，1993年登录）

以浓葡萄酒红色花的*Rlc*. Oconee为母本，杂交大轮木瓜黄（接近橙黄）色花的*Rlc*. Sunset Bay，浓厚的色彩与花朵的绒质令人赞赏。同样是以*Rlc*. Oconee为一个亲本，金黄花大红唇的*Rlc*. Maitland为另一个亲本，她们所产生的*Rlc*. Chia Lin，有相似却也不相同的味道。

***Rlc*. Chia Lin 'Shin Shy', 'New City', 'Shinsu # 1' AM/AOS（佳林‘新市’）**

***Rlc*. Chia Lin 'Pau Chin Tian', 'P.C.T.' AM/AOS（佳林‘包青天’）**

***Rlc*. Red Crab（红蜉）**

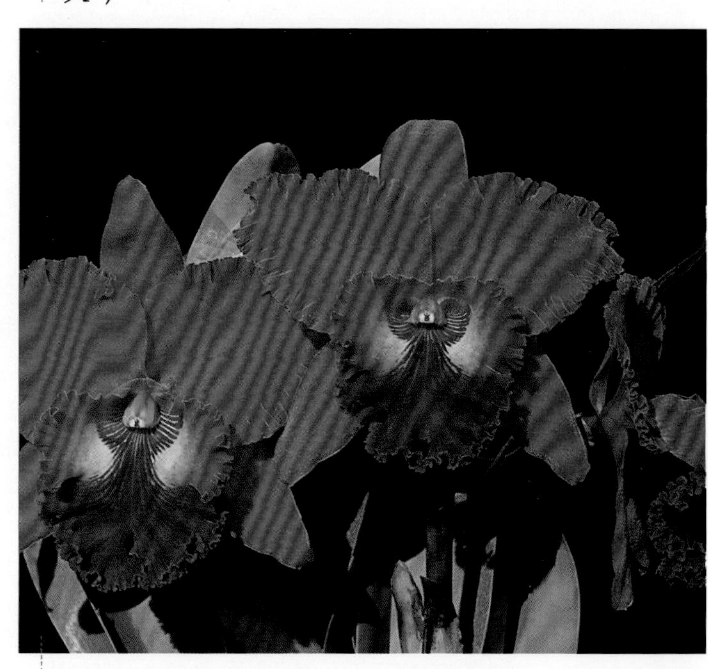

***Rlc*. Sunstate Colorchart（太阳城图腾）**

04：*Rhynocholaeliocattleya* Sanyung Ruby ‘Xing Mei’（三阳红宝石‘新美’）

（＝*Rlc*. Waianae Coast × *Rlc*. Chia Lin，1995年登录）

以夏威夷品系的葡萄酒红色花*Rlc*. Waianae Coast为母本，杂交铭花*Rlc*. Chia Lin，产生这个东方味十足的“三阳红宝石”品系。有名的个体不少，其中较常见的是‘新美’（‘Xing Mei’），另外‘桄榔’（‘Kuang Lung’）于2001年台北举办的台湾国际兰展由AOS审查授予83分的AM奖。

05：*Cattleya* Tainan City ‘General’（台南市‘将军’）

（＝*C*. Royal Emperor × *C*. Waianae Sunset，1998年登录）

Tainan City台南市，这个品系是由台湾台南的卡特兰爱好者所育种，所以将登录名命名为“台南市”（或“台南城市”），市面上流传的也只有‘将军’（‘General’）这个个体。‘将军’的个体名取兰友的绰号“将军”，他首先购得大批分株植株且进行组培批量生产，更因此花的出名、热卖大赚，坐实了“将军”的绰号，让人几乎忘了其原来的大名。

这也是个不含*C. coccinea*血统的大轮砖红花，母本*C*. Royal Emperor（俗称“红宝石”）是最早期的大轮砖红花品系之一，父本的*C*.Waianae Sunset则是美国夏威夷系统的大轮浅砖红花品系。

06：*Rhynocholaeliocattleya* Hey Song ‘Tian Mu’（黑松‘天母’）

（＝*Rlc*. Shinfong Lisa × *Rlc*. Maitland，1999年登录）

Hey Song黑松，这个品系虽有*C. coccinea*的血统，却相当稀薄，只有0.1％，借由砖红花色的杂交筛选和浓缩造就出了比*C. coccinea*更吸引人的深宝石红花色。登录名意为“黑松”；‘天母’（‘Tian Mu’）是其代表个体，也可说是现今国际兰坛上砖红花色大轮卡特兰的代表，在各种国际兰展上获奖无数，2007年台湾国际兰展由TOGA审查授予SM奖、由AOS审查授予AM奖，在2008年于美国迈阿密举办的第19届世界兰展（19thWOC）获得SM奖及最佳卡特兰品种奖。

***Rlc*. Sanyung Ruby ‘Xing Mei’（三阳红宝石‘新美’）**

***Rlc*. Hey Song ‘Tian Mu’（黑松‘天母’）**

***C*. Tainan City ‘General’（台南市‘将军’）**

***Rlc.* Shinfong Emperor（新丰皇帝）**

07：*Rhynocholaeliocattleya* Shinfong Emperor（新丰皇帝）

（＝*Rlc.* Chia Lin × *C.* Tainan City，2001年登录）

由上面介绍过的*Rlc.* Chia Lin（佳林）与 *C.* Tainan City（台南市）作为父母本，一般来说像这样的同质性杂交（大多是以花色为追求的目标），是累积相同优良性状最快的途径，这方法产生的子代表现比自交更富有变化性，并可以拥有期待实生株开花的乐趣。

***Rlc.* Shinfong Purple（新丰紫）**

08：*Rhynocholaeliocattleya* Shinfong Purple（新丰紫）

（＝*Rlc.* Purple Ruby × *Rlc.* Shinfong Lisa，2002年登录）

以大轮紫红花*Rlc.* Purple Ruby杂交砖红花*Rlc.* Shinfong Lisa，虽不是加重砖红花色彩的累积，却是将砖红再加上一层紫红的色彩，花色上表现出不同的讨喜。因为唇瓣上两个黄眼睛的对比衬托，也带动了活泼的气氛。

09：*Rhyncattleanthe* Harng Tay（航太）

（＝*Rlc.* Prosperous Lee × *Rth.* Wan Ta，1998年登录）

这个品系的最先育种者是在台湾台南的航太研究单位工作，所以就把登录名命名为“航太”，以在台湾育种、1981年登录的早期经典绒质朱红花*Rlc.* Prosperous Lee为母本，以育种者自己于1997年所登录的橙红花*Rth.* Wan Ta为父本，杂交培育所得。有数个个体流传市面，其中最有名的是‘贵妃’（‘Guei Fuei’），她早些年得到OSROC授予的HCC奖，后来在TOGA审查得SM奖。“航太”这个品系的花瓣及三萼片表面有如细软天鹅绒般的质地，是相当典型的绒质朱红花。

***Rth.* Harng Tay ‘Guei Fuei’ HCC/OSROC, SM/TOGA（航太‘贵妃’）**

***Rth.* Harng Tay ‘Alpha Plus # 1’（航太‘AP1号’）**

10：*Cattlianthe* Sunrise Doll（日昇娃娃）

（＝*Ctt*. Seagulls Torch Song × *C*. Morning Glow，1989年登录）

登录名的意思是“日昇娃娃”，因为花梗中等、将彤红的花朵半举于植株之上，令人联想到旭日初升时的景象，其实登录名的命名灵感应该是直接来自父母亲本名：“海鸥火把之歌”，“早晨的荣光”。登录名的命名来由林林总总，各有各的意义和趣味性，我们在此特别提出来供读者们参考。

***Ctt*. Sunrise Doll（日昇娃娃）**

11：*Cattlianthe* Fire Dance（火舞）

（＝*Gur*. *aurantiaca* × *Ctt*. Fire Island，1984年登录）

这是个相当*Gur*. *aurantiaca*味的品系，*Gur*. *aurantiaca*的血统占了62.5％，另外还有：*C*. *cinnabarina*的血统13.67％、*C*. *dowiana*有4.69％，*C*. *tenebrosa*也有3.13％，橙红花的血统组成相当样板。个体‘Patricia’最知名，常常获得栽培类的奖项，在AOS获得一堆栽培奖（CCM），其中包括一个93分的高等栽培奖（CCE）。

12：*Rhyncattleanthe* Burana Angel（布拉纳安琪儿）

（＝*Rth*. Burana Beauty × *C*. Bright Angel，2003年登录）

Burana来自泰国语，这个品系一般都直称为布拉纳安琪儿，或者布拉纳天使。她是由中小轮黄底红唇插红角的*Rth*. Burana Beauty杂交迷你朱红花*C*. Bright Angel而来。‘Hsinying’ BM/TOGA是其中较常见的个体，橙红与黄色的对比相当吸引人。

***Ctt*. Fire Dance ‘Patricia’（火舞‘帕特丽夏’）**

***Rth*. Burana Angel ‘Hsinying’ BM/TOGA**
（布拉纳安琪儿‘新营’）

***Rth.* Alpha Plus Love 'Red Rose'**
（阿尔法之爱'红玫瑰'）

13：*Rhyncattleanthe* Alpha Plus Love（阿尔法之爱）

（＝*Rth*. Alpha Plus Jewel × *Rth*. Toshie's Harvest，2004年登录）

Rth. Alpha Plus Jewe由橙红的*Ctt*. Aloha Jewel 杂交黄花红唇的*Rth*. Free Spirit而来，所以本身带有丰富的黄花 ~ 黄底花夹衬橙色 ~ 橙红等诸般色彩，当她再杂交黄花红五剑、红唇口的*Rth*.Toshie' s Harvest之后，子代的表现更是黄花红唇口 ~ 黄底花夹衬橙色 ~ 橙红色彩的丰富呈现，而这批*Rth*.Alpha Plus Love就在TOGA的审查中获得优秀育种品质奖（AQ，图见第七章育种）。'Red Rose'是其中有名的橙红花个体。

14：*Rhyncattleanthe* Squires Orange Marmalade（橘子酱）

（＝*Rth*. Fuchs Orange Nuggett × *Rth*. Free Spirit，2000年登录）

众多多花性橙色卡特兰之中的蜡质圆瓣宽唇品系，茎部因*Rth*. Fuchs Orange Nuggett的遗传而肥壮如鼓槌，唇瓣的开展则由父母本双方共同作用。

15：*Rhyncattleanthe* Shinfong Dawn（新丰黎明）

（＝*C*. Koolau Seagulls × *Rth*. Love Passion，2001年登录）

长花梗、多花性的*C*. Koolau Seagulls是有名的美国星形橙红花品系，尤其'Laina' AM/AOS更是一枝花梗可以开十几朵花，红极一时，以她为母本，杂交了日本品系的*Rth*. Love Passion（爱的热情，有人称为"爱的百香果"）；*Rth*. Love Passion是有名的星形花多花品系、俗称"金针花"的*Ctt*. Trick or Treat杂交中大轮花*Rlc*. William Farrell的子代。遗传了一连串的多花性特点，造就了*Rth*. Shinfong Dawn这个花径中等的多花性品系。（"Trick or Treat"是美国万圣节中小孩子挨家挨户讨糖果的用语，"不给糖就捣蛋"。）

***Rth.* Squires Orange Marmalade**
（橘子酱）

***Rth.* Shinfong Dawn（新丰黎明）**

16：*Rhyncattleanthe* Young-Min Orange‘Golden Satisfaction’（扬铭橘子‘金满意’）

（＝*Rth*. Viola Nuggett × *Ctt*. Trick or Treat，2005年登录）

登录名叫做“扬铭橘子”，意思是扬铭橙色花。母本*Rth*. Viola Nuggett也是*Rth*. Fuchs Orange Nuggett的子代，*Rth*. Viola Nuggett再杂交了以多花性闻名的“金针花”*Ctt*. Trick or Treat之后，造就了这个不叫她开多花也难的品系。‘金满意’（‘Golden Satisfaction’）是其中的佼佼者，后来也组培大量生产，今天的中小轮多花性橙花卡特兰，‘金满意’占了极大的天下。‘金满意’的花色有橙黄~橙红的变化，也会因日照度、气温而不同，通常气温低、加上日照强（其实关键点在紫外线多）时花色偏橙红，气温高或紫外线较弱时花色偏黄。

***Rth*. Young-Min Orange ‘Golden Satisfaction’**（扬铭橘子‘金满意’）偏橙黄花色。

17：*Rhyncattleanthe* Shinfong Little Sun‘Young-Min Golden Boy’（新丰小太阳‘扬铭金童’）

（＝*Ctt*. Golden Girl × *Rth*. Taida Love Star，2004年登录）

Shinfong Little Sun新丰小太阳，目前的中小轮橙色多花卡特兰另一个常见的品系，以‘扬铭金童’（‘Young-Min Golden Boy’）这个个体最知名，有许多人会将之与‘金满意’搞混，由花朵特写中可观察到她们的不同，‘扬铭金童’的唇瓣两片侧裂片相接成筒状、唇瓣喉部有红斑，而‘金满意’的唇瓣半打开、喉部没有红斑。‘扬铭金童’的花朵通常也较‘金满意’圆，其喉部的红斑则来自母本*Ctt*. Golden Girl，这个*Ctt*. Golden Girl当年有一个俗名更为人知：“新一点红”，指的就是她的金黄花朵上唇瓣的一抹红。

***Rth*. Shinfong Little Sun ‘Young-Min Golden Boy’**（新丰小太阳‘扬铭金童’）

***Rth*. Young-Min Orange**（扬铭橘子‘金满意’）的偏橙红花色。

***Rth*. Shinfong Little Sun**（新丰小太阳‘扬铭金童’）的花朵特写。

4.3 浅色～粉色系铭花

所谓“浅色”或“粉色”没有数值上的清楚定义，通常指的是一种散彩的、朴素的色彩晕染，不是纯白得一无颜色，也不浓妆艳抹，有着小家碧玉的清纯，也有着大家闺秀的落落大方。一般来说，就是在花朵的基本底色上表现出白色，但是却又浮现、渲染出、或白里透出些其它的色彩色晕——最多见的就是浅粉红或浅紫，也包括浅黄、乳黄以及浅浅的绿晕等。此类花色的产生，来自白色花朵一代或两代、甚至更多代杂交了其它花色的亲本，而且在筛选子代时刻意往浅色系方向选拔；也有些是直接来自浅色系的父母本杂交。

01：*Laeliocattleya* Pupply Love ‘True Beauty’ HCC／AOS（纯纯的爱‘真美人’）

（＝*C.* Dubiosa × *L. anceps*，1970年登录）

俗称“纯纯的爱”，因为*L. anceps*的遗传，有着长长挺立强壮的花梗，是长花梗品系卡特兰重要的亲本。有许多非常优秀的个体，其中以‘True Beauty’（‘真美人’）最为知名。

***Lc*. Puppy Love ‘True Beauty’ HCC/AOS（纯纯的爱‘真美人’）**

02：*Laeliocattleya* Angel Love 'Pink Panther' & 'Laina'（天使之爱'粉豹'和'蕾娜'）

（=*Lc*. Pupply Love × *C*. Angelwalker，1988年登录）

Lc. Pupply Love的杂交子代，一般在花色上浓于*Lc*. Pupply Love，花型也更圆整，拥有许多非常优秀的个体。

03：*Cattleya* Dubiosa 'Perfection'（杜比欧莎'完美'）

（=*C*. *harrisoniana* × *C*. *trianae*，1890年登录）

这是个很古老的杂交品种，来自一直被视为*C*. *loddigesii*变种的*C*. *harrisoniana*的杂交子代，原本并未受到注目，直到其子代*Lc*. Pupply Love的成功，她才又重新被推上卡特兰育种的大舞台上。

***Lc*. Angel Love 'Pink Panther'**（天使之爱'粉豹'）

***Lc*. Angel Love 'Laina'**（天使之爱'蕾娜'）

***C*. Dubiosa 'Perfection'**（杜比欧莎'完美'）

C. Gravesiana 'Cecilia'（格列菲斯'赛茜莉雅'）

04：*Cattleya* Gravesiana 'Cecilia'（格列菲斯'赛茜莉雅'）

（＝*C. mossiae* × *C. lueddemanniana*，1893年登录）

这也是个很古老的杂交品种，来自二品大轮花卡特兰原种（*Cattleya*亚属*Cattleya*组）的杂交，如今的各花色大轮花都是由原种交原种、再杂交、再筛选、再杂交……，一代一代反复育出来的。

05：*Laelianthe* Bowri–Albida 'Pink Lady'（伯里－欧比达'粉女郎'）

（＝*Gur. bowringiana* × *L. albida*，1901年登录）

Bowri-Albida伯里－欧比达，原本即是*Lc.*中有名的品系，有许多非常优秀的个体，其中'Pink Lady'最为有名。在*C. bowringiana*变为*Gur. bowringiana*，而*L. albida*仍在*Laelia*属里之后，新属名变成*Laelianthe*（*Lnt.*）。她的长花梗及多花性，在育种中一直受到青睐。

Lnt. Bowri-Albida 'Pink Lady'（伯里－欧比达'粉女郎'）

Lnt. Bowri-Albida 'Pink Lady'（伯里－欧比达'粉女郎'）的长花梗。

06：*Cattleya* Lilac Dream ‘Gloria’（丁香梦‘荣光’）

（＝*C. loddigesii* × *C.* Irene Finney，1993年登录）

以*C. loddigesii*杂交了浅色系的大轮花，浅色系的*C. loddigesii*本身就是很优秀的浅色系亲本，肉厚的花朵质地也给其后代加分不少。

07：*Brassocatanthe* Little Marmaid ‘Janet’（小美人鱼‘珍妮特’）

（＝*Bsn.* Maikai × *C. walkeriana*，1997年登录）

登录名为“小美人鱼”，*Bsn.*（*Brassanthe*）Maikai（原为*Bc.* Maikai）是有名的开花热闹的老品系，由*Gur. bowringiana* × *B. nodosa*而来，是非常适合盆植、板植、种在树干上、用作礼盆花的品系，再杂交了 *C. walkeriana*之后的这个子代，虽然花数变少，但花朵变圆变大，是个简单却成功的育种。

08：*Cattleya* Royal Beau ‘Prince’（皇家美‘王子’）

（＝*C.* Princess Bells × *C.* Beaufort，1995年登录）

大轮白花杂交迷你卡特兰的经典亲本是*C.* Beaufort，由于*C.* Beaufort（1963年登录）来自于黄绿花的*C. luteola*杂交橙红花的*C. coccinea*，其本身就含有多层次色彩的变化，使得*C.* Royal Beau品系不同花朵的花色随着温度、日照及开花日数而变化。

***C.* Lilac Dream ‘Gloria’**（丁香梦‘荣光’）

***Bct.* Little Marmaid ‘Janet’**（小美人鱼‘珍妮特’）

***C.* Royal Beau ‘Prince’**（皇家美‘王子’）

C. Dream Lights 'Elysian' (梦之光'伊丽茜安')

09：*Cattleya* Dream Lights 'Elysian'（梦之光'伊丽茜安'）

（＝*C.* High Light × *C. walkeriana*，2002年登录）

由浅色系近乎白色的品种再杂交*C. walkeriana* var. *alba*，产生令人惊喜、如藤青色一样的色彩。

10：*Laeliocattleya* Ballet Folklorico 'Eloquence' HCC/AOS（芭蕾土风舞'舌灿莲花'）

（＝*C.* Song of Norway × *L. speciosa*，1975年登录）

因*L. speciosa*唇瓣的强烈遗传，而有别于一般的卡特兰。父本*L. speciosa*以前被以*L. grandiflora*登录，她在*Laelia*属里以花梗没有节、没有叶鞘而独特为一个组（section *Laelia*），而这两个特征对本品种倒没影响。

***Lc.* Ballet Folklorico 'Eloquence' HCC/AOS（芭蕾土风舞'舌灿莲花'）**

11：*Laelirhynchos* Lellieuxii（来利优茜）

（＝*Rl. digbyana* × *L. anceps*，1907年登录）

当黄绿花的*Rl. digbyana*杂交白花或浅色系花之后，一般会出现浅色花系或是粉红花，而唇瓣喉部则强烈保持着绿色的色彩。

12：*Rhyncholaeliocattleya* Tsai's Goddess 'Tian Mu'（蔡氏女神'天母'）

（＝*Rlc.* Triumphal Coronation × *Rlc.* Pamela Finney，2004年登录）

有时，浅色系的卡特兰比浓色花还抢眼，因为白里微微透红而显得高雅大方，尤以大轮花最为明显。

***Lrn.* Lellieuxii（来利优茜）**

***Rlc.* Tsai's Goddess 'Tian Mu'（蔡氏女神'天母'）**

4.4 白色系铭花

所谓白花，并非纯白，通常在其唇瓣的喉部会有或深或浅的黄色，有些是浅浅的乳黄色。本系来自各原种之中的白变种互相杂交，再经过一代代的筛选、反复杂交、纯化。本系有大花品种，也有中小花的品种，分别来自大花或是中小花原种反复杂交育种。

01：*Rhyncholaeliocattleya* Taida Eagle Eye ‘All Victory’（台大鹰眼‘全胜’）

（＝*Rlc*. Meditation × *C*. Madeleine Knowlton，2003年登录）

俗称“鹰眼”，是白花卡特兰代表品种，育出较早，但一直没被正式登录，导致身份不明，直到2003年才正式登录命名。其唇瓣喉部较一般白花品种的橙色明显。

***Rlc*. Taida Eagle Eye ‘All Victory’**（台大鹰眼‘全胜’）

02：*Rhyncholaeliocattleya* Burdekin Wonder ‘Lake Land’ AM/AOS（勃地肯奇迹‘湖地’）

（＝*Rlc*. Donna Kimura × *Rlc*. Sylvia Fry，1987年登录）

花径17～18cm的大轮白花品种，唇瓣喉部带些绿色的色彩。

03：*Cattleya* Clark Herman ‘Carl’ AM/AOS （克拉克赫曼‘卡尔’）

（＝*C*. Marjorie Hausermann × *C*. Fred Cole，1972年登录）

俗称“克拉克”，花径15cm的中大轮白花品种，略多花性，通常一梗开花3～4朵，花梗强壮而挺立。

***Rlc*. Burdekin Wonder ‘Lake Land’ AM/AOS（勃地省奇迹‘湖地’）**

***C*. Clark Herman ‘Carl’ AM/AOS（克拉克赫曼‘卡尔’）**

04：*Cattleya* Cherry Chip（樱桃脆片）

（＝*C.* Angelwalker × *C. intermedia*，1974年登录）

由白花品系的*C.* Angelwalker 与白花的*C. intermedia*杂交而来的子代，曾经被误作*C. intermedia* var. *alba* 而大量生产销售，导致不少品系搞混。

05： *Cattlianthe* White Bridal ‘Yuki’（白色婚宴‘白雪’）

（＝*C.* Angelwalker × *Ctt.* Candy Tuft，1990年登录）

这是一个中小型（迷你～迷帝）的多花性品种。

06：*Cattleya* Tsiku Wedding‘Chun Fong’（七股婚礼‘春丰’）

（＝*C.* Hawaiian Wedding Song × *C. walkeriana*，2002年登录）

来自中轮多花性白花、有名的*C.* Hawaiian Wedding Song ‘Virgin’（登录名“夏威夷婚颂”，因为‘Virgin’的缘故，总是被称作‘夏威夷新娘’），与*C. walkeriana* var. *alba*杂交，用意是改善*C.* Hawaiian Wedding Song高瘦而双叶的植株，使其中轮的白色花朵与植株更搭配。

C. Cherry Chip（樱桃脆片）（图：李柏欣）

***Ctt.* White Bridal ‘Yuki’（白色婚宴‘白雪’）**

***C.* Tsiku Wedding ‘Chun Fong’（七股婚礼‘春丰’）**

07：*Rhyncholaeliocattleya* Tsiku Orpheus（七股奥菲斯）

（＝*Rlc*. Orglade's Taffeta × *C*. *walkeriana*，2001年登录）

许多时候白花卡特兰令人着迷，但大轮白花一般只有大型的种（品种）才具有，中小轮白花则需以多朵才能夺人目光，于是矮肥的植株却能开出中大轮的白色花朵成为许多白花卡特兰育种者的目标。此杂交品系即在此考虑下，选取植株较矮肥的*Rlc*. Orglade's Taffeta与*C*. *walkeriana* var. *alba*互为杂交，结果实生子代中，以*Rlc*. Orglade's Taffeta为母本者，花朵硕大但植株也略为高大；以*C*. *walkeriana* var. *alba*为母本者，花朵略小但植株也较为矮小，当选取兄弟株再进行互交时（× sib），逐渐得出植株短矮而花朵硕大的子代，此子代仍是*Rlc*. Tsiku Orpheus。

***Rlc*. Tsiku Orpheus 'Camille'（七股奥菲斯'卡梅尔'）**以*C*. *walkeriana* var. *alba*为母本，以*Rlc*. Orglade's Taffeta为父本。

***Rlc*. Tsiku Orpheus 'White Taurus' BM/TOGA（七股奥菲斯'白牛'）**以*Rlc*. Orglade's Taffeta为母本，以*C*. *walkeriana* var. *alba*为父本。

***Rlc*. Tsiku Orpheus（七股奥菲斯）**

（'White Taurus' BM/TOGA × 'Camille'）

***Rlc.* Mahina Yahiro 'Ulii'（马希娜'百合'）的组培白变种。**

08：*Rhyncholaeliocattleya* Mahina Yahiro 'Ulii'（马希娜'百合'的组培苗白变种）

（＝*Rlc*. Meditation × *Rlc*. Donna Kimura，1986年登录）

原本的*Rlc*. Mahina Yahiro 'Ulii'（'百合'）是浅紫～粉紫色大轮花，但在进行组培大量生产时发生突变，失去红色素，变成了白花，其育种遗传性状如何则尚不明了。

09：*Laeliocattleya* Kahili Kea 'Nuanu'（卡西里岛鹦鹉'奴阿努'）

（＝*C*. Mrs Robert Stone × *L*. *anceps*，1944年登录）

这是个多年来常被弄错的品种，许多人将她误为*L. anceps* var. *alba*，她的确有浓厚的*L. anceps* var. *alba*味，因为其占了50％的血统，但是另外50％的血统则分别为：*C. warneri* var. *alba*及*C. warscewiczii* var. *alba*各12.5％，*C. gaskelliana* var. *alba* 18.75％，*C. mossiae* var. *alba* 6.25％。所有这些原种的var. *alba*（白色变种）血统，共同合成这株美丽白花卡特兰。有趣的是，这个品种，也许有其它的实生兄弟姐妹株，但是，通过组培生产流传于世的就只有这一个个体：'Nuanu'。

***Lc.* Kahili Kea 'Nuanu'（卡西里岛鹦鹉'奴阿努'）**

4.5 白花红（紫）唇及白底五剑花铭花

白花红唇卡特兰有两个育种来源，一是来自白花卡特兰与粉色系红唇卡特兰杂交，从子代中筛选出白花（或底色较白）红唇的个体，反复育种而来；另一个是来自原种中即有的近白花红唇种类（如*C. trianae*‘President’）或是白花红唇的半白变种（var. *semi-alba* ）一再反复育种而来。

19世纪70至80年代初期，大轮白花红唇卡特兰以*C.*（*Lc.*）Persepolis ‘Splendor’（俗称巴士警察）、*C.*（*Lc.*）Shellie Compton（俗称Z1129）及*C.*（*Lc.*）Stephen Oliver Fouraker并称“三大天王巨星”，其后则*C.*（*Lc.*）Mildred Rives及其后代等占了大轮白花红唇卡特兰的“半壁天下”。今天则早已百花争鸣，但是大轮、中小品系的白花红唇卡特兰，其实尚未走到极致，譬如：10 ~ 20cm高的矮短植株配以15 ~ 20cm大花径的花朵，以传统的杂交育种方式是完全可以培育出来的，但至今还没有如此完美的品种，所以育种还有很长的路要走，这条路也是相当的宽广。

除了白花红唇外，有的品种也会在两片侧瓣中肋末端出现闪电或火焰般的紫红色纹，英文称“flame”，即“火焰”的意思，在原种之中如果出现这个“flame”较明显的个体，通常会被视为变种：var. *flamea* 。它形成的原因是花朵中多余的或是突变出来的紫红色素沿着侧瓣的中肋或脉纹聚集或分布，并且能遗传。当数代过后这一特征就或被稀释或被浓缩了，被稀释的就消失了，但是被浓缩的会越来越明显，而且连三个萼片的尖端至中肋也会出现紫红色纹，三个萼片和二个侧瓣共五个花被片都出现了如剑般的紫红色脉，呈“大”字排列，这种花朵，特别被称为“五剑花”。五剑花除了出现在白花红唇品系外，也常会出现在黄花红唇品系中，这是因为在黄花红唇卡特兰的育种中，有一段历史是借白花红唇卡特兰走过的。var. *flamea*或五剑花的成因，与*C. intermedia* var. *aqunii* 的侧瓣唇瓣化是完全不同的。目前有许多“楔形花”是来自五剑花与*C. intermedia* var. *aqunii* 的后代品种杂交，致使“楔形花”的来源更为复杂和丰富。

01：*Cattleya trianae* ‘President’，（多利安那‘主席’）近白花红唇的原种卡特兰。

02：*Cattleya* Orglade’s Grand ‘Tian Mu’（欧格列德雄伟‘白天母’）

（＝*C.* Mildred Rives × *C.* Persepolis，1986年登录）

03：*Cattleya* Orglade’s Grand ‘Yu Chang Beauty’ AM/OSROC，AM/AOS（欧格列德雄伟‘佑昌美人’）

（＝*C.* Mildred Rives × *C.* Persepolis，1986年登录）

C. Orglade’s Grand的另一个著名铭花。‘佑昌美人’先在1997年荣获我国台湾中华兰艺协会（OSROC）审查82分的AM奖，再于2002年（美国纽约）、2009年（台湾国际兰展）分别荣获AOS审查86、80分的AM奖。

***C. trianae* ‘President’（多利安那‘主席’）**

***C.* Orglade’s Grand ‘Yu Chang Beauty’ AM/OSROC，AM/AOS（欧格列德雄伟‘佑昌美人’）**

***C.* Orglade’s Grand ‘Tian Mu’（欧格列德雄伟‘白天母’）**

***C.* Orglade’s Grand ‘Tian Mu’（欧格列德雄伟‘白天母’）**

04：*Cattleya* Taida Swan（台大天鹅）

（＝*C*. Mildred Rives × *C*. Spring Squall，2001年登录）

另一个*C*. Mildred Rives的白花红唇子代，为我国台湾育出。

05：*Rhyncattleanthe* Hsinying Catherine（新营凯瑟琳）

（＝*C*. Fair Catherine × *Rth*. Love Sound，2001年登录）

登录名为“新营凯瑟琳”，多花性的品系，中等植株，花梗粗壮挺直，很多卡特兰育种者利用她育出许多多花性的卡特兰品种。

***C.* Taida Swan（台大天鹅）**

***Rth*. Hsinying Catherine（新营凯瑟琳）**花朵盛开。

***Rth*. Hsinying Catherine（新营凯瑟琳）**花朵特写。

06: *Rhyncattleanthe* Shinfong White Tower ‘Tian Mu’（新丰白塔‘天母’）

（=*Rth*. Nippon Flag × *Rth*. Hsinying Catherine，2005年登录）

以*Rth*. Hsinying Catherine为育种亲本继续育出的多花性卡特兰品种之一，本品种另一亲本是同为白花红唇的迷你品系 *Rth*. Nippon Flag（日本国旗）。

07: *Rhynchobrassoleya*（*Rlc*. Tsiku Orpheus × *B. nodosa*）

有时不只是刻意的白花红唇育种会育出白花红唇卡特兰后代，例如白花卡特兰杂交同为白唇的*B. nodosa*（夜夫人白拉索兰）之后，会出现唇瓣染有紫红色色晕或者唇瓣带有或疏或密、或大或小紫红斑点的后代，假如将这些品系继续用于白花紫红唇卡特兰的育种，会成为新的生力军，并使子代产生更多有趣的变化。

08: *Rhyncholaeliocattleya* Memoria Anna Balmores ‘Convex’ SM/TOGA （安娜巴雷姆斯‘凸透镜’）

（=*C*. Memoria Robert Strait × *Rlc*. Good News，1999年登录）

个体名‘Convex’的意思是“凸透镜”，中文叫起来很没有兰花的想象美感，所以兰友们另称呼她为‘小五剑’，叫久了，反而这个俗称的小名比‘Convex’还知名，但是，她正式的、真正的个体名还必须写成‘Convex’。她的“五剑”明显度会因为光照强弱、温度高低、植株状况而有差异。

***Rth*. Shinfong White Tower ‘Tian Mu’（新丰白塔‘天母’）**

***Rby*.（*Rlc*. Tsiku Orpheus × *B. nodosa*）**些微紫晕色块的唇瓣。

***Rby*.（*Rlc*. Tsiku Orpheus × *B. nodosa*）**布满紫红斑点的唇瓣。

***Rlc*. Memoria Anna Balmores ‘Convex’ SM/TOGA（安娜巴雷姆斯‘凸透镜’/‘小五剑’）**

***Rlc*. Memoria Anna Balmores ‘Convex’ SM/TOGA（安娜巴雷姆斯‘凸透镜’/‘小五剑’）**，她的五剑会因为光照、温度、植株状况而有差异。

09: *Cattleya* Memoria Robert Strait 'Islander Delights' AM/AOS（罗伯特海峡'快乐岛主'）

（=*C. walkeriana* × *C.* Wayndora, 1990年登录）

C. Memoria Robert Strait是上一品*Rlc.* Memoria Anna Balmores的亲本，但是*C.* Memoria Robert Strait有很多优秀个体，常见的除了'Islander Delighst'及其它白底红唇五剑花之外，尚有很多蓝色花朵（蓝唇蓝五剑）的个体，如'Blue Star' AM/HOS、'Blue Carniva' AM/AOS、'Blue Hawaii' JC/AOS等。

C. **Memoria Robert Strait 'Islander Delights' AM/AOS**
（罗伯特海峡'快乐岛主'）非常显著的五剑花。

10: *Rhyncholaeliocattleya* Kuwale Gem 'Bai Jian Ying'（库瓦勒宝石'白剑英'）AM/OSROC

（=*Rlc.* Segundina Vizcarra × *C.* Shellie Compton, 2000年登录）

是以2001~2002年间当时全台湾热播的电视武侠连续剧《飞龙在天》的女主角名字命名的铭花。*Rlc.* Kuwale Gem是在台湾台南所育种，育种者为台湾兰界前辈苏玩达，以其得意名兰白花红唇的*Rlc.* Segundina Vizcarra '仁德六号'为母本，交配同是大轮白花红唇的*C.* Shellie Compton（俗称Z1129）。*C.* Shellie Compton是品花朵表现极杰出的铭花，缺点是植株的走茎长，单株与单株之距离隔得很远，刚换了盆的植株一下子就又跑出盆外；本品系育种的目的之一，即在改善此缺点。'白剑英'第一次亮相是在2002年台湾嘉德丽雅兰艺协会举办的全台大展，以二花梗开五朵花勇夺冠军奖，一时众相惊艳竞逐，使得其余的兄弟株没有存在的价值，纷纷消失。

***Rlc.* Kuwale Gem 'Bai Jian Ying' AM/OSROC**
（库瓦勒宝石'白剑英'）花朵特写。

***Rlc.* Kuwale Gem 'Bai Jian Ying' AM/OSROC（库瓦勒宝石'白剑英'）**

11: *Rhyncholaeliocattleya* Ann Cleo ‘Shang Yi’（安克莉奥‘上艺’）BM/TOGA

（=*C.* Wayndora × *Rlc.* Toshie Aoki，1990年登录）

这是由白花红唇五剑花的*C.* Wayndora，杂交了黄花红唇五剑花的经典铭花*Rlc.* Toshie Aoki所得的后代。黄花配白花之后，会产生很多乳黄、乳白色花来，有许多是初开时偏黄、开越久越变白的子代，但也会出现意料不到的黄白完美对比与搭衬的美丽花朵。

本品的育种者大胆地以黄白五剑杂交，又独具慧眼地挑出这个花朵初开时微黄、之后花朵底色转为纯白的个体来，在花朵绽放时可同时欣赏黄、白、紫红颜色消长转换的乐趣。

12: *Rhyncholaeliocattleya* Beauty Girl ‘KOVA’（漂亮女孩‘考娃’）

（=*Rlc.* Port Green × *Rlc.* Chian-Tzy Lass, 2001年登录）

开花容易，花初开时花瓣白色中带有绿色，后变为略带粉色，盛开之后则将近全白，十分有趣，由于唇瓣和花瓣颜色对比强烈，花梗挺直，是作为组合盆花的好材料，实例见第八章。

***Rlc.* Ann Cleo ‘Shang Yi’ BM/TOGA（安克莉奥‘上艺’）**

***Rlc.* Beauty Girl ‘KOVA’（漂亮女孩‘考娃’）**

4.6 蓝色系铭花

在卡特兰类原种之中，并没有花色本来就是蓝色的，都是由原种经过变异后繁衍而来，而这些繁衍的产生大部分是人们因为园艺上的特意需求。会产生蓝色变种的原种以原本的*Cattleya*属为主（包括分出去的圈聚花兰属*Guarianthe*），以及自蕾莉亚属（*Laelia*）并入*Cattleya*属的波浪边亚属（*Crispae*，较常见到蓝色变种的有：*lobata*、*purpurata*、*perrinii*、*dayana*, *jongheana*, *praestans*, *pumila*、*sincorana*等）及小蕾莉亚亚属（*Microlaelia*）的单一原种*lundii*。另外，仍旧保留在蕾莉亚属（*Laelia*）的*anceps*也有白花蓝唇的变种：*L. anceps* var. *veitchiana*。蓝色卡特兰的杂交育种就是以这些原种的蓝色变种（一般都写为var. *coerulea*，只有几个原种的蓝变种有特定的变种名，如*L. anceps* var. *veitchiana* 与*C. purpurata* var. *warkhauseri*—*C. purpurata*的宽大蓝唇变种）为亲本基础来进行的，必须是以蓝色变种杂交蓝色变种（兄弟交、自交、或杂交），或是蓝色变种杂交白花，然后筛选而出。只有很少的杂交种是在浅色系~紫红色系的杂交过程中因色彩累聚后再重组淡化、或突变、或人为促变而变为蓝色的；只是，这些“蓝色”并非纯粹的蓝，再与蓝色花杂交后，子代也通常变回紫红花。

蓝色卡特兰的蓝色有不同饱和度的蓝，有淡色的蓝，分为水青色（很浅淡、白底透出微微的青色）、藤青色（如淡色紫藤般渲开的色彩）、天青色（晴朗天空匀称的青蓝），以及较浓色的蓝。较浓色的蓝色卡特兰很少见，通常都是在唇瓣上呈现浓色的蓝。

01. *Cattleya* C G Robling（S.）（C G 罗比林）

（=*C. gaskelliana* × *C. purpurata*，1895年S.登录）

以下到第五种都是一个原种的蓝变种与另一原种的蓝变种杂交而来的蓝色花品系，在杂交种登录的正式记录上父母本只会出现如下样式：（*C. gaskelliana* × *C. purpurata*），并不会注明是蓝变种。如果是自己做的记录则可加上“var. *coerulea*”，注明为“*C. gaskelliana* var. *coerulea* × *C. purpurata* var. *coerulea*”。

这个品系的登录名在卡特兰属名大变革之后在*C.* C G Robling后面加注“（S.）”，是因为另外还有一个*C.* C G Robling（=*C. harrisoniana* × *C. mendelii*，1916年Robling登录），当*L. purpurata*改为*C. purpurata*之后，*C.* C G Robling就变为同名的双胞案，所以在后面加注登录者。

C. C G Robling的“C G”是原本登录者就将登录名这样命名写成的，不是别人将之缩写的，我们也必须记得，登录名必须以公告的写法为准，不能像一些英文字一样随意缩写。

***C.* C G Robling (S.) 'Blue Indigo' (C G 罗比林‘靛蓝’)**

***C.* Dupreana 'Kodama'（杜普雷阿那'柯达码'）**

02：*Cattleya* Sea Breeze（海洋微风）

（＝*C. warneri* × *C.walkeriana*，1972年登录）

登录名是"海洋微风"，带有柔和轻拂的浪漫，和这个品系花的轻柔色彩很协调。淡淡的藤青色包覆亮眼的黄，仿佛舞动中的轻轻彩妆。

03：*Cattleya* Dupreana（杜普雷阿那）

（＝*C. warneri* × *C.warscewiczii*，1906年登录）

C. warneri 和*C.warscewiczii*都属于卡特亚属卡特组的大花原种，*C.* Dupreana是她们的蓝色变种杂交后代，育种已有一个世纪以上的历史，现在看到的品种大都是以更佳的亲本杂交所得。原种卡特兰的蓝变种其实也是经历一代代育种（自交、兄弟交、回交……）逐渐筛选来的，所以她们的铭花杂交子代也会一再地被重做。好花的育种是无尽头的。

04：*Cattlianthe* Portia（波西亚）

（＝*Gur. bowringiana* × *C. labiata*，1897年登录）

登录名"波西亚"是英国大文豪莎士比亚名著The Merchant of Venice中的女主角，常有人将她与另外一个也是*Gur. bowringiana*杂交子代的*Cattlianthe* Porcia（波甲，有蓝紫色花近似蓝色花的品系，＝*Gur. bowringiana* × *C.* Armstrongiae，1927年登录）搞混，只相差一个字母，植株、花朵形色都有些相似。

***C.* Sea Breeze（海洋微风）**

***Ctt.* Portia（波西亚）**

05：*Laelianthe* Wrigleyi（丽格蕾）

（＝*Gur. bowringiana* × *L. anceps*，1899年登录）

Wrigleyi的发音是“丽格蕾”，究竟是什么意思则搞不清楚。登录的当年只是一般的紫红色系杂交，这些蓝色花的个体是多年以后再重新以*Gur. bowringiana*及 *L. anceps*的蓝变种杂交而来的。较常见的个体有‘Blue Heaven’、‘Orchidlibrary’BM/JOGA。

***Lnt.* Wrigleyi（丽格雷）**

06：*Cattlianthe* Mary Elizabeth Bohn ‘Royal Flare’（玛丽·伊丽莎白‘皇家闪耀’）

（＝*Gur. bowringiana* × *Ctt.* Blue Boy，1966年登录）

栽培卡特兰多年而喜好蓝色花的兰友应该对此花不陌生，*Ctt.* Mary Elizabeth Bohn ‘Royal Flare’AM/AOS（‘皇家闪耀’）与*Lnt.* Wrigleyi的蓝色花品系是早些年蓝色卡特兰的两大代表。‘皇家闪耀’是个多花的品种，一枝花梗可开达10朵花，1986年9月在美国AOS 审得的AM记录中，她一花梗有11朵花，花径达12.5cm。

***Lnt.* Wrigleyi（丽格雷）**

***Ctt.* Mary Elizabeth Bohn ‘Royal Flare’ AM/AOS（玛丽·伊丽莎白‘皇家闪耀’）**

***Ctt.* Blue Angel 'Glove'**（蓝色天使'手套'）

***Ctt.* Blue Angel 'Glove'**（蓝色天使'手套'）的花朵特写。

07：*Cattlianthe* Blue Angel'Glove'（蓝色天使'手套'）

（＝*Ctt*. Blue Boy × *C*. Mini Purple，1997年登录）

父母本双方都是杂交种的蓝花品种，*C*. Mini Purple的蓝色品系会在迷你花中介绍；而*Ctt*. Blue Boy（蓝色男孩）则是*Gur*. *bowringiana*的孙代，拥有蓝变种的*Gur*. *bowringiana*、*C*. *gaskelliana*、*C*. *purpurata*、*C*. *tigrina*（＝*leopoldii*）各25％的血统。'手套'（'Glove'），是因为花形及唇形都像打开的棒球手套。

08：*Cattlianthe* Sierra Skies ‘Leone’（山峦风光‘里昂’）

（＝*Ctt.* Parysatis × *C. mossiae*，1969年登录）

Ctt. Parysatis＝*Gur. bowringiana* × *C. pumila*，早在1893年即已登录，当然，蓝色的品系是多年以后重新以蓝变种杂交所得。由于有25％的*Gur. bowringiana*血统，所以植株、花朵、唇瓣都有浓浓*Gur. bowringiana*的样子。

这些*Gur. bowringiana*的子代、孙代，栽培时阳光要尽量充足，否则植株容易徒长弯扭，影响其观赏价值。

***Ctt.* Sierra Skies ‘Leone’（山峦风光‘里昂’）**

09：*Cattleya* Memoria Robert Strait ‘Blue Hawaii’JC/AOS（罗伯特海峡‘蓝色夏威夷’）

（＝*C. walkeriana* × *C.* Wayndora，1990年登录）

C. Wayndora完全是由大花卡特兰原种与*C. purpurata*杂交而来，包含紫红色、蓝色个体，所以*C.* Memoria Robert Strait也各有许多紫红色、蓝花的个体。但是这个*C.* Memoria Robert Strait ‘Blue Hawaii’虽然也是*C. walkeriana* var. *coerulea*的后代，却不是纯然由“蓝花杂交蓝花”所产生的，相当耐人寻味，因其特殊的紫蓝唇及紫蓝五剑，1998年在AOS审查中获颁JC奖（评审推荐奖）。

10：*Cattleya* Dinard ‘Blue Heaven’AM/AOS（迪那德‘蓝色天堂’）

（＝*C.* Saint Gothard × *C.* Dinah，1930年登录）

登录名是这么来的：Dinah 的头接Saint Gothard的尾。这个品种也不是纯然由“蓝花杂交蓝花”所产生的，而是在祖父母代中有蓝色花的血统，但是在杂交了其它花色后还能出现浅紫蓝色底、深紫蓝色的唇瓣，打破了一般对于蓝色花遗传、育种的认知，是个相当值得研究的题材。

Dinard品系的原种血统组合如下：*C. dowiana*、*C. schilleriana*、*C. trianae*、*C. tenebrosa*各12.5％，*C. warneri*、*C. warscewiczii*各25％。

***C.* Memoria Robert Strait ‘Blue Hawaii’ JC/AOS（罗伯特海峡‘蓝色夏威夷’）**

***C.* Dinard ‘Blue Heaven’ AM/AOS（迪那德‘蓝色天堂’）**

4.7 黄色系铭花

中国人除了喜欢红色紫色，还喜欢金光闪闪亮眼的黄色。黄色被认为是权力的颜色和富贵的象征。黄花卡特兰，就是特别具中国色彩的卡特兰，如果再出个紫红大唇，或是插角、五剑的点缀，则又增加了喜气洋洋的气氛。

黄花卡特兰，先粗略分为大轮花与中小轮花品系，其黄色的色彩来源不太相同。大轮黄花卡特兰的黄色色彩血统主要来自*C. dowiana*（包括*C. dowiana* var. *aurea*），将大轮黄花卡特兰做其原种血统分析，大半的品系体内超过50%是*C. dowiana*的血统。而中小轮花品系色彩来源则较杂，可分成几大类，而这几大类中，有时又互相交杂：一、来自原本的*Cattleya*属（现也是*Cattleya*属）中有黄色色彩遗传的原种，如*C. bicolor*、*C. forbesii*、*C. granulosa*、*C. luteola*等，当然也包括了*C. dowiana*。二、来自原本的*Cattleya*属而现在是*Guarianther*圈聚花兰属的*Gur. aurantiaca*。三、来自原本的*Laelia*属而现在是*Cattleya*属的原种，有三个来源：①岩生种原种，如*C. briegeri*、*C. flava*、*C. bradei*、*C. cinnabarina*等；② *Harpophyllae*镰刀叶亚属，如*C. harpophylla*等；③ 大植株的*Crispae*亚属*Crispae*组的*C. xanthina*或*C. tenebrosa* var. *alba*。四、当含有橙色色彩的橙色花杂交白花、乳白花、乳黄花、黄花后会变为橙黄花、金黄花、明黄花或是黄花，如原本的*Sophronitis*属：*C. coccinea*、*C. cernua*……，原本的*Laelia*属橙色花：*C. milleri*、*C. kautskyana*、*C. harpophylla*……。

1970~1980年间，大轮黄花卡特兰以美国的*Rlc.* Alma Kee ‘Tipmalee’ AM/AOS、*Rlc.* Toshie Aoki（有许多优秀个体，光是AOS就有十几个审查授奖个体，我们最熟悉的是‘Pizazz’AM/AOS及‘Robin’HCC/AOS）为时代性的代表；而中小轮黄花品系则呈现零散发展，有的强调植株低矮，有的强调多花。

我国台湾的黄花卡特兰发展，自1990年代起开始倾向于以自己育种系统为主轴，这段历史的开头有些戏剧化。1988年间，黄花卡特兰育种前辈赖滕雄先生，将其所杂交育种一共12个品系（包括无菌播种实生瓶苗），全数卖给振宇兰园，编号6001~6012，通称1号~12号，其中4号、7号、8号、9号后来成名，8号更是红透半边天，后来登录为*Blc.*（现在是*Rlc.*）Chunyeah（振宇），最有名的个体就是‘Good Life #1’（‘益生一号’），自此黄花卡特兰展开新纪元，并且逐渐改变、带动全世界黄花卡特兰的发展方向。

大轮黄花卡特兰和大轮绿花卡特兰有时只有一线之隔，大轮黄花卡特兰与绿花卡特兰的杂交，后代有时出现绿花与黄花，至于何者绿花或黄花出现得多，必须再往前一代去看其祖父母亲本的组成因子。

Rlc. **Tainan Gold 'Canary'（台南黄金'金丝雀'）**的植株与花朵。

01：*Rhyncholaeliocattleya* Tainan Gold 'Canary'（台南黄金'金丝雀'）

（=*Rlc.* Toshie Aoki × *Rlc.* Waianae Princess，1997年登录）

Rlc. Tainan Gold就是前面我们所提到的4号，她迟至1997年才被登录，因为是在台南所育种，花色金黄且价比黄金，而被登录为"台南黄金"，由于母本是黄花红唇、带有五剑的*Rlc.* Toshie Aoki，所以许多优美的实生兄弟株都带有五剑，她们之中最有名的个体是'金丝雀'和'北剑'。'金丝雀'第一次亮相是在1994年台南市兰艺协会举办全台秋季大展，当时以一花梗二朵花、花径13cm获得冠军而造成轰动，隔天即以黄金般价格成交二芽，自此开始了她黄金一般的生涯。

02：*Rhyncholaeliocattleya* Haw Yuan Gold 'Yong Kang # 2'（华园黄金'永康二号'）

（=*Rlc.* Lemon Tree × *Rlc.* Tassie Barbero，1997年登录）

这是一株重量级的世界名兰，在台湾兰坛南征北讨数年后，于1999年在加拿大温哥华举办的第十六届世界兰展（16thWOC）获得全场总冠军，并因而促成第八届亚太兰展（APOC8）在台湾举办。之后她在国际大型兰展中屡获总冠军等大奖。在2009年台北国际花卉展更同时获得全场总冠军、美国评审团大奖、兰展审查90分的FCC金牌奖三料大奖。

其实她在AOS中也有审查，2004年4月17日在加拿大魁北克的蒙特利尔市（Montreal Quebec）的兰展，当时审查的分数是89分，离FCC差1分。

Rlc. **Haw Yuan Gold 'Yong Kang #2'（华园黄金'永康二号'）**

Rlc. **Tainan Gold 'Canary'，（台南黄金'金丝雀'）**盛开的植株。

Rlc. **Haw Yuan Gold 'Yong Kang #2'（华园黄金'永康二号'）**盛开的植株。

03：*Rhyncholaeliocattleya* Chunyeah ‘Good Life # 1’（振宇 ‘益生一号’）

（＝*Rlc*. Tassie Barbero × *Rlc*. Kuan-Miao Chen，1991年登录）

Rlc. Chunyeah这一个杂交品系就是我们前面所说的8号（6008），约于1986 ~ 1987年间育种，1988年间卖断之后，于1991年登录。当时8号的实生兄弟株好花率极高，除了带动当时沉寂已久的台湾兰界再掀风潮外，延续并带动了全世界兰界对黄花卡特兰的热潮及育种方向。当时8号的实生兄弟株被振宇取了个体编号（代替个体名），而且后来知名的有‘2号’、‘8号’（8号中的‘8号’）、‘10号’、‘15号’、‘17号’、‘19号’以及这个‘益生一号’，但是经过20年来的变迁及市场筛选，如今还能常见到、并且是兰展场合上得奖常胜者的就只有‘8号’、‘17号’及‘益生一号’了。‘益生一号’花朵初开时为浅黄色，越开越金黄，这是许多黄花卡特兰的共同特征。

***Rlc*. Chunyeah ‘Good Life # 1’（振宇‘益生一号’）**

***Rlc*. Chunyeah ‘# 17’（振宇‘17号’）**

***Rlc*. Chunyeah** 振宇的兄弟株杂交（× sib，‘益生一号’×‘15号’）

04：***Rhyncholaeliocattleya*** Spanish Eyes ‘Tian Mu’（西班牙眼睛‘天母’）

（＝*Rlc*. Apricot Flare × *Rlc*. Memoria Wang Tzu-Chang，2005年登录）

花形自然平展、整型的品种，唇瓣宽圆开展、呈现微橙红的外框，因为唇瓣中央眼睛位置相连成一片，形似化妆舞会的眼睛面罩，而被命名登录为西班牙眼睛。

***Rlc*. Spanish Eyes ‘Tian Mu’**（西班牙眼睛‘天母’）的植株与花朵。

***Rlc*. Spanish Eyes ‘Tian Mu’**（西班牙眼睛‘天母’）

05：***Rhyncattleanthe*** Yi Mei Gold ‘Wu-3’ & ‘Golden Eye’（义美黄金‘吴-3’和‘黄金眼’）

（＝*Rth*. Golden Pumelo × *Rlc*. Chunyeah，2008年登录）

以迷帝型、中小轮、较多花性的蜡质花 *Rth*. Golden Pumelo为母本，以大轮花的*Rlc*.Chunyeah ‘Good Life # 1’（振宇‘益生一号’）为父本，产生这品中轮、一梗2～4朵、金黄花而唇瓣多变的品系，其花朵质厚、略带蜡质。

***Rth*. Yi Mei Gold ‘Golden Eye’**（义美黄金‘黄金眼’）

***Rth*. Yi Mei Gold ‘Wu-3’**（义美黄金‘吴－3’）

Rlc. **Shinfong Luohang 'Gold King'（新丰洛阳‘金王’）**

06：*Rhyncholaeliocattleya* Shinfong Luohang ‘Tian Mu’ & ‘Gold King’（新丰洛阳‘天母’和‘金王’）

（=*Rlc*. Apricot Flare × *Rlc*. Varut Thundercloud，1996年登录）

Shinfong意为“新丰”，是台湾台南的地名，后来当地的兰花业者取为兰园名；Luohang就是古都“洛阳”；Shinfong Luohang的中文意思就是“新丰洛阳”，在卡特兰之中，其实有许多的登录名老早就摆明了：这株花就是中国味的卡特兰。

07：*Rhyncholaeliocattleya* Memoria Srivilas Gold ‘Bang Prom’（泰国黄金‘邦波隆’）

（=*Rlc*. Fortune × *Rlc*. Haadyai Delight，1999年登录）

这是黄花偏橙色的品种，中大轮，略多花性，属泰国育种品系。

Rlc. **Shinfong Luohang 'Tian Mu'（新丰洛阳‘天母’）**

Rlc. **Memoria Srivilas Gold 'Bang Prom'（泰国黄金‘邦波隆’）**

08：*Rhyncholaeliocattleya* Liu's Joyance　'Yung Tien # 3'（刘氏喜悦‘永典三号’）SM/TOGA，AM/AOS

（＝*Rlc*. Chunyeah × *Rlc*. Tainan Gold，2003年登录）

Rlc. Tainan Gold（台南黄金）的‘金丝雀’（‘Canary’）与*Rlc*. Chunyeah（振宇）的‘益生一号’（‘Good Life # 1’）杂交后，成功地育出此品再次掀起黄花卡特兰新浪潮的*Rlc*. Liu's Joyance，她们的实生兄弟株中以‘中部三号’及‘永典三号’最为有名，‘永典三号’曾经获得SM/TOGA及 AM/AOS的双料银牌授奖。

09：*Rhyncholaeliocattleya* Chan Hsiu Gold　'Fuji'（展秀黄金‘富士’）

（＝*Rlc*. Chunyeah × *Rlc*. Memoria Ong Wen-Mo，1999年登录）

此品种最吸引人之处，是唇瓣中央那一大片鲜艳的朱红，与亮黄色的花朵形成鲜明的对比。

***Rlc*. Liu's Joyance 'Yeon Dain # 3'**
（刘氏喜悦‘永典三号’）

***Rlc*. Chan Hsiu Gold 'Fuji'**
（展秀黄金‘富士’）

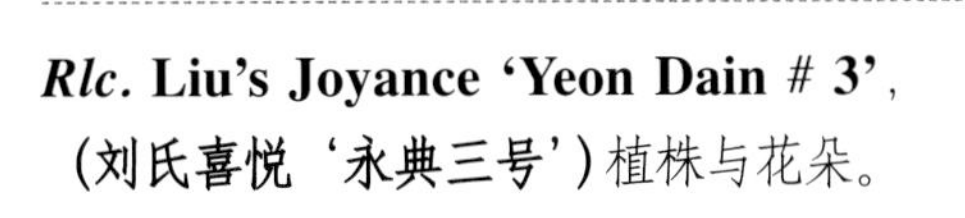

***Rlc*. Liu's Joyance 'Yeon Dain # 3'**，
（刘氏喜悦‘永典三号’）植株与花朵。

10：***Rhyncattleanthe*** Jong Jou Moat ‘Golden Umei’（护城河 ‘金梅花’）

（＝*Ctt*. Jessica Keith × *Rlc*.Jong Jou，2001年登录）

台湾所育种的多花性中轮卡特兰代表品种之一，本品的花梗长挺而粗壮，将黄中带一抹朱红的众多花朵（唇瓣的侧裂片呈现朱红色彩）托高挺立在植株之上。

11：*Rhyncattleanthe* Ahchung Yoyo ‘Sparkling’（阿忠悠悠球‘闪耀’）

（＝*Rth*. Netrasiri Starbright × *Ctt*. Little Fairy，2003年登录）

Ahchung是兰园名；Yoyo是玩具品名（悠悠球），这是和小孩子相关联的事物，用以指出这品花的小巧可爱。她是新近的多花性中小轮卡特兰代表品种之一。

***Rth*. Jong Jou Moat ‘Golden Umei’**（护城河 ‘金梅花’）

***Rth*. Ahchung Yoyo ‘Sparkling’**（阿忠悠悠球 ‘闪耀’）一梗多花。

***Rth*. Ahchung Yoyo ‘Sparkling’**（阿忠悠悠球 ‘闪耀’）花朵特写。

12：*Rhyncattleanthe* Shinfong Little Love（新丰小爱）

（＝*Rth.* Free Spirit × *Rth.* Love Sound，2002年登录）

Rth.（*Pot.*）Free Spirit，俗称自由女神，是1990年代迷帝黄花红唇卡特兰的夏威夷品系代表，花梗略微软垂；而*Rth.*（*Blc.*）Love Sound，意为“爱的峡湾”，是1990年代迷帝黄花卡特兰（有黄花、黄花红唇）的日本品系代表，花梗长、挺而粗壮，许多人在做迷帝卡特兰育种时，都会将她列为重要亲本。这两品花都有许多优秀、授奖的个体，二者的杂交有许多人在做，也有许多种组合，所以市面上有许多优秀的个体。

***Rth.* Shinfong Little Love（新丰小爱）**

***Rth.* Shinfong Little Love（新丰小爱）**花朵特写。

13：*Cattlianthe* Goldbrad ‘Universal’ CCM/AOS（黄金白兰地 ‘宇宙’ ）

（ = *Ctt*. Gold Digger × *C*. *bradei*，1998年登录）

Ctt.（*Lc*.）Gold Digger，登录于1974年，是1980～1990年代重要的多花性中小轮黄花卡特兰（黄花紫黑喉），她有50％*Gur*. *aurantiaca*的血统，所以在植株形态、大小，以及开花性状上都有浓厚的*Gur*. *aurantiaca*色彩。*C*. *bradei*，原为巴西所产迷你、黄花的岩生种*Laelia*原种。二者的结合，产生了这个植株与花序都更优美、花色更金黄的后代。

***Ctt.* Goldbrad ‘Universal’（黄金白兰地‘宇宙’）**花朵特写。

***Ctt.* Goldbrad ‘Universal’ CCM/AOS（黄金白兰地‘宇宙’）**授奖时盛开状态。

14：*Cattlianthe* Little Fairy（小仙女，小妖精）

（＝*C.* Netrasiri Beauty × *Ctt.* Kauai Starbright，1989年登录）

Fairy意为仙女、妖精；Little Fairy，喜欢的人叫她小仙女，又爱又恨的人叫她小妖精。*C.* Netrasiri Beauty（1985年登录）是泰国多花性中小轮品系，与来自夏威夷的多花性中小轮品系*Ctt.*（*Slc.*）Kauai Starbright（1982年登录）相组合，这是个简单的同构型杂交育种，却产生了令人惊喜的后代。

15：*Rhyncattleanthe* Toshie's Harvest 'Sparkling Star' SM/TOGA（收获'闪耀的星星'）

（＝*Rlc.* Toshie Aoki × *Ctt.* Orglade's Early Harvest，1996年登录）

大轮的*Rlc.* Toshie Aoki与迷你品系小花朵的*Ctt.*（*Slc.*）Orglade's Early Harvest杂交之作。*Ctt.* Orglade's Early Harvest登录于1981年，是1980～1990年代极热门的迷你卡特兰品系，有许多优秀个体，其中有全朵黄花（如'Yellow Great'），也有黄底红唇而类似插角或五剑的掺杂朱红色花（如'Magic'），在许多迷帝卡特兰育种者的名单上都将其列为重要亲本。

***Rth.* Toshie's Harvest 'Sparkling Star' SM/TOGA（收获'闪耀的星星'）**

***Ctt.* Little Fairy（小仙女、小妖精）**

4.8 绿色系铭花

绿花卡特兰的形成并非直接绿花杂交绿花这么简单，她们同样来自一连串育种筛选的过程。

通常除了*Rl.digbyana*外，还必须要有*C. dowiana*所形成的黄花体架，再加上一些由*C. bicolor*或*C. granulosa*所带来的黄绿色底而且蜡质的遗传，*Rl.digbyana*相当于只是涂料，必须有其余的两个条件作为调色盘，才能够产生真正的大轮绿花卡特兰。

绿色花朵开在绿叶之中要能突显出来，通常是在比叶色更深或更浅的绿色上，搭配着唇瓣上的紫红色彩和伴随着的大片黄喉。如果花瓣上出现了插角的紫红色则更是显眼，例如*Rlc.* Village Chief North ‘Green Genius’ ‘绿晶灵’，留待楔形花篇中介绍。

01: *Rhyncholaeliocattleya* Ports of Paradise ‘Gleneyrie’s Green Giant’ FCC/AOS & ‘Green Ching Hua’ AM/AOS和（天堂之港 俗称‘3G’ ‘绿清华’）

（=*Rlc.* Fortune × *Rl. digbyana*，1970年登录）

此品原为美国Steward兰花公司所育种，以原本就是以黄绿花的*Rlc.* Fortune为母本，以绿花原种的*Rl. digbyana*为父本，其用意即在于育出成功的绿花，果然此育种功成名就，育出几乎百分百的绿花卡特兰，在AOS之中有许多审查授奖花，获得极高的评价，尤其在登录不久之后的1970年代即有两个个体获得FCC的最高荣誉：‘Gleneyrie’s Green Giant’ FCC/AOS（1973年，93分）、‘Emerald Isle’ FCC/AOS（1978年，90分），可说是破天荒的记录 。‘Gleneyrie’s Green Giant’ FCC/AOS在1980年间引入台湾，带动起台湾兰界对绿花卡特兰的热爱风潮，并且也打破台湾兰界对于“美好整型花”的认知，重新改变“圆花圆瓣”才是美花的观念。因为‘Gleneyrie's Green Giant’ 三个字相当地长，不容易写得完整，有时也懒得全部写完，就写成“3G”，也叫成“3G”，其真正原文、真正意思反而给忘了。当然，当正式写这株花的个体名时，应完完整整地写好‘Gleneyrie’s Green Giant’（‘格雷内利绿巨人’），是严谨也是对一株FCC金牌铭花的尊重！同时也奉劝兰友、兰花业者、兰花育种者，当给兰花命名登录名、个体名时，别取那么长的名字，最好只有一两个单字，含义表达明确就好了。

Rlc. Ports of Paradise在引入了十几年之后，在台湾兰界有重新作育种的，也出现了相当多的好花，花形更圆满大瓣的‘Green Ching Hua’ AM/AOS（‘绿清华’）及‘Green King’（‘绿王’）都被推测是此批新作之中出现的个体。

***Rlc.* Ports of Paradise 'Gleneyrie's Green Giant' FCC/AOS**（天堂之港'格雷内利绿巨人'，俗称"3G"）

02: *Rhyncholaeliocattleya* Memoria Helen Brown 'Napoleon'（海伦布朗'拿破仑'）

（＝*Rlc*. Xanthette × *C*. Ann Follis，1967年登录）

虽然一般兰友都能普遍地称呼这株花的个体名：'Napoleon'（拿破仑），但是这品花的身世有些曲折离奇，在过去很长的时间里她都被当作是 *Rlc*. Memoria Helen Brown × *Rl. digbyana*（＝*Rlc*. Magic Meadow）的身份，原因是原始育种者当时是以 *Rlc*. Memoria Helen Brown为母本、以*Rl. digbyana*的花粉做授粉杂交，可是这株花出现十几年后各方面表现被很多专家怀疑可能是 *Rlc*. Memoria Helen Brown自交（×self），直到后来多款重做的 *Rlc*. Memoria Helen Brown × *Rl. digbyana*开出花来了，与'Napoleon'（'拿破仑'）有相当大的差异；推测原先的杂交者可能记录混淆了。这样的情形很可能经常发生，所以在兰花授粉杂交时除了标示牌必须完备、清楚外，也必须专心；假如某一次的授粉有些弄错了，或是有些怀疑可能弄错了、花粉用错了，则必须摘掉重做，否则品系可能就此错下去。

***Rlc.* Ports of Paradise 'Green Ching Hua' AM/AOS**（天堂之港'绿清华'）

***Rlc.* Memoria Helen Brown 'Seafarer'（海伦布朗'航海家'）**

***Rlc.* Memoria Helen Brown 'Napoleon'（海伦布朗'拿破仑'）**

***Rlc.* Memoria Helen Brown 'Napoleon'（海伦布朗'拿破仑'）之二**

03：*Rhyncholaeliocattleya* Greenwich 'Elmhurst' AM/AOS（格林威治'爱姆赫斯特'）

（＝*C.* Ann Follis × *Rlc.* Lester McDonald，1968年登录）

登录名就是"格林威治"，在AOS有十多个审查授奖个体，其中以'Elmhurst' AM/AOS是最常见到的。

04：*Rhyncholaeliocattleya* Leaflet（广告传单）

（＝*Rlc.*Greenwich × *Rlc.* Folleesse，1991年登录）

有许多人错将此花当成*Rlc.*Greenwich，两者之间非常相像，因为*Rlc.* Leaflet本来就是*Rlc.* Greenwich的同性质花育种的F_1子代，只是*Rlc.* Leafle花朵及花瓣稍微圆钝，在唇瓣边缘还有一圈紫红的色彩。

05：*Rhyncholaeliocattleya* Mystic Isles 'Seven Star'（神秘岛'七星'）

（＝*Rlc.* Memoria Helen Brown × *Rlc.* Destiny，1979年登录）

Rlc. Memoria Helen Brown与黄绿花的*Rlc.* Destiny杂交所得，在花型上受到*Rlc.* Memoria Helen Brown的影响很深。

***Rlc*. Greenwich 'Elmhurst' AM/AOS**（格林威治‘爱姆赫斯特’）

***Rlc*. Greenwich 'Elmhurst' AM/AOS**（格林威治‘爱姆赫斯特’）二梗盛开。

***Rlc*. Leaflet 'Green Pearl'**（广告传单‘绿珍珠’）

***Rlc*. Leaflet 'Yi Mei'**（广告传单‘义美’）

***Rlc*. Mystic Isles 'Seven Star'**（神秘岛‘七星’）花朵特写。

***Rlc*. Mystic Isles 'Seven Star'**（神秘岛‘七星’）

06：*Rhyncholaeliocattleya* Sung Ya Green（松亚绿色）

（＝*Rlc*. Ports of Paradise × *Rlc*. Meadow Morn，2000年登录）

不同于其它大轮绿花品系，这个品系流传在市面上的个体，其花色大都呈现绿黄的浅绿色，唇瓣上也大多是没有紫红色色彩。

07：*Rhyncholaeliocattleya* Three Suns ‘Dachung’（三阳‘大中’）

（＝*Rlc*. Green Fantasy × *Rlc*. Memoria Helen Brown，1986年登录）

也是*Rlc*. Memoria Helen Brown的F_1子代，在花型花色上也是受到*Rlc*. Memoria Helen Brown很大的影响。这品花以清爽的苹果绿吸引人的目光，连花香都有点绿苹果的味道。

08：*Rhyncholaeliocattleya* Yen Surprise（燕园惊奇）

（＝*Rlc*. Waikiki Gold × *C*. Ann Follis，1988年登录）

植株与花朵的大小都属于比较中型的卡特兰，这一类中型的卡特兰大都要以花朵热闹盛开来取胜，所以育种上就必须注重其优秀的开花性及多花性。

***Rlc*. Sung Ya Green（松亚绿色）**

***Rlc*. Three Suns ‘Dachung’（三阳‘大中’）**

***Rlc*. Yen Surprise（燕园惊奇）**

09：*Rhyncholaeliocattleya* Victor Umi Peltier（珀尔贴）

（ = *Rlc*. Waikiki Gold × *Rlc*. Memoria Helen Brown，1982年登录）

这是美国夏威夷Kodama's Orchids所育种的花，花径约8cm，由美国Rabago M.所登录。在育种界有一种道德观称之为“育种伦理”，谁育的种由谁登录，别人不要抢着去登录，有时原育种者不想登录，而这株花又关乎我们继续做育种或大量生产或审查授奖，则必须取得原育种者同意才能去作登录，并将原育种者之名在登录申请表上写明，以同享荣耀。至于，如果有一品花同时有多人育种，而且又很有前途，那么，就看谁的手脚快了。

Waikiki是夏威夷有名的度假海滩，当地兰花育种者便以其为名，登录了许多兰花，这些兰花也自然充满了夏威夷色彩。*Rlc*. Waikiki Gold是个有名的夏威夷品系，属绿黄～金黄色迷帝种，常被使用于迷帝黄花～绿花卡特兰的育种。

***Rl*. Aristocrat（贵族）**

10：*Rhyncholaelia* Aristocrat（贵族）

（ = *Rl. glauca* × *Rl. digbyana*，1973年登录）

这是*Rhyncholaelia*属内两个原种——大、小“猪哥”的杂交种，由*Rhyncholaelia*属自身的两个绿元素相结合，来确认并见证*Rhyncholaelia*属的绿色遗传。

***Rlc*. Victor Umi Peltier（珀尔贴）**

11: *Rhyncholaeliocattleya* Golf Green ‘Hair Pig’（高尔夫绿色‘毛猪’）

（＝*C*. Moscombe × *Rl*. *digbyana*，2006年登录）

其实这个品种也可以放到插角花中去。她正是由插角花的公认亲本代表*C*. Moscombe，去杂交绿花卡特兰的公认亲本源头原种*Rl*. *digbyana*，产生的结果固然令人惊喜，其唇瓣、侧瓣所保留下来的*Rl*. *digbyana*须唇更是*Rl*. *digbyana*杂交育种史上所未见。

12: *Cattleychea* Merry Green ‘Emerald’（愉快的绿色‘绿宝石’）

（＝*Ctyh*. Vienna Woods × *C*. Ann Follis，1997年登录）

Ctyh. Vienna Woods是由*C*. *guttata* x *Psh*. *mariae*而来，登录于1961年（原作*Catyclia*属），*C*. *guttata*是多花性的蜡质卡特兰原生种，原本是黄绿底~绿底的红唇斑点花，这里的亲本则是使用绿花白唇的白化变种（var. *alba*），她与绿花白唇的*Psh*.（原为*Encyclia*属）*mariae*杂交的目的，即在绿花的育种。*Ctyh*. Vienna Woods与绿黄花红唇的*C*. Ann Follis再杂交，目的即在产生稳定的绿花红唇。

13: *Rhyncholaeliocattleya* Green Leather（绿皮革）

（＝*Rlc*. Lester McDonald × *C*. *granulosa*，1985年登录）

这是个花形花色较奇特的绿花品系，她的种源和*Rlc*. Greenwich有很大姻缘，但因为一半的血统来自尖花形的*C*. *granulosa*，就此有了不一样的花形和唇瓣色彩。

Rlc. Greenwich是由*Rlc*. Lester McDonald回交了白花红唇的*C*. Ann Follis而来（*Rlc*. Lester McDonald＝*C*. Ann Follis × *Rl*. *digbyana*）；而*Rlc*. Green Leather则是*Rlc*. Lester McDonald去杂交了一个没人想到的原种：*C*. *granulosa*（近似第三章中的*C*. *porphyroglossa*，二种同为*Granulosae*节），所以除了花形更尖更长、成为五星形之外，唇瓣上的中裂片长长地延伸为舌状，二片侧裂片则像肩盔般左右拱卫着像鼻翼般宽展的蕊柱，也像贵妇礼服肩膀上膨膨的公主袖。

这是个很有趣的品系，有时“怪花”用来做怪花的育种，反而更令人喜爱。育种可以选择，产生大众市场花不是唯一的方向，育种能够令人期盼，总能产生各种惊喜。

Rlc.Golf Green ‘Hair Pig’（高尔夫绿色‘毛猪’）

Ctyh. **Merry Green 'Emerald'**（愉快的绿色‘绿宝石’）

Rlc. **Green Leather**（绿皮革）

Rlc. **Green Leather**（绿皮革）花朵特写。

4.9 星形花铭花

“星形花”所指的主要是白拉索兰属（*Brassavola*）的杂交后代。白拉索兰属的三萼片与二侧瓣细瘦狭长，一般都会向下弯垂，但是在杂交一般的卡特兰之后，虽然她们的三萼片与二侧瓣依然同形、同色，但宽窄会中和、弯垂被拉直，成为拱卫、撑托心形唇瓣的五芒星，因此被称为“星形花”。

白拉索兰属中拥有最多杂交后代的是*B. nodosa*；其次是*B. subulifolia*（在RHS的名录中*B.cordata*，被列为*B. subulifolia*的异名，但是，原来的*B.cordata*植株较*B. subulifolia*小得多了）；而后是*B. perrinii*；而花瓣花萼特别长的*B. cucullata*则越来越受到“怪花”（也可说“丑花”）育种者的青睐。

在植株上，单叶及狭长的棒状茎叶将植株聚集在一起，虽不一定是迷你品系，却有迷你品系节省栽培空间的优点，这就是英文中所说的“compact”，紧凑而聚拢。通常，因为白拉索兰遗传的关系，星形花大多有良好的开花性，同时开许多花时热闹缤纷，喜气洋洋。同时白拉索兰（特别是*B. nodosa*）另一个特点就是将杂交对象的浓色唇瓣改变成大大小小的斑点，如果对方的唇瓣喉部里又有相当丰富、优美的放射线条，这些线条也常常被保留下来，美化杂交子代的唇瓣。

因为有诸多吸引人的优点，星形花越来越受到欢迎，其育种也渐渐受到重视。当我们以白拉索兰做育种时可以把握以下六个诀窍：

（1）对方的唇瓣一定要美，色彩丰富、色彩浓厚、宽大宽展、深浓明网线、对比鲜明的喉部等，都是要考虑的方面。

（2）对方花朵色彩越丰富，子代的花色变化就越多，却不用太担心得到太多杂色淘汰花。

（3）对方的花梗一定要粗壮挺直。

（4）有时直接选用F_1代的星形花作为亲本，可以减少淘汰的实生株，还可缩短育种的时间和过程。

（5）怪花就是要杂交怪花，怪花有怪花的欣赏角度，别期待以星形花能育出圆满整型的花朵，事倍功半。

（6）同质性中的异质性杂交，譬如同是星形花，但是植株大小、花朵色彩、花期等不同的品种间杂交，可以产生兼具双方特色或重组出更多的变化的后代。

01：*Brassocattleya* Star Ruby ‘Xanadu’ AM/AOS（星之红宝石 ‘世外桃源’）

（＝*B. nodosa* × *C.* Batalinii，1965年登录）

在星形花中这是个老资格的铭花。*C.* Batalinii（＝*C. bicolor* × *C. intermedia*）具有咖啡色蜡质紫红唇花，所以能带给本个体这样的色彩，鲜红欲滴的大片唇口非常吸引人。

02：*Brassocattleya* Keowee ‘Mendenhall’ AM/AOS（奇威 ‘门登霍尔’）

（＝*C.* Lorraine Shirai × *B. nodosa*，1975年登录）

Keowee的登录名不知如何而来，倒是大片唇瓣的斑点、色彩与奇异果（kiwi）的果肉很像，许多兰友就将之戏称为“奇异果”。*C.* Lorraine Shiraig是拥有*C. dowiana*血统（66.41％）的中大朵黄瓣红唇花，所以本品系的唇瓣受到*C. dowiana*唇瓣上放射线条的影响很大。

03：*Brassanthe* Maikai ‘Mayumi’（嘛凯 ‘麻由美’）

（＝*B. nodosa* × *Gur. bowringiana*，1944年登录）

这是星形花里最普及、最常见的老品种，一直以来很受市场欢迎，所以每隔一段时间总有人再度将其组培，开花性非常好，花色虽简单却相当亮眼，生长迅速、健壮，极易栽培，可以说随便种随便长随便开花，是栽培卡特兰的最佳入门花之一。

04：*Brassocattleya* Nanipuakea（那尼布阿奇亚）

（＝*B. nodosa* × *C.* Hardyana，1941年登录）

这是白色系星形花中最有名的品系，也是每隔一段时间就会被重新组培，父本*C.* Hardyana＝*C. dowiana* × *C. warscewiczii*，所以这个品系的花色有些微微的泛桃紫，初开时还带有些乳黄，开久了才变白底。

***Bsn.* Maikai ‘Mayumi’（嘛凯 ‘麻由美’）花朵盛开。**

***Bsn.* Maikai ‘Mayumi’（嘛凯 ‘麻由美’）花朵特写。**

***Bc.* Nanipuakea（那尼布阿奇亚）**

***Bc.* Star Ruby ‘Xanadu’ AM/AOS（星之红宝石 ‘世外桃源’）**

***Bc.* Keowee ‘Mendenhall’ AM/AOS（奇威 ‘门登霍尔’）**

Bc. **Morning Glory 'H&R' AM/AOS（清晨荣光'H&R'）**

***Bc.* Morning Glory 'H&R'（清晨荣光'H&R'）**有时唇瓣呈现较浓的紫红。

***Bc.* Binosa（百娜莎）**

05：*Brassocattleya* Morning Glory（清晨荣光）

（=*B. nodosa* × *C. purpurata*，1958年登录）

这个品系拥有馥郁的甜香，用花香迎接美好的清晨，整天都是愉快的心情，这就是名字的来由。遗传自*C. purpurata*唇瓣上的优美放射线条，是这个品系美丽的灵魂所在。优秀的个体相当多，由于有组培量产，以'H&R' AM/AOS这个个体最常见，当日夜温差大或日照中紫外线较强时，唇瓣会呈现较浓的紫红。

06：*Brassocattleya* Binosa （百娜莎）

（=*B. nodosa* × *C. bicolor*，1950年登录）

因与绿褐色*C.bicolor*杂交的缘故，*B. nodosa*的子代开始向绿色五星前进，*Bc.* Binosa就是这一系列绿色五星花的先河。*Bc.* Binosa目前约有近百个杂交登录后代，其中约60个子代，大半都是倾向绿色系育种。

07：*Brassocattleya* Memoria Vida Lee 'Limelight' AM/AOS（毕达李'焦点'）

（=*Bc.* Binosa × *C.* Brazilian Treasure，1986年登录）

这就是一个*Bc.* Binosa的绿色系育种子代，*C.* Brazilian Treasure = *C.* Batalinii × *C.* Edgard Van Belle，*C.* Batalinii在前面我们有提到，而*C.* Edgard Van Belle就是楔形花单元中'绿晶灵'的祖母，是个橙黄红唇的品系，由*C.* Batalinii与*C.* Edgard Van Belle共同强化出绿色的色彩。

***Bc.* Memoria Vida Lee 'Limelight' AM/AOS（毕达李'焦点'）**

08：*Brassocattleya* Richard Mueller（瑞查德穆勒）

（＝*B. nodosa* × *C. milleri*，1965年登录）

*B. nodosa*与岩生种蕾莉亚的橙红花*C. milleri*杂交后，大多数的子代是鹅黄～浅橙，除了唇瓣外，在“五星”上也会出现不定的粗细斑点，多花性的表现也大多不错。图中的个体是挑选较橙色的个体与‘Gold Star’ BM/JOGA做兄弟交（× sib），经实生选出的橙色个体。

09：*Brassocattleya* Survivor's Star（希望之星）

（＝*Bc.* Richard Mueller × *B. cucullata*，2002年登录）

以*Bc.* Richard Mueller再杂交萼片、侧瓣、唇瓣都特别长的*B. cucullata*，所以这个品系的五星和唇瓣都更尖长，花色则有乳白、乳黄～浅橙黄。两照片中的植株因为是初次开花，所以只开一朵，当植株逐渐壮大就会表现出该有的多花性，此特性遗传自*B. cucullata*，小株开花少，大株开花多。

10：*Brassocattleya* Tetradip ‘Tunko’ JC/JOS（摇曳热带鱼‘屯口’）

（＝*Bc.* Bonanza × *B. nodosa*，1967年登录）

Bc. Bonanza是大轮紫红花的品系，杂交了*B. nodosa*之后，却出现了‘Tunko’这个白底色的个体，被视为奇特，所以在当年获得JOS授予JC（评审推荐奖）。

Bc. Richard Mueller（瑞查德穆勒）

Bc. Survivor's Star（希望之星）较浅花色。

Bc. Survivor's Star（希望之星）较橙黄花色。

Bc. Tetradip ‘Tunko’ JC/JOS（摇曳热带鱼‘屯口’）

***Bc.* Hawaii Stars 'Hsinying'（夏威夷星星'新营'）**

11：*Brassocattleya* Hawaii Stars（夏威夷星星）

（＝*B*. Little Stars × *C*. Memoria Robert Strait，2006年登录）

C. Memoria Robert Strait是夏威夷的育种品系，（*B*. Little Stars × C. Memoria Robert Strait）也是在夏威夷所做，却一时不知是谁所杂交的，因为在AOS的审查中授奖花必须于一年内登录完毕才有效，授奖花主便将这个杂交种登录为"夏威夷星星"。借这个小故事提醒兰友们要注意：在卡特兰界，原本的杂交育种者是备受尊重的，千万不能随便去登录别人的育种成果，万不得已必须登录却又无法得知原始育种者，也请别以自己个人或兰园特色的名字命名，窃据为自己的成果，公众化的名字才是该有的最基本尊重。

12：*Rhynchobrassoleya* Copper Queen 'H&R'（警徽皇后'H&R'）

（＝*Rlc*. Toshie Aoki × *Bc*. Richard Mueller，1997年登录）

以大轮黄花红唇五剑的*Rlc*. Toshie Aoki，杂交星形花*Bc*. Richard Mueller，出现非常缤纷抢眼的色彩，这就是我们在前面所说的，在星形花的育种上，对方花朵的色彩越丰富，子代的花色缤纷多彩的几率就越高。有时也不必特意要以白拉索兰杂交，直接选用F_1子代作为亲本，可以缩短育种时间。

***Rby.* Copper Queen 'H&R'（警徽皇后'H&R'）**的花朵特写。

***Rby.* Copper Queen 'H&R'（警徽皇后'H&R'）**

13：*Brassanthe* Sunny Delight‘MAJ’（阳光喜悦‘MAJ’）

（＝*B. perrinii* × *Gur. aurantiaca*，1987年登录）

以白拉索兰杂交单花色的原种，在花色上不会有多大的变化，却可能是不错的“中间亲本”——作为桥梁，用来继续育出计划中的第二代。

14：*Brassavola* Little Stars（小星星）

（＝*B. nodosa* × *B. subulifolia*，1983年登录）

以*B. nodosa*杂交同属、植株与花朵都较小的*B.cordata*（登录上规定要写为*B. subulifolia*，其实在此使用的亲本是*B.cordata*），产生花朵较小朵的*B.* Little Stars，但是开花性更佳了，一、二年生的植株就可开出许多花来，许多人倒是从此少用*B. nodosa*等原种，而开始选用*B.* Little Stars为亲本。

15：*Brassavola* Adrian Hamilton（亚得里亚的哈米尔顿）

（＝*B. nodosa* × *B. perrinii*，2010年登录）

相较于*B.cordata*的小植株、小花朵，这个白拉索兰属内杂交品系使用的另一亲本是植株最大、花朵也更多又更大的*B. perrinii*，所以*B.* Adrian Hamilton的花朵与植株都比*B. nodosa*更大，花朵喉部也有与*B. perrinii*一样较大的绿色带。

***Bsn.* Sunny Delight ‘MAJ’（阳光喜悦‘MAJ’）**

***B.* Little Stars（小星星）**

***B.* Adrian Hamilton（亚得里亚的哈米尔顿）**

***B.* Adrian Hamilton（亚得里亚的哈米尔顿）花朵特写。**

16：*Rhynchovola* David Sander（大卫桑德）

（＝*B. cucullata* × *Rl. digbyana*，1938年登录）

萼片、侧瓣、唇瓣都特别长，而且唇瓣边缘同样有流苏状须裂的*B. cucullata*，杂交以流苏须裂唇瓣走遍天下的“大猪哥”（*Rl. digbyana*），虽然唇瓣边缘的流苏须裂普遍不如预期中明显，但是整体花形都被拉得很长，相当有趣，当花朵盛开时非常抢风采。

17：*Brassocatanthe*（*Bsn.* Maikai × *Bc.* Star Ruby）

父母本双方都是*B. nodosa* 的F_1杂交子代，也同样都是紫红花色系，但是，将*Bc.* Star Ruby更鲜艳惹火的红唇，带给了开花性更澎湃喧闹的*Bsn.* Maikai，其子代几乎是尚未筛选就都已具有很好的商品性。这就是所谓“同质性中的异质性杂交”的一例，善用此方法，有些品系可以不经组培分生、而以杂交实生的方式就可上市，提供消费者选购不同实生株，享受想象与期待的乐趣，而且育种者本身也可以从中选拔符合自己育种目的的个体。

Bsn. Maikai是*B.* × *Gur.*，而*Bc.* Star Ruby是*B.* × *C.*，杂交后的子代就具备了*B.*（白拉索兰属）、*Gur.*（圈聚兰属）、*C.*（卡特兰属）三个自然属的血统，所以新产生的人工杂交属属名写成已被登录命名的*Brassocatanthe*（白拉索卡特圈聚兰属，缩写为*Bct.*），如果是自己育出尚未被命名登录的属名，则可以向RHS申请登录新属名。关于卡特兰类的自然属、人工杂交属等属名，及其相互关系、杂交由来，请查阅本书末的附录一。

***Rcv.* David Sander（大卫桑德）**

***Rcv.* David Sander（大卫桑德）**
花朵特写。

***Bct.*（*Bsn.* Maikai x *Bc.* Star Ruby）**

4.10 楔形花铭花

楔形花，也叫插角花。因为在花朵两侧瓣上自尖端起有似楔样的尖角形紫红色块而称楔形花。对于许多兰友来说，“插角”这个词更易懂，所以特别有“插角花”这个名词。楔形花的由来是因“侧瓣唇瓣化”而来，两侧瓣自尖端起的大片尖角形紫红色块其实来自唇瓣的紫红唇口，也就是中裂片上那一大块紫红；而侧瓣中央的黄或白色块即是来自唇瓣基部的黄喉、白圈或二者兼具。

在卡特兰类的原种之中，出现有唇瓣侧瓣化（也称“三唇瓣”）的变种很少，而被用来杂交产生后代的只有*C. intermedia*、*L. anceps*、*C. briegeri*，其中*C. intermedia*的三唇瓣变种称为*C. intermedia* var. *aquinii*，*L. anceps*的三唇瓣变种称为*L. anceps* var. *guerrero*。以*C. intermedia* var. *aquinii*的育种后代最多，占了楔形花系统的99%以上，所以当我们说起楔形花，其实大多是在说*C. intermedia* var. *aquinii*的后代。

在过去，原本国际兰界一直将楔形花视为卡特兰之中的丑角花；自从台湾的卡特兰育种前辈陈忠纯医师以*C. intermedia* var. *aquinii* 的后代育出*C.* Moscombe（=*C.* Mosnor × *C.* Sedlescombe，1963年登录，登录名以母头接父尾），在经过多年的验证之后，以台湾品系为主流的大轮楔形花卡特兰最重要的亲本源头变成了*C.* Moscombe（尤其是‘Grace’AM/TOS）。而迷你型的楔形花则以*C. intermedia* var. *aquinii*本身，及其所产生的*C.* Janet（Lawrence的登录）（=*C. intermedia* × *C. pumila*，1897年登录）、*C.* Cherry Chip（=*C. intermedia* × *C.* Angelwalker，1974年登录，目前以其子代*C.* Mari's Song为主）等三类为亲本源头。当然*C.* Janet（Lawrence的登录）、*C.* Cherry Chip等品系也有不是以*C. intermedia* var. *aquinii*杂交的，就不会是迷你品系楔形花的使用亲本。而且，不管大朵花、小朵花，就算以*C. intermedia* var. *aquinii*为亲本做杂交，也会有某些比例的子代不是楔形花，当她们再与不是楔形花的亲本杂交，还是可能有某些比例的子代会出现楔形花。

楔形花中的有些种类，其侧瓣上的大块紫红插角在侧瓣边缘上一直延伸到侧瓣基部，就像镶边的框一样，如果此镶框宽大、完整而圆满地包覆着侧瓣中央的黄心（或白心）时，整个花朵显得更加华丽，这样的花色特别被称之为“覆轮”。在许多卡特兰的竞赛场合，覆轮花还被单独列为一个项目。

楔形花迷你型的大部分将在迷你花部分介绍，本章节以大轮花及大植株多花品系为主。

01：*Rhynchoaeliocattleya* Chinese Beauty ‘Phoenix’（中国美人‘火凤凰’）

（＝*C*. Moscombe × *Rlc*. Sunset Bay，1983年登录）

中国美人，如果说爱花有梦，那就是花仙子的梦，花中自有黄金屋，花中自有颜如玉，这个中国美人就是。1978年台湾屏东的美全兰园以*C*. Moscombe ‘Grace’ 当母本，杂交木瓜黄的*Rlc*. Sunset Bay，数年之后其子代大放异彩，并于1983年登录为“中国美人”。有名的个体有许多，有‘火凤凰’(英文名有‘Orchid Queen’ AM/OSROC、‘Fire Phoenix’及‘Phoenix’ AM/AOS三胞案，闽南语还有人俗称‘火鸡’)、‘惠珠’、‘佳林’(‘Cha Lin’ AM/OSROC)、‘耀楠’(‘Yaw Nan’ HCC/OSROC)、‘崇文’(‘Chung Wen’ AM/OSROC)、‘贵妃’(‘Guei Fei’ AM/OSROC)、‘屏东’(‘Pyng Dong’ AM/OSROC)、‘高雄美人’(‘Kaohsing Beauty’ HCC/OSROC)、‘水蜜桃’、‘西施’(‘Hsi Shin’ HCC/OSROC)、‘惠生’、‘真善美’、‘日盛’、‘华美’、‘多芳美人’(‘Dou Fang Beauty’ AM/AOS)、‘芊芊’(‘Chien-Chien’ AM/AOS)等，环肥燕瘦各领风采，即使在好花辈出的今日，还有许多人一直在追寻中国美人，她们沉鱼落雁的美和倾城绝代的风华，永远在卡特兰世界中占有无法被取代的地位。

***Rlc*. Chinese Beauty ‘Phoenix’ AM/AOS（中国美人‘火凤凰’）**

02：*Rhyncholaeliocattleya* Taiwan Queen ‘Golden Monkey’ HCC/AOS（台湾皇后‘金丝猴’）

（＝*C.* Moscombe × *Rlc.* George Angus，1997年登录）

1992年于台湾台中太平育种，1996年起陆续开花，‘金丝猴’也于此时开出，是这一批实生株中最出色的个体。同样是以*C.* Moscombe ‘Grace’当母本，以黄底出线条花*Rlc.* George Angus为父本，结果出现金黄底大插角并带有镶插红线条的金黄心，‘金丝猴’可谓集父母双亲之优点于一身。

‘金丝猴’的英文个体名曾有被写做‘Golden Monkey’与‘King's Monkey’，但以‘Golden Monkey’为主；1999年在高雄举办的台湾国际兰展有兰友以‘Seven Star ’接受AOS的审查，授予76分的HCC奖，后来AOS接受异议，以‘Golden Monkey’已经是市面上流通用个体名，马上将之更正为‘Golden Monkey’ HCC/AOS。

03：*Rhyncholaeliocattleya* Haw Yuan Beauty ‘Yi Mei Angel’（华园美人‘义美天使’）

（＝*Rlc.* Haw Yuan Moon × *C.* Mari's Song，1997年登录）

以迷帝型黄花的*Rlc.* Haw Yuan Moon当母本，杂交白底插角花的*C.* Mari's Song；*C.* Mari's Song＝*C.* Irene Finney × *C.* Cherry Chip（1992年登录），她也是*C.* Cherry Chip的后代，原本有许多优秀的个体流通市面，但常见的品种已经是她们的后代。

Rlc. Haw Yuan Beauty当初也有非常多的个体被选出组培分生，但是今天市面上则以‘义美天使’（‘Yi Mei Angel’）居多，她除了获得TOGA审查SM奖之外，还号称是TOGA中获奖最多的卡特兰。

***Rlc.* Haw Yuan Beauty ‘Yi Mei Angel’ SM/TOGA（华园美人‘义美天使’）**

***Rlc.* Taiwan Queen ‘Golden Monkey’ HCC/AOS（台湾皇后‘金丝猴’）**

***Rlc.* Taiwan Queen ‘Golden Monkey’ HCC/AOS**（台湾皇后‘金丝猴’）花朵特写。

04：*Rhyncholaeliocattleya* Tsutung Beauty（中屯美人）

（＝*C*. Mari' s Song × *Rlc*. Tzeng-Wen Beauty，2003年登录）

同样是*C*. Mari' s Song的杂交后代，这个品系的另一亲本是同为楔形花的*Rlc*. Tzeng-Wen Beauty。*Rlc*. Tzeng-Wen Beauty是多花性中小轮花，是*C*. Cherry Chip的孙代。本品系最有名且常被使用作亲本的个体有二：'和欣'（'Hexin'，也俗称'小火鸡'，'和欣'之名来自两个同名为'和欣'的不同兰园），和'布袋'（'Budai'，'布袋'之个体名来自台湾嘉义布袋），这两个个体的杂交子代*Rlc*. Tsutung Beauty市面上都有。

05：*Cattleya* Mari' s Magic（玛丽的魔法）

（＝*C*. Mari's Song × *C*. Tokyo Magic，2000年登录）

同样是*C*. Mari' s Song的杂交后代，这个品系的另一亲本是迷帝型乳白～乳黄花的*C*. Tokyo Magic（＝*C*. Irene Finney × *C*. *briegeri*），父母双方都具有粗壮挺立的长花梗，这个特性也遗传给了大多数的*C*. Mari' s Magic实生兄弟株。

***Rlc.* Tsutung Beauty（中屯美人）**

***Rlc.* Tsutung Beauty（中屯美人）**

***C.* Mari's Magic（玛丽的魔法）**

***C.* Mari's Magic 'Little Cat'（玛丽的魔法'小猫咪'）**

06：*Cattleya* Tzeng-Wen Angel（曾文天使）

（ = *C*. Haw Yuan Angel × *C*. Melody Fair，2003年登录）

C. Haw Yuan Angel（ = *C*. Orglade' s Glow × *C*. Janet）杂交大轮圆整的白花红唇*C*. Melody Fair，所以*C*. Tzeng-Wen Angel在花朵和侧瓣上都表现得较宽圆，唇瓣口缘通常也都镶有紫红圈。

07：*Rhyncholaeliocattleya* Chyong Guu Linnet（琼谷红雀）

（ = *Rlc*. Haw Yuan Beauty × *Rlc*. Tzeng-Wen Beauty，2002年登录）

以上述*Rlc*. Haw Yuan Beauty的个体‘瑞玉’，杂交*Rlc*. Tzeng-Wen Beauty的‘和欣’，此批*Rlc*. Chyong Guu Linnet的组培分生个体有二：‘微笑’（‘Smile’）与‘凤凰’（‘Phoenix’），‘微笑’在2008年的台湾国际兰展中由AOS审查授奖AM奖（‘Smile’ AM/AOS），另一个‘凤凰’则于2009年台湾国际兰展由AOS审查授予AM奖（‘Phoenix’ AM/AOS）。另外还有一个‘芬园’，也同时于2009年台湾国际兰展由AOS授予AM奖（‘Fen Yuan’ AM/AOS）。可谓“一门皆闺秀，姊妹三封妃”。

***C*. Tzeng-Wen Angel（曾文天使）**

***Rlc*. Chyong Guu Linnet ‘Smile’（琼谷红雀‘微笑’）**

08：*Cattleya* White Spark ‘Panda’ & ‘Fire Cat’（白色火花 ‘熊猫’ 和 ‘火焰猫’）

（ = *C.* Shellie Compton × *C.* Moscombe，1997年登录）

此品系在白色花朵上有大片紫红色如火花般的插角。以当年相当知名的大轮白花红唇*C.* Shellie Compton（以当初自美国进口的商品代号而俗称‘Z1129’）为母本，杂交*C.* Moscombe ‘Grace’，有许多优秀的组培个体，如‘白猫’、‘熊猫’（‘Panda’）、‘火焰猫’（‘Fire Cat’）等。

***C.* White Spark ‘Fire Cat’**（白色火花‘火焰猫’）

***C.* White Spark ‘Panda’**（白色火花‘熊猫’）

***C.* White Spark**（白色火花）

09：*Cattleya* Tropical Chip ‘Fuji’（热带脆片‘富士’）

（=*C*. Tropic Glow × *C*. Cherry Chip，1985年登录）

是一个稍古老品系的楔形花，但是她与*C*. Mari’s Song同为*C*. Cherry Chip的两大楔形花子代代表，只是因*C*. Mari’s Song被大量使用于杂交育种，而相对地使得*C*. Tropical Chip似乎较陌生。其实，在杂交育种的使用上*C*. Tropical Chip的地位已被她的子代*Rlc*. Tzeng-Wen Beauty（=*Rlc*. Sunset Bay × *C*. Tropical Chip，1997年登录）取代了，*Rlc*. Tzeng-Wen Beauty两个知名个体‘和欣’和‘布袋’一直是中小轮多花品系楔形花的重要亲本，但是*C*. Tropical Chip在杂交育种上也还有她无法被取代的特点。在AOS审查里有许多个体被授奖，其中较常见到的是‘富士’（‘Fuji’ HCC/AOS）。

10：*Cattleya* Love Hero ‘Angel Kiss’（爱的英雄‘天使之吻’）

（=*C*. Petite Pride × *C*. *walkeriana*，1991年登录）

这是迷你型的品种，*C*. Petite Pride=*C*.（*S*.）*brevipedunculata* × *C*. *intermedia* var. *aquinii*，植株很小，再杂交*C*. *walkeriana*之后，植株就显得又小又肥短。是以前日本相当知名的大型观光兰园‘堂之岛’（Dogashima）所育种登录，取名“爱的英雄”，Dogashima当年育种并命名了许多“Love”系列的迷你、迷帝卡特兰，个体名则取名为‘天使之吻’。

***C*. Tropical Chip ‘Fuji’**
（热带脆片‘富士’）

***C*. Love Hero ‘Angel Kiss’**（爱的英雄‘天使之吻’）

Rlc. Hwa Yuan Grace 'Cat King'（华园荣耀'猫王'）

11：*Rhyncholaeliocattleya* Hwa Yuan Grace 'Cat King'（华园荣耀'猫王'）

（＝*C.* Moscombe × *Rlc.* Memoria Helen Brown，1998年登录）

以*C.* Moscombe 'Grace'杂交大轮绿花中有名到无法被忘记的*Rlc.* Memoria Helen Brown（见绿花单元），结果*Rlc.* Memoria Helen Brown中的黄色蕴底被拉出来了，而成就'猫王'（'Cat King'）黄底、微绿、红唇、红插角的独特花朵。在登录名的命名上干脆以*C.* Moscombe 'Grace'的'Grace'剪贴下来，直接昭告是*C.* Moscombe 'Grace'生的后代。

12：*Rhyncholaeliocattleya* Village Chief Rose（村长玫瑰'冈山国王'）

（＝*Rlc.* Taiwan Queen × *Rlc.* Chunyeah，2004年登录）

有人想到以大轮绿花杂交楔形花，当然就更有人想到以大轮黄花杂交楔形花，这个品系就是以'金丝猴'杂交'益生一号'而来，以'冈山国王'为实生兄弟株中的佼佼者，金黄的花色上镶以天鹅绒质的红，相当华丽却典雅、既热情又婉约的美。

13：*Rhyncholaeliocattleya* Shin Shiang Diamond 'Shin Shiang'（馨香钻石'馨香'）

（＝*Rlc.* Kat E-sun × *Rlc.* Tzeng-Wen Beauty，2003年登录）

Rlc. Kat E-sun是大轮木瓜黄花红唇*Rlc.* Sunset Bay杂交迷你型的*C.* Beaufort而来，再杂交了*Rlc.* Tzeng-Wen Beauty之后，产生了许多遗传有*Rlc.* Tzeng-Wen

Rlc. Village Chief Rose（村长玫瑰'冈山国王'）

Rlc. Shin Shiang Diamond 'Shin Shiang'（馨香钻石'馨香'）

Beauty圆满镶红框的优秀黄底楔形花，其中以最优美的个体选作组培大量生产，个体名命名为‘馨香’（‘Shin Shiang’）。

14：*Rhyncholaeliocattleya* Village Chief North ‘Green Genius’（村长北方‘绿晶灵’）

（＝*Rlc*. Village Chief Cuba × *Rlc*. Memoria Helen Brown，2007年登录）

这个品系原本只以一团杂交名在市面上流通近15年，这团杂交名是一连串以【】、（）和‘×’号相接，甚至还常被拼写错误，在征战南北、闯遍了天下成为超级铭花后，却被完全不相干的人登录为Village Chief North（村长北方）。1990年时台湾台中的陈国清兰友以中小型多花、白底插红角的［*C*.（原本作*Lc*.）Edgard Van Belle × *C*. *intermedia* var. *aquinii*］为母本，杂交大轮绿花的海伦布朗‘拿破仑’（*Rlc*. Memoria Helen Brown‘Napoleon’），杂交后代于1994年初春初次开花于“大台中兰园”，植株约5、6芽，一梗三朵花，随即获得台中市兰艺协会春季全台大展的新花组冠军奖，从此展开其戏剧性的生涯，但是十年之间连个个体名都没有，后来才由“大扬兰园”命名为‘绿晶灵’(‘Green Genius’)。

‘绿晶灵’的花朵色彩晶绿灵透，翠绿的三萼片、绒质的紫红唇、白绿底的侧瓣上镶框着紫红色的大插角，相当抢眼，说不尽的吸引人。其紫红的色彩浓度会随气温、日照、季节而变化，是一品很有趣的花。

Rlc. Village Chief North ‘Green Genius’（村长北方‘绿晶灵’）

15：*Rhyncattleanthe* Tzeng-Wen Queen（曾文女王）

（＝*Rlc*. Tzeng-Wen Beauty × *Ctt*. Trick or Treat，2000年登录）

以*Rlc*. Tzeng-Wen Beauty的多花性，再杂交多花性的“金针花”*Ctt*. Trick or Treat，果然凝聚出热闹的多花性。*Rlc*. Tzeng-Wen Beauty的黄底也与*Ctt*. Trick or Treat的橙黄～金橙相累聚，成为亮黄色底的子代，其中以‘金玉满堂’最常见。

***Rth*. Tzeng-Wen Queen（曾文女王）**

***Rth*. Tzeng-Wen Queen (曾文女王)** 中的有名个体 '金玉满堂'。

16：*Cattleya* Chiou-Jye Chen（陈忠纯）

（ = *C*. Moscombe × *C*. Bonanza，1975年登录）

看过多品各色各样的楔形花之后，我们再回味一个老品系的楔形花：*C*. Chiou-Jye Chen，她正是由*C*. Moscombe的育种者陈忠纯医师以*C*. Moscombe为母本，杂交当年极负盛名的大轮紫红花*C*. Bonanza '归仁一号'。*C*. Chiou-Jye Chen的花色是紫红花中的紫插角，著名的个体有十余个，包括'金鼎'（'Jin Ding' AM/OSROC）、'The Kitten Face'、'大娇'等，其中'大娇'是个紫红花色中插角不是十分明显的个体。

***C*. Chiou-Jye Chen（陈忠纯）** 中有名个体 '大娇'。

4.11 斑点花铭花

斑点花类卡特兰，因为种源的缘故，一般大多是双叶的植株、蜡质的花朵。她们并不是卡特兰的主流，但是为卡特兰五彩缤纷的世界带来了活泼的气息。

斑点花卡特兰的斑点主要来自于*Cattleya* 属3个类别的原种，她们都是双叶、蜡质花朵的种类：

（1）阿克兰德亚属（*Aclandia*）：目前以*aclandiae*的后代较多，*velutina*的后代则尚少。

（2）镰刀形花亚属（*Falcata*）的粗斑点组（*Guttatae*）：*amethystoglossa*、*guttata*、*leopoldii*、*schilleriana*。

（3）镰刀形花亚属（*Falcata*）的细斑点组（*Granulosae*）：*granulosa*、*porphyroglossa*、*schofeldiana*。

而另有其它几个原种，虽然本身并不算是斑点花的原种，却有带动、活泼化斑点的效果，包括*intermedia*、*forbesii*、*bicolor*、*elongata*。

01：*Cattleya* Green Emersald（绿宝石）

（＝*C.* Elizabeth Mahon × *C.* Thospol Spot，1996年登录）

这个品系有37.5％*C. aclandiae*、6.25％*C. granulosa*的血统，另外还有25％*C. intermedia*、6.25％*C. forbesii*的血统，以及与斑点较不相干的血统：18.75％*C. loddigesii*、6.25％*C. dolosa*。唇瓣的打开则除了受到*C. aclandiae* 与*C. intermedia*的共同作用外，还受到*C. loddigesii*、*C. dolosa*的影响。在AOS中有数个个体授奖，其中有两个个体名非常相像，容易搞混，即‘Orchid Queen’AM/AOS与‘Queve’ HCC/AOS。

***C.* Green Emerald ‘Orchid Queen’ AM/AOS**
（绿宝石‘兰花之王’）

***C.* Green Emerald ‘Queve’ HCC/AOS**
（绿宝石‘魁菲’）

C. **Lulu（噜路）**

***Rlc.* Hsinying Leopard 'Tainan'（新营豹斑'台南'）**

02：*Cattleya* Lulu（噜路）

（＝*C.* Brabantiae × *C.* Penny Kuroda，1990年登录）

这是早些年较常见的斑点花，也是在斑点花中较常被使用的亲本。在其血统中，*C. aclandiae*与*C. guttata*各占了25％，合起来共有50％斑点花原种的血统。Lulu通常直呼"噜路"，但是其中文意思为"俊杰"、"俊秀"。

03：*Cattleya* Leopard Lou（豹斑卢）

（＝*C.* Precious Stones × *C.* Penny Kuroda，1995年登录）

由*C.* Penny Kuroda杂交衍生的子代，*C.* Penny Kuroda含有50％*C. guttata*的血统，以前曾出现插角的*C.* Penny Kuroda，但是*C.* Penny Kuroda完全没有*C. intermedia*的血统，不知其插角血统从何而来。*C.* Precious Stones则是*C. coccinea*孙代的迷你品系，含有50％*C. aclandiae*的血统。二者杂交后代共含有50％斑点花原种的血统。其瑰丽的橙黄～橙红底色则是来自于各占12.5％血统的*C. coccinea*、*C. cinnabarina*共同作用。

04：*Rhyncholaeliocattleya* Hsinying Leopard（新营豹斑）

（＝*Rlc.* Waianae Leopard × *C.* Thospol Spot，2000年登录）

由*C.* Thospol Spot杂交衍生的子代，杂交同是斑点花的*Rlc.* Waianae Leopard。*C.* Thospol Spot含有75％*C. aclandiae*、12.5％*C. granulosa*、12.5％*C. forbesii*的血统，所以其杂交子代受到*C. aclandiae*的影响而通常拥有较粗黑的斑点。

***C.* Leopard Lou 'Chang'（豹斑卢'张'）**

***C.* Leopard Lou 'Yi Mei Leopard'（豹斑卢'义美豹斑'）**

05：*Cattleya* Spoz Tabee Splash（史波踏比）

（＝*C*. Jungle Elf × *C*. Penny Kuroda，1992年登录）

C. Penny Kuroda的杂交子代，杂交同是斑点花却相当迷你的*C*. Jungle Elf（见迷你花部分），所以在植株上显得较迷你。虽然*C*. *aclandiae*的血统只有25%，但由于筛选育种的缘故，其唇瓣上很有*C*. *aclandiae*的味道。

06：*Cattleya* Calvin Grisafe（凯丁文葛力沙菲）

（＝*C*. *walkeriana* × *C*. Thospol Spot，1991年登录）

斑点花常用亲本的*C*. Thospol Spot杂交重要迷你花原种亲本*C*. *walkeriana*，似乎不管是什么类型的卡特兰，只要是做迷你花的育种，一定都会与*C*. *walkeriana*杂交，我们可以在各种花色、类别单元中得到证据。*C*. Calvin Grisafe这个品系如果要得到迷你花的植株、*C*. *walkeriana*的品味，则需再回交*C*. *walkeriana*。

07：*Cattleya* Peckhaviensis（佩克黑文）

（＝*C*. *aclandiae* × *C*. *schilleriana*，1910年登录）

种源相当简单的两个斑点花原种的杂交子代，由于杂交育种登录的年份已久，又持续有人以更佳亲本重做，在AOS审查中有许多个体授奖，这个品系由于怪得出色、怪得可爱，出乎人的意料，相当受欢迎。

08：*Cattleya*（*C*. Peckhaviensis × *C*. *guttata*）

将又怪又可爱的*C*. Peckhaviensis再杂交花色较深重的*C*. *guttata*，产生的子代仍是让人惊喜，深色系的*C*. *guttata*、浅色系的*C*. *guttata*、绿色系的*C*. *guttata*，在育种使用上各走不同花色的路线。

C. Calvin Grisafe（凯丁文葛力沙菲）

C.（*C*. Peckhaviensis × *C*. *guttata*）

C. Spoz Tabee Splash（史波踏比）

C. Peckhaviensis（佩克黑文）

Ctt. **Varut Startrack（追星族）**

Ctt. **Varut Startrack 'Chien Ya'（追星族'千雅'）**

C. **Jungle Eyes（丛林之眼）**

09：*Cattlianthe* Varut Startrack（追星族）

（＝*Ctt*. Netrasiri Doll × *C*. Landate，1988年登录）

Ctt. Netrasiri Doll是泰国品系的斑点花，带有"五剑"的特性；而*C*. Landate是由*C*. *aclandiae* × *C*. *guttata*而来。二者的杂交产生了加乘的作用，在花色表现上相当突出。

10：*Cattleya* Jungle Eyes（丛林之眼）

（＝*C*. Jungle Elf × *C*. *aclandiae*，1999年登录）

迷你的斑点花品系，由迷你的*C*. Jungle Elf杂交也算是迷你花原种的*C*. *aclandiae*，这个品系在AOS审查中有一个AM奖，目前在迷你斑点花育种上是相当受重视的亲本。

11：*Cattleya* Jungle Gem（丛林宝石）

（＝*C*. Precious Stones × *C*. Jungle Elf，1997年登录）

由*C*. Jungle Elf杂交前面提及的迷你朱红底斑点花*C*. Precious Stones，两者正反交育种都有人做过，以试求得到更好的*C*. Jungle Gem。这个品系本身可作为迷你斑点花的优秀亲本选用，在后面的掌上型卡特兰中有她与*C*. *cernua*的杂交子代介绍。

12：*Cattleya* Interglossa（因特格罗莎）

（＝*C*. *amethystoglossa* × *C*. *intermedia*，1902年登录）

这个品系既是斑点花，也是楔形花，她有非常多的杂交后代，因为多花性又开花性佳，加之植株生长快速又健壮，所以开花相当热闹，在她的强势后代*C*.Monte Elegante'新埔'出现之前，一直是各大小兰展上的常胜将军。

***C*. Jungle Gem 'Tsiku'**（丛林宝石'七股'）

***C*. Interglossa**（因特格罗莎）既是楔形花，也是斑点花。

***C*. Interglossa**（因特格罗莎）花朵特写。

C. Monte Elegante 'Sin Pu' SM/TOGA（蒙特雅伦格'新埔'）

13：*Cattleya* Monte Elegante'Sin Pu'（蒙特雅伦格'新埔'）

（＝*C.* Sophia Martin × *C.* Interglossa，1989年登录）

这个品种的身世有戏剧性、传奇性的故事，可谓是"麻雀变凤凰，青蛙变王子"。*C.* Monte Elegante原本是日本的堂之岛（Dogashima）所杂交育种，由Takayama, T.所登录。这个个体原本是台湾新竹新埔的吴声耀兰友自日本带回的实生株，第一次开花时只开了一梗，3、4朵花，不怎么出众，所以在当地的花市以时价台币200元当作市场花卖掉，在这个幸运的买主照料下，第二年开出了一梗近20朵花，宛如一团大花球，后来以相当高的价格售出，几经转手，后来组培量产，并取个体名为'新埔'（'Sin Pu'）以纪念这段历史。

'新埔'的开花期在每年的7月底至9月初之间，正是卡特兰（其实其它兰花也一样）开花最少的炎炎夏日，所以她也几乎囊括每年8月TOGA月例会的最佳人缘奖（等于是全场总冠军），并在2008年8月于TOGA受审获SM奖。她的花色、插角、斑点会因日照、温差、植株而有不同的变化。

14：*Cattlianthe* Siamese Doll'Kiwi'（暹罗娃娃'奇异果'）

（＝*Ctt.* Netrasiri Doll × *C.* Netrasiri Beauty，2001年登录）

这是另一个由*Ctt.* Netrasiri Doll杂交育种的斑点花品种，是2003年时台湾业者自泰国高价购得的实生选拔株，因花朵的色彩与斑点而取个体名为'奇异果'（'Kiwi'），她在2009年台湾国际兰展中获得卡特兰组的冠军。单朵花花期可长达1个月，开花不定期，只要新芽植株成熟即可开花，是容易栽植、容易开花的卡特兰入门花。

C. Monte Elegante 'Sin Pu'（蒙特雅伦格'新埔'）花色变化。

Ctt. Siamese Doll 'Kiwi'（暹罗娃娃'奇异果'）

4.12 其它花色铭花

以上11个单元是以花色或花朵模样来笼统划分的，当然，她们也没有绝对的分法，只是为方便于兰展区分以及本书的文稿资料处理；然而，有些搞怪的花色或品种就难将她们归到哪一类，在大型或是国际兰展之中，她们会被笼统归为一类：其它花色或其它异属杂交。本单元介绍“其它花色”部分，下单元介绍“其它属的异属杂交”部分。

01: *Cattlianthe* Chocolate Drop（巧克力球）

（= *C. guttata* × *Gur. aurantiaca*，1965年登录）

巧克力球，都被称作巧克力，就是巧克力的色彩、巧克力的质地、巧克力的香味、巧克力的诱惑，自问世之日起即俘获许多卡特兰爱好者的心，虽然不是主流花色，却可说是异军之中的女王。至今已50多个年头，即使好花日新月异、源源而出，她还是以她子孙遍布、个个俊秀而在卡特兰铭花中占有一席之地。

***Ctt.* Chocolate Drop 'Yi Mei'**（巧克力球'义美'）

Ctt. **Tutankamen ‘Ya Yuan’ AM/AOS、SM/TOGA （图坦卡蒙‘雅园’）**

Ctt. **Tutankamen ‘Ya Yuan’（图坦卡蒙‘雅园’）**花朵特写。

02：*Cattlianthe* Tutankamen（图坦卡蒙）

（ = *Ctt.* Chocolate Drop × *C.* Mae Hawkins，1982年登录）

这是比砖红更暗红的“红”，台湾话称之为“黑肚红”，是充满神秘、尊贵的色彩，似乎来自遥远的异国他乡并拥有无限力量，因此育种者以古埃及法老王“图坦卡蒙”来命名。父本*C.* Mae Hawkins = *C.* Naomi × *C.* Anzac，是个深色绒质的砖红花，这个祖孙三代：*C.* Anzac、*C.* Mae Hawkins、*Ctt.* Tutankamen，是深浓色彩一脉相承的家族。

原本在AOS有两个AM 授奖花：‘Pop’AM/AOS与‘Waldor’AM/AOS；于2009年台湾国际兰展中，‘Ya Yuan’也被AOS授予AM奖，并且TOGA也审查为SM奖，是新一号的法老王。

03：*Cattlianthe* Sagarix Wax ‘African Beauty’SM/TOGA（沙喀力之蜡‘非洲美人’）

（ = *C.* Summerland Girl × *Ctt.* Chocolate Drop，1979年登录）

目前的卡特兰之中，巧克力球（*Ctt.* Chocolate Drop）的后代最红火的，除了‘图坦卡蒙’之外，就是黑咖啡色萼片、暗红唇的‘非洲美人’了。

‘非洲美人’的身世坎坷，也有一段曲折迂回的认祖归宗历史：她是泰国品种，原本泰国卖出时名字弄错：*Lc.*（今作*Ctt.*）Summerland Girl × *C.*（今作*Ctt.*）Chocolate Drop = *Lc.*（今作*Ctt.*）Loog Tone ‘Afhcan Beauty’，并且以错误的身份登录，AOS也在2004年7月于加利福尼亚州审查授予HCC奖（79分）：*Lc.* Loog Tone ‘African Beauty’ HCC/AOS；后来在2007年7月于TOGA月例审

***Ctt.* Sagarix Wax ‘African Beauty’ SM/TOGA（沙喀力之蜡‘非洲美人’）**

查会中由当时卡特兰组组长郑金楞（现任TOGA主审）主持研讨，正名为：*Ctt.* Sagarix Wax ‘African Beauty’。随即，‘非洲美人’获得“最佳人气奖”的全场总冠军，并审查为SM奖（83分）及CCM奖（89分）。

Sagarix是泰国育种者的名字，Wax表示蜡质，‘非洲美人’则说她像是非洲的黑美人。另有两个不同个体的兄弟株流通市面：‘满天香’、‘红绣球’，但是‘满天香’与‘红绣球’其实可能是同一个个体。

04：*Cattleya* Pacavia（帕卡菲）

（＝*C. purpurata* × *C. tenebrosa*，1901年登录）

原本的蕾莉亚兰属（*Laelia*）中两个最知名的大植株、大花原种的杂交，两个原种都有美丽的唇瓣、相似的花形，但是花色不相同，子代花色就是糅合二者成为一种既带些紫红又微泛咖啡褐的色彩，而且保留了*C. tenebrosa*侧瓣与萼片上的网线脉纹。

05：*Rhynocholaeliocattleya* Green Rattana（绿藤）

（＝*Rlc.* Greenwich × *Rlc.* Udomrattana，2004年登录）

有些品系其侧瓣上有奇特的花色分布，是来自杂交过程中的变异？或是色彩向着侧瓣中肋聚集？不得而知。这些花色与类型尚未被认真做过研究，也还没有人用心做纯化，有心者可以将之列为一个尝试方向。

***Ctt.* Sagarix Wax ‘African Beauty’（沙喀力之蜡‘非洲美人’）**花朵特写。

***Rlc.* Green Rattana（绿藤）**

***C.* Pacavia（帕卡菲）**

06：*Rhynocholaeliocattleya* Kyle ‘Hearts of Gold’ HCC/AOS（小丑‘金心’）

（＝*C*. Little Sunbeam × *Rlc*. Waikiki Gold，1979年登录）

“小丑”，另一个凭空冒出来的花色，原本该是橙黄～金黄的花朵，却在花朵里面被挖空了一大片，反而成为白底、闪耀着五个亮黄色斑的黄唇花。有时在某一两朵花的唇瓣侧裂片上出现红色块，也有的植株在黄色唇瓣上被镶了白框。

这个小丑，于1983年的首届夏威夷兰展中AOS 授予79分的HCC奖，当时是一梗6花，花径8.5cm。

07：*Rhynocholaeliocattleya* Hey Song ‘Tian Mu’（黑松‘天母’的组培变异）

（＝*Rlc*. Shinfong Lisa × *Rlc*. Maitland，1999年登录）

有些品种在组培分生时，有的单体在花朵色彩上产生有趣的突变，包括类似花色镶嵌、泼墨、闪电、火花等特殊变异。譬如在黑松‘天母’的组培中就出现有趣变异，有的是整朵花砖红底镶黄边，有的是整朵花金黄底镶砖红边。

这些组培变异，将在第七章育种中再介绍。

***Rlc*. Kyle ‘Hearts of Gold’ HCC/AOS**（小丑‘金心’）

***Rlc*. Kyle ‘Hearts of Gold’**（小丑‘金心’）花朵特写。

***Rlc*. Hey Song ‘Tian Mu’**（黑松‘天母’）组培变异，砖红底镶黄边。

***Rlc*. Hey Song ‘Tian Mu’**（黑松‘天母’）另一品组培变异，金黄底镶砖红边。

4.13 其它异属杂交花铭花

所谓“其它异属杂交花”，指的是除了原有的*C*.、*L*.、*B*.、*S*.四个属外，有其它的卡特兰亲缘属类血统的杂交品种。现今卡特兰属类属名大变革，原有的*C*.、*L*.、*B*.、*S*.四个属重新洗牌为五个属：

（1）卡特兰属，*Cattleya*，缩写为*C*.。

（2）蕾莉亚兰属，*Laelia*，缩写为*L*.。

（3）白拉索兰属，*Brassavola*，缩写为*B*.。

（4）喙蕾莉亚兰属，*Rhyncholaelia*，缩写为*Rl*.。

（5）圈聚花兰属，*Guarianthe*，缩写为*Gur*.。

所以，具有不是以上五个属的血统的杂交种，就是目前所谓的“其它异属杂交花”。我们比较常遇到的异属杂交有以下这些属：

（1）节茎兰属（*Caularthron*，缩写为*Cau*.），最主要是*Cau. bicornutum*（俗称“处女兰”）的杂交后代。

（2）蚁媒兰属（*Myrmecophia*，缩写为*Mcp*.），自原本的*Schomburgkia*属分出，*Schomburgkia*属消失。

（3）布劳顿氏兰属（*Broughtonia*，缩写为*Bro*.），最主要是*Bro. sanguinea*的杂交后代，以迷你花为主。

（4）树兰属（*Epidendrum*，缩写为*Epi*.），主要是*Epidendrum*属内杂交种，也有少数原种参与卡特兰类杂交育种。

（5）围柱兰属（*Encyclia*，缩写为*E*.），有属内杂交种，也有与卡特兰类杂交种。

（6）佛焰苞兰属（*Prosthechea*，缩写为*Psh*.），有属内杂交种，也有与卡特兰类杂交种。

（7）四腔兰属（*Tetramicra*，缩写为*Ttma*.），主要是*Ttma. canaliculata*的杂交后代。

（8）蝶唇兰属（*Psychilis*，缩写为*Psy*.）。

这些彼此差异甚大的异属杂交花虽然不是卡特兰类里的主流，但是其形态多变，别有一番风味，为庞大的卡特兰世界增加了更多变的缤纷色彩。

01：*Caulaelia* Snowflake（雪花飘飘）

（=*Cau. bicornutum* × *L. albida*，1966年登录）

自登录以来，她的杂交属名就一直在*Caulaelia*（*Cll*.，=*Caularthron* × *Laelia*）

Cll. Snowflake（雪花飘飘）

与*Dialaelia*（*Dial.*，=*Diacrium* × *Laelia*）两边改来改去，属名大变革之后总算解决一件争议公案。她的中文译名也一样伤脑筋，大家一直搞不定怎么翻译她。原本，Snowflake登录名的原意是石蒜科的一类植物叫“雪钟花”（Snowdrop，也作Snowflake），指的是这个杂交新品系开花就像“雪钟花”的花朵、花梗、花序一样，但是，Snowflake也有“雪”的那种“雪花”、“雪片”的意思，再加上把Snowflake拆开，flake既是名词的“薄片、刨花”，也有动词的“飘落、飘洒”，望之颇为生动。于是，就俗称“雪花飘飘”了，听起来就像一幅画。

Cll. Snowflake的杂交登录后代已有近百个，是很重要的异属杂交亲本。

02：*Laeliocatarthron* Village Chief Parfum（村长帕芳）

（=*Cll.* Snowflake × *C.* Mildred Rives，2004年登录）

这个品系通常植株庞大，花梗高挺，开花性佳、花数众多、花朵也大，所以开花总是很绚丽、很喧闹，而且有馥郁花香，总是大小兰展中的常胜将军。*C.* Mildred Rives是非常知名的大轮白花紫红唇，因当初美国业者商品编号而俗称“3238”，杂交后育出许多美丽的铭花，也大都是白花紫红唇。

03：*Jackfowlieara* Appleblossom ‘Golden Elf’ AM/AOS （苹果花‘小金童’）

（=*Cll.* Snowflake × *Rth.* Orange Nuggett，1992年登录）

Rth. Orange Nuggett是花形圆满、多花性的橙色种类，植株健壮、茎叶肥厚，多少弥补一些*Cll.* Snowflake叶片太狭长而且软垂的缺点。由于*Cll.* Snowflake强势白花遗传的关系，这个杂交的子代花色大致是乳白、乳黄～淡黄居多，只有少部分呈现亮黄或金黄，‘Golden Elf’AM/AOS是最有名的金黄花色个体。

Lcr. Village Chief Parfum（村长帕芳）

Jkf. Appleblossom ‘Golden Elf’ AM/AOS（苹果花‘小金童’）

***Jkf.* Appleblossom 'Golden Elf' AM/AOS**
（苹果花‘小金童’）

***Clty.* Chantilly Lace 'Twinkle' HCC/AOS**
（礼颂圣带‘眨眼’）

***Clty.* Tsiku Serenade 'Yichu'**（七股微风‘怡初’）

***Clty.* Tsiku Serenade 'Scent Breeze' BM/TOGA**
（七股微风‘秋风送香’）

04：*Caulocattleya* Chantilly Lace‘Twinkle’HCC/AOS（礼颂圣带‘眨眼’）

（= *C.* El Dorado Splash × *Cau. bicornutum*，1996年登录）

C. El Dorado Splash是个白底~浅紫底的红唇插角花，杂交*Cau. bicornutum*之后，插角变为带状斑点，以‘Twinkle’这个个体来说，那两个带状斑点就像是人在眨眼睛一样，所以个体名命名为‘眨眼’。

05：*Caulocattleya* Tsiku Serenade（七股微风）

（=*Cau. bicornutum* × *C. dolosa*，2003年登录）

以处女兰*Cau. bicornutum*杂交花色浅的种类，总是会产生清纯淡雅的子代，譬如此品是以*C. dolosa*的白变种（var. *alba*）为父本，其子代大多是桃晕轻染的色彩。在TOGA审查中，有两个个体被授予BM奖。

Gcy. **Yucatan（由咖当）**

06：*Cattleychea* Siam Jade‘Avo’（暹罗翡翠‘阿波’）

（＝*C.* Penny Kuroda × *Ctyh.*Vienna Woods，1986年登录）

Siam，暹罗，是泰国的旧名，暹罗翡翠一听就令人觉得满是泰国的味道，而她也的确是泰国育种品系。这个品系有50％*C. guttata*、25％*Psh. mariae* 的血统，*Ctyh.*Vienna Woods＝*C. guttata* × *Psh. mariae*，她那宽大而亮白的唇瓣就是来自*Psh. mariae*与*C. guttata*的结合。

07：*Guaricyclia* Yucatan（由咖当）

（＝*Gur. bowringiana* × *E.* Gail Nakagaki，1969年登录）

是个多花性的圈聚花兰属与更多花性的围柱兰属相结合的品系，*E.* Gail Nakagaki来自多花的*E. cordigera*杂交花梗会有许多分枝而且又更多花性的*E. alata*，围柱兰*E.* Gail Nakagaki除了锦上添花了“多花性”之外，也将*Gur. bowringiana*的紫红加强了。这是个相当容易栽培的老品系。

Cty. **Atrowalker（阿托罗渥克）**

08：*Catyclia* Atrowalker（阿托罗渥克）

（＝*E. cordigera* × *C. walkeriana*，1994年登录）

之所以登录为Atrowalker，是因为这个杂交品系当年是将*E. cordigera*以*Epi. atropurpureum*（*E. atropurpurea*）的异名登录，登录者将登录名以截*atropurpureum*字头接*walkeriana*字头的方式拼凑而成。花朵有胭脂水粉的甜美香味，是有名的香花品系。也有许多白～白绿花的品系，是来自*E. cordigera*与*C. walkeriana*各自白变种的相结合。

Ctyh. **Siam Jade ‘Avo’（暹罗翡翠‘阿波’）**

Ctyh. **Siam Jade ‘Avo’（暹罗翡翠‘阿波’）**花朵特写。

09：*Psychanthe* Purple Jazz ‘Susan’（紫花爵士舞‘苏珊’）

（= *Psy. atropurpurea* × *Gur. bowringiana*，2006年登录）

蝶唇兰属（*Psychilis*）是我们较陌生的兰属，但是她们的子女已经逐步踏入卡特兰世界的社交圈，渐渐让我们接触到这个中美洲加勒比海风韵的兰属。目前以和圈聚花兰属、围柱兰属的杂交后代居多。

10：*Epicattleya* Rene Marques ‘Flame Thrower’ HCC/AOS（瑞内侯爵‘天火’）

（= *Epi. pseudepidendrum* × *C.* Claesiana，1979年登录）

*Epi. pseudepidendrum*是花形相当奇特的树兰，她的花朵质地摸起来像塑料一样，被戏称为塑料花，与卡特兰类杂交后，其子代的花形、质地、花色还保留着*Epi. pseudepidendrum*的特色，唇瓣则常是黄色色彩。在AOS有多个审查个体，但是以‘Flame Thrower’最常见，虽只得到HCC奖，但是她与卡特兰的再杂交，却出现许多更优秀的子代，其中包括FCC/AOS。

***Phh.* Purple Jazz ‘Susan’（紫花爵士舞‘苏珊’）花朵特写。**

***Phh.* Purple Jazz ‘Susan’（紫花爵士舞‘苏珊’）**

***Epc.* Rene Marques ‘Flame Thrower’ HCC/AOS（瑞内侯爵‘天火’）**

***Epc.* Rene Marques ‘Flame Thrower’（瑞内侯爵‘天火’）花朵特写。**

***Epc.* Fireball（火球）**

11：*Epicattleya* Fireball（火球）

（= *C.* Lutata × *Epi. cinnabarinum*，1976年登录）

由于来自*Epi. cinnabarinum*的花序遗传，当*Epc.* Fireball的花朵盛开时，如火球一样。*C.* Lutata = *C. guttata* × *C. luteola*，*C. luteola*是相当迷你的原种，与*C. guttata*都是尖花形，所以与*Epi. cinnabarinum*的更尖花形在杂交后没有太大的冲突，*Epi.*属的茎叶型态以及与蕊柱相连的唇瓣，有很强势的遗传特性。

12：*Epicattleya* Veitchii（薇琪索芙罗树兰）

（= *Epi. radicans* × *C. coccinea*，1890年登录）

以当年育种的英国著名园艺公司Veitchii名字来命名，在卡特兰属类里这个相同的登录名就有8个，只是分属不同杂交属，相近而只差一两个字母的还有两个。以前在RHS的审查中有授奖FCC的个体，1989年在AOS里还有一个‘R.F.Orchids’授予JC奖。

13：*Catyclia* Greenbird‘Brillants’（绿鸟‘光辉’）

（= *C.* Pixie Gold × *E. cordigera*，1995年登录）

由迷你的黄花*C.* Pixie Gold（ = *C. flava* × *C. luteola*）杂交*E. cordigera*而来，而这个个体的父本*E. cordigera*是个半白变种（var. *semi-alba*），所以在花色上出

***Epc.* Veitchii（薇琪索芙罗树兰）**

***Cty.* Greenbird ‘Brillants’（绿鸟‘光辉’）**

***Cty.* Greenbird‘Brillants’（绿鸟‘光辉’）**花朵特写。

现漂亮的绿黄色，唇瓣上则常常会出现一些紫红色晕。其花香馥郁、甜美怡人。

14：*Epicatanthe* Don Herman ‘H&R’（荷门阁下‘H&R’）

（=*Ctt*. Gold Digger × *Epi*. *stamfordianum*，1996年登录）

由假鳞茎肥壮、花形尖的黄花红唇*Ctt*. Gold Digger杂交极多花性的史丹佛树兰*Epi*. *stamfordianum*而来，*Epi*. *stamfordianum*由于本身花朵带有斑点，所以子代的花朵也大多出现斑点，斑点与花色搭配得宜的话，显得相当亮眼。

15：*Catyclia* El Hatillo（哈地罗高架铁路）

（= *C*. *mossiae* × *E*. *tampensis*，1977年登录）

将植株迷你、花朵小却相当多花的*E*. *tampensis*以迷你卡特兰的形式来尝试育种，杂交了大花原种卡特兰*C*. *mossiae*，后代花色白黄微绿，唇瓣紫红并带有围柱兰的开展如翅的明显侧裂片。

16：*Catyclia* Leaf Hopper（绿蚱蜢）

（= *Cty*. El Hatillo × *E*. *tampensis*，2004年登录）

将*Cty*. El Hatillo回交*E*. *tampensis*，产生较固定、较不退色的浅绿色彩，花梗也大多显现出了*E*. *tampensis*的分枝性。

***Cty*. El Hatillo（哈地罗高架铁路）**

***Cty*. Leaf Hopper（绿蚱蜢）**

***Ett*. Don Herman‘H&R’（荷门阁下‘H&R’）**

***Ett*. Don Herman ‘H&R’（荷门阁下‘H&R’）**花朵特写。

17：*Epicattleya* Tropical Jewel（热带珠宝）

（= *C*. Tangerine Jewel × *Epi*. *stamfordianum*，1990年登录）

另一个以*Epi*. *stamfordianum*为亲本的杂交后代，*Epi*. *stamfordianum*是自假鳞茎基部抽出花梗的原种，此特性也表现在*Epc*. Tropical Jewel身上。*C*. Tangerine Jewel是迷你的橙花品系，花色则被冲淡了。

18：*Laelianthe* Tandaleyo（潭达雷优）

（= *Gur*. *bowringiana* × *L*. *undulata*，1982年登录）

父本*L*. *undulata*是自原本*Schomburgkia*属（香蕉兰属）转移入蕾莉亚兰属的原种，其花梗特长、多花，侧瓣及萼片都扭卷，所以在育种上适用于长梗多花性的“丑花”育种，其子代的特点就是开花热闹。

***Epc*. Tropical Jewel（热带珠宝）**

***Lnt*. Tandaleyo（潭达雷优）**花朵特写。

***Lnt*. Tandaleyo（潭达雷优）**

19：*Encyclia* Chien Ya Smile ‘Kai Shi’（千雅微笑 ‘开喜’）

（= *E. polybulbon* × *E. cordigera*，2010年登录）

虽然一属一种的多球小树兰*Dinema*（*Din.*）*polybulbon*在植物学、兰学上的分类地位被承认，但这个原种在目前的RHS登录中还是被归在围柱兰属（*Encyclia*）里，这个杂交是*Dinema polybulbon*子代的第一个登录种，应该是杂交新属名还没申请登录，或是还没坚决要求修正。*E.* Chien Ya Smile ‘Kai Shi’在2010年12月的TOGA扩大月例审查会中，获得全场“最佳新品种个体奖”，在她的花朵特写中，可以很清楚观察到父母本各自遗传在她蕊柱和唇瓣上的特征。

***E.* Rioclarense（里约克拉伦斯）**

20：*Encyclia* Rioclarense（里约克拉伦斯）

（= *E. cordigera* × *E. randii*，1994年登录）

围柱兰属的属内杂交种，以多花性的*E. cordigera*杂交花朵数较少，但花色深浓而且花朵也更大的*E. randii*，即是子代可以预料的“结合父母本双方花性花色”，其色彩的浓淡对比相当优美，很让人惊喜，花香也怡人，脂粉香气带些柑橘叶的味儿。

21：*Epidendrum* Star Valley ‘Violet Bertha’（星之谷 ‘紫罗兰芭莎’）

（= *Epi.* Joseph Lii × *Epi. radicans*，1993年登录）

树兰*Epidendrum*的育种其实最多的是属内杂交，百多年来已发展成一个独自的兰花项目，因为花序聚集、花色众多、五彩缤纷，有被称为“天堂鸟之花”、“天堂鸟之兰”的说法。一般所见的属内杂交品系大多是中型至大型的芦苇状茎叶植株，有些品系的*Epidendrum*在植株不大时就会陆续开花，譬如这个*Epi.* Star Valley ‘Violet Bertha’，由于其父本*Epi. radicans*较矮小，所以其

***Epy.* Chien Ya Smile ‘Kai Shi’**
（千雅微笑‘开喜’）花朵特写。

***E.* Chien Ya Smile ‘Kai Shi’**
（千雅微笑‘开喜’）

植株也较矮小，可以满足迷你花爱好者。

22：各种花色的*Epidendrum*杂交品系

*Epidendrum*的杂交品系相当繁多，她们各有各的杂交登录名，有些是形色相似，差别只在某些细节，却有非常不一样的名字。

当不知道正确的花名时必须仔细查证，即使找不出正确花名，也不可自书上或网络上随便抄写一个来使用，以免自误误人，说不定某天某些品系又被使用于杂交育种，那么，可能错误就从此展开，一路错下去了。

以下是一些“天堂鸟之兰”美丽倩影以供参考，这些图片我们就一笔带过不再写花名。

***Epi.* Star Valley 'Violet Bertha'**，（**星之谷‘紫罗兰芭莎’**）在植株不大时就会陆续开花。

①

②

①～⑧：各种花色的*Epidendrum*杂交种，各有各的杂交登录名，当不知道正确的花名时必须仔细查证，即使找不出原来的花名，也不可随便抄一个来用。

③
④
⑤
⑥
⑦
⑧

4.14 迷你型铭花

迷你（mini）卡特兰，就是指植株低矮的卡特兰，在国际上有一定的数值，以台湾国际兰展（TIOS）目前的规定来说，A组（卡特兰及其联属 / Cattleya Alliance，共12小组）的A11组（迷你型交配种）规定：植株高度在20cm以下（不包括花朵及花茎）。另外，对迷帝（midi）型（A9、A10组）的规定是20～30cm（不包括花朵及花茎）。迷帝花我们都已融入了以上单元进行介绍。

“迷你”原本只是个比较上的说法，平时并没有严格的执行标准，赋值只是为了认定方便，如果真的发生了争执，必须按照标准，那就拿尺来量，一切从严吧！

迷你卡特兰，只是一般卡特兰各花色、各花型的缩小版，介绍如下：

4.14.1 紫色～浅色～白色~蓝色系

01：*Cattleya* Aloha Case （夏威夷情事）

（＝*C.* Mini Purple × *C. walkeriana*，1994年登录）

这个品系提过很多次，其实她大概可说是迷你卡特兰这个门派的大弟子吧！习艺最久而且最出类拔萃，无论要选派什么代表都会选到她。说她“习艺最久”，当然并非指最早登录，她的地位是承袭并蜕变自*C.* Mini Purple，而其它更早或同时登录的品种早已退出舞台走入历史。

她的中文名也很难以字面意思直接翻译，按说Aloha是夏威夷问候语“阿罗哈”，欢迎、欢送或随时见面都可用，但是，Aloha在夏威夷语中原本是“爱”的意思，也是情人之间互相道别珍重词；Aloha本身相当“夏威夷”味，夏威夷人常自称他们是——Aloha State“阿罗哈州”。而Case是箱子、盒子、宝盒，另一个意思是情形、事实、事件，也有“情事”的气氛。Aloha Case，其实是浪漫又带着点惆怅的“夏威夷情事”。

本品系有许多种花色的育种，有浅色、紫红、白花、白花红唇、蓝色等，优秀个体、组培品系都相当多，还在源源不断地出现。从图片中我们也可看到遗传自*C. walkeriana*的那种没有叶子的开花茎。

C. Aloha Case 'Ruby Queen'（夏威夷情事'宝石皇后'）

C. Aloha Case 'Ching Hua'（夏威夷情事'清华'），在左边的花茎上没有叶片，此一特性来自*C. walkeriana*的遗传。

C. Aloha Case 'Chie'（夏威夷情事'千惠'）

C. Aloha Case ' White Chun Fong'（夏威夷情事'白春丰'）

02：*Cattleya* Love Knot（爱的蝴蝶结）

（＝*C. sincorana* × *C. walkeriana*，1984年登录）

早期所见到的*C.* Love Knot都是花型较尖锐，再加上唇瓣，就像是打了一个蝴蝶结，以她当爱的小礼物真是很不错的选择，所以育种者又暧昧又有趣地登录为"爱的蝴蝶结"。在此的"Love"并不是Dogashima的"Love"系列。

前些年自日本育出的'Seto'（'齐藤'），是花型相当贴合、整型的新个体，所以又重新带动了*C.* Love Knot育种旋风，许多以前以*C.* Love Knot为亲本的杂交后代也有许多以'Seto'为亲本被重新育种了。

C. Love Knot 'Seto'（爱的蝴蝶结'齐藤'）

***C.* Snow Blind（雪帘）**

***C.* Mahalo Jack（麻哈罗杰克）**

03：*Cattleya* Snow Blind（雪帘）

（＝*C.* Angelwalker × *C. walkeriana*，1986年登录）

以雪的白色意念作登录名，是因为一开始的育种是白色系的，后来出现了许多浅紫～紫红的花，再称雪白就显得很突兀了，登录者在登录时如果要以颜色来命名，当要多多考虑是否会出现其它色彩，像这类老是在特定原种身旁转圈子的育种，就很可能出现浅色、紫红、白花、白花红唇、蓝色等诸般花色。像此图例，就是浅紫色的个体。

04：*Cattleya* Mahalo Jack（麻哈罗杰克）

（＝*C. walkeriana* × *C.* Orpetii，1991年登录）

C. Orpetii＝*C. pumila* × *C. coccinea*，是早在1901年登录的老花，植株相当矮小，与后面介绍的*C.* Laeta（蕾塔）很相似；*C. walkeriana*植株虽然大了一些，但仍是迷你原种代表之一；当*C.* Orpetii与*C. walkeriana*杂交后，后代具有相当低矮的植株，但是花朵却普遍大了一号，而且因为*C. walkeriana*带来的唇瓣开展而显得精神多了。花色则几乎都是浅紫～紫红。

05：*Cattlianthe* Tiny Treasure（小小珍宝）

（＝*Ctt.* Porcia × *C. lucasiana*，1983年登录）

*Ctt.*Porcia是*Gur. bowringiana*的子代，*Ctt.*Tiny Treasure因为有这25％的*Gur. bowringiana*血统而常出现双叶植株，也因而多花。这个品系在中小型的礼品花组合上，可以作为不错的搭配。她在花朵初开时花色较浅，随后紫色才逐渐加深。

***Ctt.* Tiny Treasure（小小珍宝）**

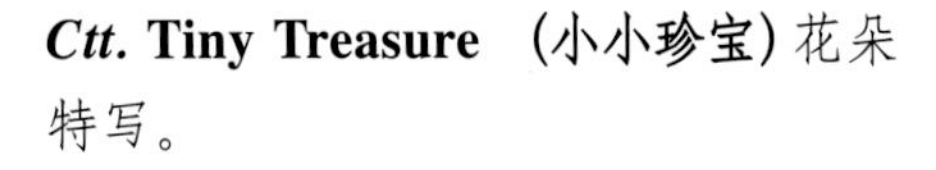

***Ctt.* Tiny Treasure（小小珍宝）**花朵特写。

***Ctt.* Tiny Treasure（小小珍宝）**初开时花色较浅，随后紫色才逐渐加深。

***C.* Tsiku Taiwan（七股台湾）**浅色花个体。

***C.* Tsiku Taiwan'Yichu'（七股台湾'怡初'）**，白色的个体，来自*C.dolosa*的白变种（var. *alba*）与*C.walkeriana*的白变种杂交育种。

***C.* Tsiku Taiwan（七股台湾）**的紫红花个体。

06：*Cattleya* Tsiku Taiwan（七股台湾）

（＝*C. dolosa* × *C. walkeriana*，2000年登录）

*C. dolosa*以前被怀疑是*C. walkeriana*与*C. loddigesii*的天然杂交种，也有研究证明并不是，不管如何，她的花的确与*C. walkeriana*很相似，唇瓣的侧裂片却比*C. walkeriana*更大片而且开展，所以便有此二原种做同质性杂交，以便育出中间亲本的想法，结果产生并不亚于*C.* Aloha Case的系列铭花，并且同时育出浅色、紫红、白花、白花红唇、蓝色等各个花色的个体。

这个品系常被误写为*C. walkeriana*或是*C.* Blue Pearl……，这些色彩浓厚的品系必须谨慎跟好花牌或是仔细查证，以免弄错。

C. **Exotic Smile（异国风情微笑）**

07：*Cattleya* Exotic Smile（异国风情微笑）

（＝*C.* Love Knot × *C. loddigesii*，1993年登录）

"爱的蝴蝶结"因为与*C. loddigesii*共结连理而产生了"异国风情微笑"。*C.* Love Knot 'Seto'与*C.* Exotic Smile由于几乎是同时引入国内，许多人常将她们搞混。观察唇瓣最容易辨认，*C.* Exotic Smile的唇瓣侧裂片半卷、合抱蕊柱，并且唇口边缘有一圈紫红，像是异国风情的美女在微笑。*C.* Love Knot 'Seto'是张口哈哈大笑。

08：*Cattleya* Crown Jewel（王冠宝石）

（＝*C.* Bright Angel × *C. sincorana*，2000年登录）

C. Bright Angel（＝*C.* Precious Stones × *C. coccinea*，1986登录），含有62.5％*C. coccinea*、12.5％*C. cinnabarina*、25％*C. aclandiae*的血统，是迷你的绒质浓朱红花，已衍生出一个系列的迷你杂交花。杂交了紫色系的*C. sincorana*之后，其子代呈现浅紫朱红～紫朱红～紫红的各式花色。

***C.* Bright Angel（＝*C.* Precious Stones × *C. coccinea*），*C.* Crown Jewel** 的亲本。

***C.* Crown Jewel 'Annan'**
（王冠宝石'安娜'）

***C.* Crown Jewel 'Tsiku'**
（王冠宝石'七股'）

***C.* Crown Jewel 'Cecilia'**
（王冠宝石'塞西莉雅'）

09：*Cattleya* Beautiful Sunset （锦绣夕阳）

（＝*C.* Orpetii × *C. sincorana*，1990年登录）

另一个*C. sincorana*的F_1杂交子代，*C. sincorana*植株矮小、茎叶肥厚圆短，是培育迷你卡特兰的常用原种亲本之一，如果必须要说其缺点，就是紫红色的遗传太强势，有时子代花色显得太单调。此“锦绣夕阳”也的确出现如夕阳般璀璨的彤红，但大部分都是如图中的桃红～紫红花色。

10：*Cattleya* Pink Favourite（粉红至爱）

（＝*C. milleri* × *C.walkeriana*，1980年登录）

以迷你的岩生原种橙红蕾莉亚*C. milleri*，杂交迷你花优良亲本*C.walkeriana*，后代遗传*C. milleri*的长花梗特性将花朵托高，花序便显得交错有致、疏落优美。这个品系的“中间亲本”用途其实比其本身的观赏价值更高，只要选对对象，以她为亲本再育出的子代大多有不错的表现。

11：*Laeliocattleya* Fiesta Days ‘Sold Flight’（祭典时光 ‘广告传单’ ）

（＝*Lc.* Chiapas × *L. anceps*，2002年登录）

Lc. Chiapas是*L. anceps*的F_1杂交子代，*Lc.* Fiesta Days有75％的*L. anceps*血统，因此她充满了浓厚的*L. anceps*味，遗传自*L. anceps*的美丽唇瓣将此花带动得更加活泼，清秀却不失高雅，花朵也有属于*L. anceps*的浓浓馨香。

***C.* Beautiful Sunset**（锦绣夕阳）

C. Pink Favourite（粉红至爱）

***Lc.* Fiesta Days ‘Sold Flight’**（祭典时光‘广告传单’）

12：*Rhynocholaeliocattleya* Tsiku Magnolia（七股木兰花）

（ = *Rlc*. Cynthiai × *C. walkeriana*，2000年登录）

Rlc. Cynthiai = *Rl. digbyana* × *C. walkeriana*，所以这又是个*C. walkeriana*的F_1杂交子代回交*C. walkeriana*的品系，*C. walkeriana*的血统有75％。一般以紫花个体为多，也常见浅紫色花个体，白色个体则来自一般浅紫花色的*Rlc*. Cynthiai与*C. walkeriana*的白花杂交，而后选出白色子代。

***Rlc.* Tsiku Magnolia 'White Sangu'**（七股木兰花'白色三股'）

***Rlc.* Tsiku Magnolia**（七股木兰花）紫花个体。

***Rlc.* Tsiku Magnolia**（七股木兰花）浅紫色个体。

***Rlc.* Tsiku Magnolia 'Mariceci' BM/TOGA**（七股木兰花'玛利塞西'），另一个浅色个体。

13：*Laeliocattleya* Rubescent Atreus ‘Pinkie’（红晕阿特柔丝‘娉琪’）

（＝*C*. Atreus × *L. rubescens*，1970年登录）

C. Atreus＝*C. lawrencean* × *C.coccinea*，原种间的杂交组合。*L. rubescens*由于花朵质地较薄、花期较短，而且同花梗上花朵不同期开放，所以优秀的子代通常不多，但是，一旦脱颖而出，则一鸣惊人，*Lc*. Rubescent Atreus优良多花性的热闹气氛弥补了花期短的先天性不足。

14：*Cattleya* Love Castle（爱的城堡）

（＝*C*. Psyche × *C*. Jose Dias Castro，1991年登录）

这是个Dogashima育种的Love系列迷你卡特兰品系，花朵呈现绒质的质地，大多花色是紫朱红～浓朱红，配上矮小肥短的植株，相当吸引人。

***Lc*. Rubescent Atreus ‘Pinkie’**（红晕阿特柔丝‘娉琪’）

***Lc*. Rubescent Atreus ‘Pinkie’**（红晕阿特柔丝‘娉琪’）花朵特写。

***C*. Love Castle ‘Kurena’**（爱的城堡‘库雷娜’）

15：*Rhynocholaeliocattleya* Creation（杰作）

（ = *Rlc*. Chatoyant × *C*. Orglade' s Glow，1992年登录）

这个品系有数个组培个体在市面上，花色虽不尽相同，却有相同特性：夏天一梗多花，花朵略小略尖，秋冬春季温度较低时一梗花朵数较少，花朵略大略圆。在第七章育种中，将另有以此花举例的育种述说。

16：*Cattleya* Crownfox Sweetheart 'Paradise'（冠狐甜心 '失乐园'）

（ = *C*. *walkeriana* × *C*. Memoria Robert Strait，2005年登录）

C. Memoria Robert Strait在前面的蓝色花中已提及，她通常是白底五剑，配上宽展浓色的唇瓣，有紫蓝色花、紫红色花个体，她有许多优异子代，如前面提及的'小五剑'（*Rlc*. Memoria Anna Balmores 'Convex' SM/TOGA）；而"五剑花"中提及的*C*. Memoria Robert Strait 'Islander Delights' AM/AOS则是白底紫红色五剑花个体。

同样地，此品的"五剑"也会因为光照强弱、温度高低、植株状况而有或淡或浓的差异。

***Rlc*. Creation 'Summer Choice'**（杰作'夏日选择'）

***Rlc*. Creation 'Yi Mei Honey'**（杰作'义美甜蜜'）

***C*. Crownfox Sweetheart 'Paradise'**（冠狐甜心 '失乐园'）

17：*Cattleya* Blue Pearl（蓝色珍珠）

（＝*C. walkeriana* × *C.* Aloha Case，2004年登录）

登录名为“蓝色珍珠”，但是蓝色的个体却较少见到，最多见浅紫～紫色；以我们所接触到的，因为是刻意的白色系育种，白花和白花红唇都比蓝色花常见。以*C. walkeriana*回交再回交再回交，所以有*C. walkeriana* 87.5％的血统，至于其它原种血统则只有12.5％的*C. pumila*。

C. Blue Pearl（蓝色珍珠）白花个体。**C. Blue Pearl**登录名为“蓝色珍珠”，但是蓝色的个体却较少见到。

C. Blue Pearl 'Chunfong' AM/AOS，SM/TOGA（蓝色珍珠‘春丰’）白花红唇（虽然只有“一点红”）个体。

18：*Cattleya* Mini Purple（迷你紫）

（＝*C. pumila* × *C. walkeriana*，1965年登录）

由*C. walkeriana*得*C.* Mini Purple，回交后得*C.* Aloha Case，再回交后得*C.* Blue Pearl，可谓*C. walkeriana*四部曲，一脉相承，薪火永传；还有人乐此不疲，又将*C.* Blue Pearl回交*C. walkeriana*，使继续相传下去。

C. Mini Purple 'Blue Sky'（迷你紫‘蓝色天空’）

C. Mini Purple 'Blue Sky'（迷你紫‘蓝色天空’）花朵特写以及即将绽放的花苞。

C. Mini Purple 'Dogashima'（迷你紫'堂之岛'）一般紫花个体。

在过去，*C*. Mini Purple是代表性的迷你卡特兰，目前则是她的子代*C*. Aloha Case和孙代*C*. Blue Pearl的天下，而尚在市场流通的*C*. Mini Purple则以蓝色花居多，如'Blue Sky'（'蓝色天空'）、'Blue Pacific'（'蓝色太平洋'）等。

19：*Cattleya* Cariad' s Mini-Quinee （卡利阿德的迷你瑰妮）

（ = *C*. Mini Purple × *C.intermedia*，1992年登录）

这个品系目前市面上所见的以蓝色个体居多，因为用蓝色的*C*. Mini Purple杂交*C.intermedia*的蓝色变种（var. *coerulea*）、或蓝色三唇瓣变种（var. *coerulea aquinii*），所以产生许多白花蓝唇和蓝花楔形花个体，蓝花楔形花以'Angel Kiss' BM/JOGA（'天使之吻'）最常见。

C. Cariad's Mini-Quinee（卡利阿德的迷你瑰妮）白花蓝唇个体。

C. Cariad's Mini-Quinee 'Angel Kiss' BM/JOGA（卡利阿德的迷你瑰妮'天使之吻'）蓝花楔形花个体。

4.14.2 黄色~橙色系

20：*Rhyncattleanthe* Love Sound（爱的峡湾）

（＝*C. briegeri* × *Rth.* Bouton D' Or，1987年登录）

如果说*Rth.* Love Sound曾经是中小型黄花卡特兰的王者，应当是没人反对的，有大约十年之久，提起迷你~迷帝黄花卡特兰，言必称*Rth.* Love Sound。她也是Dogashima的"Love"系列。优秀的个体非常多，都具有遗传自*C. briegeri*的长花梗，因而常被继续用于多花品系育种。

***Rth.* Love Sound（爱的峡湾）**

21：*Rhynocholaeliocattleya* Haw Yuan Moon 'Oriole'（华园月亮'小黄莺'）

（＝*C. briegeri* × *Rlc.* Waikiki Gold，1997年登录）

继*Rth.* Love Sound之后撑起中小型黄花卡特兰半边天的是'小黄莺'，她同样是以中小型岩生种黄花卡特兰*C. briegeri*为母本，杂交了夏威夷品系的中小型黄花红唇卡特兰*Rlc.* Waikiki Gold（威基基黄金）。'小黄莺'花朵质地是接近绒质的绵质感，花色金黄带红心，红极一时。

22：Rhynocholaeliocattleya Husky Boy 'Remeo'（雪橇男孩'罗密欧'）

（＝*Rlc.* Evergreen × *C.* Orglade's Glow，1996年登录）

她也是Dogashima所育种，'罗密欧'花色金黄中带一抹红唇，开花性极佳，在中小型的礼品花组合上，也是个优良的品种，可以作为多种花色的搭配。在1999年的日本东京巨蛋兰展（JGP'99）中得到BM授奖。

***Rlc.* Haw Yuan Moon 'Oriole'**
（华园月亮'小黄莺'）

***Rlc.* Husky Boy 'Remeo' BM/JGP'99**
（雪橇男孩'罗密欧'）

***Rlc.* Memorial Gold 'Peter Pan'**
（我爱黄金'小飞侠'）

23：*Rhynocholaeliocattleya* Memorial Gold（我爱黄金）

（=*Rlc.* Memoria Helen Brown × *C.* Beaufort，1993年登录）

Memorial是用来追思、纪念、缅怀某人某物某事某地，Gold有什么好Memorial的呢？当然爱不释手啦！是育种者莞尔地开个小玩笑。

以超级绿花'拿破仑'（*Rlc.* Memoria Helen Brown 'Napoleon'），杂交以前迷你花超级亲本的*C.* Beaufort，产生的子代大都是黄花红唇。

24：*Rhyncattleanthe* Love- Love（爱啊，爱）

（=*Rlc.* Love Passion × *Rth.* Love Sound，1995年登录）

因为父母亲本都是自己所育种的"Love"系列，Dogashima也莞尔地开个小玩笑登录为"Love - Love"——"爱啊，爱"。*Rlc.* Love Passion在前面橙花单元中已经提过，因为杂交了*Rth.* Love Sound，所以其子代以黄花红唇为主。

25：*Cattleya* Lucky Chance（幸运良机）

（=*C.* Tokyo Magic × *C.* Beaufort，1995年登录）

另一个Dogashima育种品系，由当时常用的*C.* Tokyo Magic杂交当时常用的*C.* Beaufort。由此可以看出在中小型卡特兰的育种史上，*C.* Beaufort的确是一个连接大型花与迷你花的重要桥梁。

***Rth.* Love- Love 'Rich'**
（爱啊，爱'富有'）

***C.* Lucky Chance 'Melody'（幸运良机'旋律'）**

26：*Cattleya* Ken Dream（预料中的梦）

（＝*C*. Persepolis × *C*. Beaufort，1992年登录）

C. Persepolis在20世纪70年代末期至90年代是非常知名的大轮白花红唇卡特兰，俗称“巴士警察”，在考虑以她向中小型花育种的方向时，虽然有诸多选择，但还是有人会杂交当时常用的*C*. Beaufort。大多数子代都是可以预料中的乳白～浅黄花紫红唇，这个‘Dogashima’HCC/AOS是其代表花。

***C*. Ken Dream ‘Dogashima’ HCC／AOS（预料中的梦‘堂之岛’）**

27：*Rhyncattleanthe* Izumi Charm（泉的魅力）

（＝*Rth*. Love Sound × *C*. Melody Fair，2003年登录）

以*Rth*. Love Sound杂交另一个有名的大轮白花红唇*C*. Melody Fair，子代花色大多浅黄底、紫红唇，高雅怡人。这是日本人所做的登录，Izumi是日本语中，汉字“泉”的发音，大多用于女子名，并不是指泉水的意思。

***Rth*. Izumi Charm ‘Tsiku’（泉的魅力‘七股’）**

28：*Rhynocholaeliocattleya* Love Call（爱的呼唤）

（＝*Rlc*. Waikiki Sunset × *C*. Beaufort，1990年登录）

这又是一个*C*. Beaufort的杂交子代，有许多铭花个体，曾与*Rth*. Love Sound并称“黄颜双姝”。

29：*Rhyncattleanthe* Dal’s Jet（戴尔的喷射机）

（＝*Rth*. Free Spirit × *C*. Tangerine Jewel，2000年登录）

自由女神*Rth*. Free Spirit，黄花黄唇加一抹胭脂红，曾占据中小型卡特兰市场多年，如今则是被其子孙所取代。*C*. Tangerine Jewel是橙色～朱红花，所以此品系大多是橙黄～橙红花，黄花则是刻意的筛选。

***Rlc*. Love Call（爱的呼唤）**

***Rth*. Dal’s Jet（戴尔的喷射机）**

30：*Cattleya* Jungle Elf（丛林小精灵）

（＝*C. esalqueana* × *C. aclandiae*，1986年登录）

在前面曾提到过这个迷你品系，如今是她的后代撑起其迷你斑点的世家，即使“长江后浪推前浪”，一代新花换旧花，还是该记得她的倩影。

31：*Rhyncattleanthe* Toshie's Harvest（托希的收获）

（＝*Rlc.* Toshie' s Aoki × *Ctt.* Orglade' s Early Harvest，1996年登录）

以大轮黄花五剑红唇老铭花*Rlc.* Toshie' s Aoki（最有名的是‘Pizazz’AM/AOS及‘Robin’HCC/AOS），杂交早年美国Jones & Scully公司Orglade' s品系中的迷你花*Ctt.* Orglade' s Early Harvest，得到这个迷你黄花红唇五剑花品系。

32：*Rhyncattleanthe* Alpha Plus Love（阿尔法之爱）

（＝*Rth.* Alpha Plus Jewel × *Rth.* Toshie' s Harvest，2004年登录）

以*Rth.* Toshie' s Harvest作为育种亲本的杂交品系，在橙色花单元与育种篇中都有介绍。‘AP＃21’是底色金黄的个体。

***C.* Jungle Elf**
（丛林小精灵）

***Rth.* Alpha Plus Love ‘AP # 21’**
（阿尔法之爱‘AP21号’）

***Rth.* Toshie's Harvest ‘Sparkling Star’ SM/TOGA**
（托希的收获‘星光闪耀’）

33：*Cattleya* Dancing Daffodil（舞动的喇叭水仙花）

（＝*C*. Precious Stones × *C*. Little Hazel，1994年登录）

C. Precious Stones是橙色系中经常被使用的育种亲本，*C*. Little Hazel虽然登录为“小榛”（Hazel是“榛”，或“淡褐色的”），但其实以浓朱色个体闻名，植株矮肥。

本品系花朵质地与花色皆美，花苞光亮圆润有趣，从花蕾吐出即让人一路惊喜。

C. Dancing Daffodil ‘Sangu’
（舞动的喇叭水仙花‘三股’）

34：*Cattleya* Tiny Titan（小巨人）

（＝*C*. Precious Stones × *C*. Beaufort，1988年登录）

同样以*C*. Precious Stones为母本，与迷你超级亲本的*C*. Beaufort做杂交。花朵形色与*C*. Dancing Daffodil颇相似，但唇瓣较宽，植株形态则不同，茎稍瘦，叶片略薄。

35：*Cattleya* Seagulls Mini-Cat Heaven（海鸥迷你猫天堂）

（＝*C*. Beaufort × *C*. Tangerine Jewel，1986年登录）

Seagulls其实是育种登录者的名字（Seagulls L.O.），后面的Mini-Cat Heaven则是一时心血来潮拼凑出来的，同时登录的还有*Ctt*. Seagulls Mini-Cat Jewel（＝*Ctt*. Hazel Body × *C*. Tangerine Jewel）。花朵上多有较深橙红色的网脉线条。

C. Tiny Titan ‘Yichu’（小巨人‘怡初’）

C. Seagulls Mini-Cat Heaven
（海鸥迷你猫天堂）

36：*Cattleya* Dream Catcher（捕梦人）

（ = *C*. Bright Angel× *C*. Beaufort，1999年登录）

以*C*. Bright Angel为母本，还是超级亲本*C*. Beaufort为父本，这是夏威夷H & R的育种。实生兄弟株的花朵有橙黄～橙红～橙紫的变化，花朵上也大多会出现较深橙红色的网脉线条。

***C*. Dream Catcher（捕梦人）**实生兄弟株花朵变化。

37：*Rhynocholaeliocattleya* Samantha Duncan（莎蔓沙邓肯）

（＝*C*. Little Precious × *Rlc*. Hawaiian Prominence，2006年登录）

这是一个在夏威夷育种的品系，因为市场行销必须登录，却不知育种者是谁，就以“夏威夷杂交品种”（Hawaii Hybrids）的身份去登录。在唇瓣口缘上通常有胭脂般的朱红框边。常见的个体是‘Orange Tart’。

***Rlc*. Samantha Duncan（莎蔓沙邓肯）**

***Rlc*. Samantha Duncan ‘Orange Tart’（莎蔓沙邓肯‘酸橘子’）**

***Rlc*. Samantha Duncan ‘Orange Tart’（莎蔓沙邓肯‘酸橘子’）**唇瓣口缘有胭脂朱红框边。

38：*Cattleya* Laeta（蕾塔）

（＝*C. dayana* × *C. coccinea*，1894年登录）

早在19世纪末即已登录的杂交种，早期由于没有太多的杂交种，大多是处于原种杂交原种的初期育种阶段。图片中所见则是近年所作，以表现更佳的*C. dayana* 与*C. coccinea*重新杂交。

39：*Cattleya* Chief Gem（奇飞珍宝）

（＝*C.* Bright Angel *C. coccinea*，2011年登录）

最新的迷你卡特兰育种品系之一，以*C.* Bright Angel杂交其同质性品系的源头：*C. coccinea*，因选用的*C. coccinea*亲本杰出，所以虽然是个简单的育种，却产生了出乎预料的佳绩。

***C.* Laeta（蕾塔）**

***C.* Chief Gem（奇飞珍宝）**

40：*Cattlianthe* Chyong Guu Fairy （琼谷小仙女）

（＝*C*. Chyong Guu Venus × *Ctt*. Maricana，2002年登录）

C. Chyong Guu Venus＝*C*. Koolau Seagulls × *C*. Precious Jewel，而*Ctt*. Maricana是多花性的橙黄蜡质细瘦花，这个品系中以‘Orchid Fairy’花色最浓，也最常见。

41：*Cattlianthe* Chien Ya Planet （千雅行星）

（＝*Ctt*. Trick or Treat × *C*. Red Jewel，2010年登录）

以“金针花”（*Ctt*. Trick or Treat）杂交浓朱红的*C*. Red Jewel（＝*C*. Tangerine Jewel × *C*. Bright Angel，2000年登录）。其子代大多是橙色～橙红花，刚面世不久，即获得TOGA审查AQ奖（杰出育种品质奖），其中‘GDA＃8’获得SM奖（*Ctt*. Chien Ya Planet ‘GDA＃8’ SM/TOGA）。

42：*Rhyncattleanthe* Chunfong Red Pearl （春丰红珍珠）

（＝*Rth*. Burana Angel × *Rth*. Shinfong Little Sun，2011年登录）

是最新的迷你卡特兰品系之一，是以橙色花品种‘新营’（*Rth*. Burana Angel‘Hsinying’ BM/TOGA）与‘扬铭金童’（*Rth*. Shinfong Little Sun ‘Young-Min Golden Boy’）为亲本的杂交子代。因为其子代植株尚属初开花阶段，所以着花数都还不多，以其父母本双方的多花性来说，开出浓朱红的锦簇花团指日可待。

***Ctt.* Chien Ya Planet‘GDA＃9’**
（千雅行星‘GDA9号’）

***Ctt.* Chien Ya Planet ‘GDA＃8’ SM/TOGA**（千雅行星‘GDA8号’）

***Rth.* Chunfong Red Pearl**
（春丰红珍珠）

***Ctt.* Chyong Guu Fairy ‘Orchid Fairy’**
（琼谷小仙女‘兰花小仙女’）

4.14.3 楔形花

43：*Cattleya* Janet（Lawrence）（珍尼特）

（＝*C. intermedia* × *C. pumila*，1897年登录）

***C.* Janet（珍尼特）**

因为属名大变革之后，这个由*Lc*. Janet变成的*C*. Janet，与另一个于1945年登录的*C*. Janet变成同名，所以此*C*. Janet在后面加上（Lawrence）注明，一般交易上并不会刻意注明。

由于植株与花朵俱佳，她的后代也已经衍生成一个脉络的迷你楔形花品系。当然其后代也有许多不是楔形花的个体。

44：*Cattleya* Hsinying Excell （新营卓越）

（＝*C*. Excellescombel × *C. briegeri*，2000年登录）

因为遗传自*C. briegeri*，她有较长而挺直的花梗。*C*. Excellescombel＝*C*. Excellency × *C*. Sedlescombe，其父母本都是楔形花品系，*C*.Sedlescombe虽然名声不大，但她是超级楔形花亲本*C*. Moscombea的插角血统由来。

***C.* Hsinying Excell（新营卓越）**

45：*Cattleya* New Year' s Gift（新年礼物）

（＝*C*. Beaufort × *C*. Batemanniana，1988年登录）

由以前的迷你花超级亲本*C*. Beaufort杂交迷你的插角花*C*. Batemanniana而来。*C*. Batemanniana＝*C*. *intermedia* × *C*. *coccinea*，1886年即已登录，以前也常被使用于迷你插角花育种，植株一般较为细瘦，所以“新年礼物”的植株也并不肥硕。

***C*. New Year's Gift（新年礼物）**

***Ctt*. Orglade's Early Harvest 'Magic' HCC/AOS（早熟‘魔术师’）**

46：*Cattlianthe* Orglade' s Early Harvest ‘Magic’ HCC/AOS（早熟‘魔术师’）

（＝*C*. *briegeri* × *Ctt*. Hazel Body，1981年登录）

因为她的花朵色彩多变，所以被称为‘魔术师’。许多花色多变的*Ctt*. Orglade' s Early Harvest子代，就是特意以‘Magic’这个个体来育种的。

Ctna. Peggy San 'Cynosure' AM/AOS（佩姬珊 '众所瞩目'）

47：*Cattleytonia* Peggy San 'Cynosure' AM/AOS（佩姬珊 '众所瞩目'）

（＝*C.* Peggy Huffman × *Bro. sanguinea*，1983年登录）

除了*Gct.* Why Not，这是20世纪90年代知名度最高的迷你异属杂交卡特兰了。原本属名是*Lctna.*（蕾莉亚卡特布鲁通氏兰），却常被误写成*Ctna.*（卡特布鲁通氏兰），现在属名变革，倒是真的成为*Ctna.*了。花梗高挺着数朵小巧可爱的花朵，模样像个花中的小仙子，非常吸引人。如今则已被其后代所取代，譬如后面的"千雅海洋"。

48：*Cattlianthe* Barefoot Mailman（赤脚邮差）

（＝*C. briegeri* × *Ctt.* Madge Fordyce，1985年登录）

与*Ctt.* Orglade's Early Harvest同列为两大花色最多变的黄底迷你卡特兰，二者都完全无*C. intermedia*的血统，其插角血缘据说都是因为*C. briegeri*的变异而来，此种变异却又似乎不是花瓣唇瓣化，而颇似更剧烈的火焰化（flame），但其事实如何则必须有进一步的研究，目前我们将之暂列为楔形花。

Ctt. Barefoot Mailman 'H&R'（赤脚邮差'H&R'）

Ctt. Barefoot Mailman 'H&R'（赤脚邮差 'H&R'）

Ctt. Barefoot Mailman 'Rainbow'（赤脚邮差 '彩虹'）

49：*Guaricattonia* Anzac Jewel ‘Kitty’（安杰克珠宝‘凯特’）

（ =*C*. Tangerine Jewel × *Gct*. Why Not，1996年登录）

这是由*Gct*. Why Not杂交而来的子代，植株与花朵保留了相当多*Gct*. Why Not的特色。最常见的个体是‘Kitty’。

以Anzac Jewel作为登录名的另有*Ctt*. Anzac Jewel（ =*C*. Anzac × *Ctt*. Jewel Box，2004年登录，直接将母本Anzac接父本的Jewel字头），二者名字非常相似，请注意不要搞混了。

50：*Guaricattonia* Chien Ya Ocean ‘Tian Mu’（千雅海洋‘天母’）

（ =*Ctna*. Peggy San × *Ctt*. Orglade’s Early Harvest，2006年登录）

以迷你卡特兰中知名度都非常高的二个品系做杂交，在实生子代中筛选出‘天母’（‘Tian Mu’）这个个体，在她身上，父母本各自拥有的花梗、花型、花色特点互相嵌合弥补，成为相当受欢迎的组合，这是个很有大众市场潜质的迷你花，只要再稍饰搭配组合，便是很好的迷你礼盆花。

***Gct*. Anzac Jewel ‘Kitty’**（安杰克珠宝‘凯特’）

***Gct*. Anzac Jewel ‘Kitty’**（安杰克珠宝‘凯特’）花朵特写。

***Gct*. Chien Ya Ocean ‘Tian Mu’**（千雅海洋‘天母’）

***Gct*. Chien Ya Ocean ‘Tian Mu’**（千雅海洋‘天母’）花朵特写。

C. Hawaiian Splash 'Lea'（夏威夷泼彩 '绿草地'）

51：*Cattleya* Cherry Bee 'Ie Sing'（樱桃蜜蜂'即兴演唱'）

（＝*C.* Cherry Chip × *C.* Beaufort，1994年登录）

这是个*C.* Cherry Chip系统的迷你插角花，杂交的另一个亲本还是*C.* Beaufort，当您仔细去留意，会发现20世纪80、90年代有大量*C.* Beaufort的杂交育种，有与大型花杂交的，也有中小型花的杂交。

52：*Cattleya* Hawaiian Splash 'Lea'（夏威夷泼彩 '绿草地'）

（＝*C.* Psyche × *C.* Mishima Star，2000年登录）

夏威夷育种品系，因为不像楔形花，倒似火焰迸射或是水彩泼洒，所以名为Splash（泼溅，黑白的叫泼墨，有色彩的叫泼彩）。以'Lea'这个个体最吸引人，花朵小巧浑圆，花色亮眼可人，非常可爱。

53：*Cattleya* Nora's Melody（诺拉的旋律）

（＝*C.* Love Knot × *C.* Little Dipper，1998年登录）

夏威夷的H & R所育种，育种虽然已有十多年，但常见的组培株却是近年所做。带有*C.* Love Knot的*C.walkeriana*（37.5％）与*C. sincorana*（25％）形貌色彩，并将*C.intermedia*（12.5％）的那两块"鱼尾"楔形遗传过来。

C. Nora's Melody（诺拉的旋律）

C. Cherry Bee 'Ie Sing'（樱桃蜜蜂'即兴演唱'）

4.14.4 其它异属杂交迷你品系卡特兰

54：*Guaricattonia* Why Not ‘Roundabout’ AM/AOS（为何不‘旋转木马’）

（＝*Gur. aurantiaca* × *Bro. sanguinea*，1979年登录）

以前，*Bro. sanguinea*和*Gur. aurantiaca*（当时是*C. aurantiaca*）被以为是差异很大的种类，所以当育种者将这个杂交构想提出时，曾经被人当作笑话笑了好久，后来杂交子代育出开花后，就被登录为“Why Not”（为何不，有何不可？），既自得其乐，同时也娱人，颇令人莞尔一笑。在*Gct.* Why Not众多优异个体之中，以‘Roundabout’（‘旋转木马’）最为知名，曾独占迷你卡特兰鳌头约十年之久。

55：*Brolaelianthe* Village Chief Star（村长之星）

（＝*Gct.* Why Not × *Lnt.* Bowri- Albida，2006年登录）

众多*Gct.* Why Not的杂交后代代表种之一，父母本都是长花梗的多花性种类。

***Blt.* Village Chief Star（村长之星）**

***Gct.* Why Not ‘Roundabout’ AM/AOS（为何不‘旋转木马’）**

***Blt.* Village Chief Star（村长之星）**花朵特写。

56：*Cattleytonia* Jet Set（上流社会）

（=*Ctna*. Maui Maid × *Bro. sanguinea*，1988年登录）

这是开个小玩笑，戏谑式的一语双关登录名，原本Jet Set是指“喷射机阶层”，就是说：坐着喷射机到处去聚会、旅游的上流社会阶级。

这个品系的花梗长而高高挺立，花色又亮白，颇有傲然高立、孤芳自赏的意味。这是以*Bro. sanguinea*的白色变种本身持续育种产生的白花，*Ctna*. Maui Maid是*C*. Hawaiian Variable × *Bro. sanguinea*（白花变种）而来，然后又回交*Bro. sanguinea*的白花变种。*Ctna*. Maui Maid的白花其实与*Ctna*. Jet Set的白花非常相似，不常接触的人大概难以辨认。

***Tttna*. Dark Prince ‘Robsan’ JC/AOS（黑暗王子‘罗伯森’）**

57：*Tetratonia* Dark Prince ‘Robsan’ JC/AOS（黑暗王子‘罗伯森’）

（=*Bro. sanguinea* × *Ttma. canaliculata*，1965年登录）

将走茎很长的四腔兰*Ttma. canaliculata*（请翻阅第三章的原种介绍）杂交植株以“聚集合拢”（compact）见长的*Bro. sanguinea*，果然取到了收拢植株的功效，其开花表现更令人惊喜，仿佛无意中杂交出了天作之合。所以在1985年3月AOS审查授奖中，个体‘Robsan’被授予JC奖，而且在AOS中一共有8个个体得到十几个审查奖。

初次接触到*Tttna*. Dark Prince 的人，会以为她的属名是否写错了，因为*Tttna*.有三个“t” 连在一起。

***Tttna*. Dark Prince ‘Robsan’（黑暗王子‘罗伯森’）**花朵特写。

***Ctna*. Jet Set（上流社会）**

58：*Leptovola* Rumrill Snow（伦立尔的雪）

（=*Lpt. bicolor* × *B. nodosa*，1979年登录）

以同是棒状茎叶的两个不同属原种杂交，迷你的*Lpt. bicolor*（双色细叶兰）缩小了子代的植株，但是其唇瓣上的紫红色却没有多大的表现。通常，以如此的杂交子代再去杂交迷你的白花（或浅色花）红唇，大多会有不错的成绩；但是这个*Lptv.* Rumrill Snow的育种却没人一直做下去，目前尚未有子代的登录。

59：*Prosavola* Alex Hawkes（阿利克斯之鹰）

（=*B. nodosa* × *Psh. mariae*，1964年登录）

这是另一个夜夫人（*B. nodosa*）的迷你异属杂交花，夜夫人杂交树兰玛利亚（*Psh. mariae*），产生了这个让人又爱又恨的后代，爱她是因为其假鳞茎圆肥短小、唇瓣宽白、绿喉，恨她是因为其叶片狭长、不易栽培健壮、花朵五星弯软。倒是结合了父母双方各自的花香于一身，这是个花香怡人的品系。

60：*Prosavola*（*Psv.* Alex Hawkes × *B. nodosa*）

将*Psv.* Alex Hawkes回交*B. nodosa*，其子代大多具有开展、充满元气的花型，唇瓣则宽圆、周边不扭皱，植株也更为健壮。

***Lptv.* Rumrill Snow（伦立尔的雪）的花朵。**

***Lptv.* Rumrill Snow（伦立尔的雪）的盛开植株。**

***Psv.* Alex Hawkes（阿利克斯之鹰）**

***Prosavola*（*Psv.* Alex Hawkes × *B. nodosa*）**

4.15 掌上型卡特兰

掌上型卡特兰，Hand-hold Cattleya，这是一个新颖的名词。在十几年前本书作者之一黄祯宏先生提出的，是比所谓“迷你”更迷你的小。掌上型，就是轻巧得可以放在手掌上一手托住的。中文中还有一个词可与之相呼应：把玩。掌上型卡特兰就是可以单手单掌“把玩”的超迷你卡特兰。

在许多卡特兰类自然属中各有一些原种，其植株是迷你中的迷你，其中有许多原种或许可以成为掌上型卡特兰育种的亲本材料，包括：

（1）原本的卡特兰属：*C. luteola*、*C. walkeriana*、*C. nobilior*中的矮小原种。

（2）自原本的蕾莉亚兰属（*Laelia*）移入卡特兰属原种：

A. *alaorii*、*dayana*、*jongheana*、*praestans*、*pumila*、*sincorana*、*lundii*。

B. 岩生种中的矮小原种：有*milleri*、*bradei*、*esalqueana*、*ghillanyi*、*liliputana*、*longipes*、*lucasiana*、*reginae*等。

（3）原本的索芙罗兰属（*Sophronitis*）改归入卡特兰属原种：全部都是，有*acuensis*、*brevipedunculata*、*cernua*、*coccinea*、*mantiqueirae*、*pygmaea*、*wittigiana*。

（4）喙蕾莉亚兰属：*Rl. glauca*。

（5）布劳顿氏兰属：以*Bro. sanguinea*为主。

（6）围柱兰属：如*E. tampensis*。

（7）佛焰苞兰属：如*Psh. boothiana*、*Psh. vitellina*。

（8）细叶兰属：以*Let. bicolor*为主。

（9）多球小树兰：一属一种，*Din. polybulbon*。

（10）攀援兰属：如*Mrclm.trinasutum*。

其中，自原本的索芙罗兰属（*Sophronitis*）改归入卡特兰属的*C. cernua*，植株与花朵都相当优美，开花性佳，一花梗着花多朵，栽培容易，生长快速，而且遗传性质佳，育种上容易掌控，是“掌上型卡特兰”育种最佳主体亲本材料。用*C. cernua*育种，当母本或是父本皆可；但是因为*C. cernua*的柱头孔洞相当微小，别的花粉块有时难以塞入，而且视力不好的人恐怕不易进行授粉工作，因此*C. cernua*常常作为提供花粉块的父本。*C. cernua*的花粉块以初开2~3天、颜色刚刚变成黑紫色为佳，以牙签小心将花粉柄去除，否则将影响授粉的成功。

本单元其实尚未有多少已经流行的铭花，许多还是在持续育种阶段。但在此又不得不提，在不远的将来铭花世界里肯定有她的一席之地。由于此方面我们曾经做过不少育种研究，除了几个知名的铭花外，我们就以曾经做过的杂交育种来进行解说。

01：*Cattleya cernua*（垂花卡特兰，俗名“新娘仔”）

其植株圆短干净、肉质肥厚、袖珍矮小，很适合放在手掌上把玩，花朵却又美得相当吸引人，最适于作为掌上型卡特兰育种的核心亲本。慎选*C. cernua*个体和迷你卡特兰杂交对象，从她们杂交后的F_1子代实生群中筛选，即可获得许多超迷你个体，这就是初阶段的掌上型卡特兰育种。

02：*Cattleya* Cheerio（改天见）

（＝*C. crispata* × *C. cernua*，1976年登录）

登录名取得非常有趣，相当耐人寻味，为何是“改天见”？这是因为其植株本来就小，花初开时更是小，所以改些天再来看她长大些了没有。育种者当然是早就预见这种结果，所以以此自娱娱人一番。

以*C. cernua*的矮小，配上岩生种卡特兰*C. crispata*中的矮小、植株肥厚个体，其子代植株圆短、肥厚、干净，茎叶都显得很利落清爽，令人爱不释手。花色都是桃红～紫红花。有4个个体获得AOS授奖，1个HCC奖，3个AM奖。

03：*Cattleya* Pre-School（学龄前）

（＝*C.* Precious Stones × *C. cernua*，1981年登录）

这些以*C. cernua*为亲本育种的特别小型的卡特兰，常常在登录名中就强调了她们的小，“改天见”是弦外之音，“学龄前”则干脆说她是多么的“幼小”。

以迷你花中常作亲本的朱红底斑点花*C.* Precious Stones为母本，她是*C.* Psyche（赛姬，＝*C. cinnabarina* × *C. coccinea*）× *C. aclandiae*，所以*C.* Precious Stone有50％*C. aclandiae*、各25％*C. cinnabarina* 和*C. coccinea*的血统。因此*C.* Pre-School的花色大多是浅橙红～橙红，常有不定斑点，花型通常较尖、较不整型。有3个个体获得AOS授奖，都是HCC奖。

***C. cernua*（*S. cernua*），垂花卡特兰**，植株相当袖珍矮小，种在盆中只见到花朵钻出来，却正是作为掌上型卡特兰育种的最佳亲本。

***C. cernua*，垂花卡特兰**，植株就是这么矮小，栽种在小盆中通常还要将植株与植材浮突出盆外，防止一不注意时浇水淹死了。

***C.* Pre-School（学龄前）**浅橙红、整型个体，这个品系花型通常较尖。

***C.* Cheerio（改天见）**

04：*Cattleya* Tsiku Christin（七股克莉丝汀）

（＝*C.* Pink Favourite × *C. cernua*，2003年登录）

以迷你花单元中介绍过的“粉红至爱”*C.* Pink Favourite当母本，尝试取其植株单纯干净、茎叶肥厚矮短、花梗挺直、花色浓4项优良特点，结果也不负众望。

有2个个体获得TOGA的BM奖：‘Jen Red’（79分）、‘Milly’；多个获得TOGA的优秀奖以及国际兰展奖项。

***C.* Tsiku Christin ‘Jen Red’ BM/TOGA**（七股克莉丝汀‘珍红’）

***C.* Tsiku Christin ‘Tzeng-Wen 20’**（七股克莉丝汀‘曾文20’）

***C.* Tsiku Christin ‘Milly’ BM/TOGA**（七股克莉丝汀‘蜜莉’）

***C.* Tsiku Christin ‘Pink Puff’**（七股克莉丝汀‘粉红帕妮’）

***C.* Tsiku Christin ‘Sangu’**（七股克莉丝汀‘三股’）

05：*Cattleya*（*C.* Tsiku Christin × *C. cernua*）'Tien'

以*C.* Tsiku Christin回交*C. cernua*，植株更加矮小短肥，并从中筛选浓色个体。此'Tien'是在台湾国际兰展中获奖的个体。

06：*Cattleya* Tsiku Cherub（巧比小天使）

（＝*C.* Precious Jewel × *C. cernua*，2003年登录）

以浓色朱红的*C.* Precious Jewel作为杂交母本，其实生株花色都为橙红～朱红，其中'Emma'在TOGA审查中获得SM奖，数个个体得过TOGA的优秀奖。

***C.*(*C.* Tsiku Christin × *C.* cernua) 'Tien'**

***C.* Tsiku Cherub 'Chung Jen'**（巧比小天使'仲任'）

***C.* Tsiku Cherub 'Emma' SM/TOGA**（巧比小天使'艾玛'）

C. Tsiku Serval（七股小山猫）

07：*Cattleya* Tsiku Serval（七股小山猫）

（＝*C.* Jungle Elf × *C. cernua*，2003年登录）

以迷你花单元中介绍过的“丛林小精灵”*C.* Jungle Elf 作为母本，其实生子代花色为橙黄～浅橙红底、上布不定的大小紫橙色斑点，唇瓣侧裂片宽展，很有*C. aclandiae*的味道，但是颜色亮黄，比花朵其它部分显得更出色。

08：*Cattleya* Tsiku Chiquito（西班牙小东西）

（＝*C.* Jewel Star × *C. cernua*，2003年登录）

选用花色浓紫的*C.* Jewel Star作为母本，*C.* Jewel Star＝*C.* Starry Sky × *C.* Orpetii；而*C.* Starry Sky＝*C. crispata* × *C. pumila*，*C.* Orpetii＝*C. pumila* × *C. coccinea*，其血统除了*C. coccinea*之外，都是紫花色系的原种，因此子代花色都是桃红～紫红、少部分浓紫。Chiquito是西班牙语，指小小的东西。

C. Tsiku Chiquito（西班牙小东西）

09：*Cattleya*（*C.* Jungle Gem × *C. cernua*）

以前面斑点花单元中介绍过的*C.* Jungle Gem为母本，*C.* Jungle Gem是由*C.* Precious Stones × *C.* Jungle Elf 而来，含有的原种血统分别是：50％*C. aclandiae*、25％*C. esalqueana*、各12.5％的*C. cinnabarina* 和*C. coccinea*。所以这个杂交实生群大多是较浓色的橙红～朱红花色，会出现不定斑点。

***C.*（*C.* Jungle Gem × *C. cernua*）**

10：*Brassocattleya*（*Bc*. Hoku Gem × *C*. *cernua*）

以花色及原种血统组成更复杂、花梗较长的*Bc*. Hoku Gem为母本，期待子代能有更多变、更复杂的花色，以及较长的花梗。*Bc*. Hoku Gem = *C*. Tangerine Jewel × *Bc*. Richard Mueller，*Bc*. Richard Mueller = *B*. *nodosa* × *C*. *milleri*，在星形花单元有介绍。

11：*Rhyncholaeliocattleya*（*Rlc*. Tsiku Gloriosa × *C*. *cernua*）

Rlc. Tsiku Gloriosa在第七章育种中有举例解说，此处所使用母本个体是其中的‘Tien’BM/APOC8。按说本实生群将出现如*Rlc*. Tsiku Gloriosa一样更丰富、更复杂的变化，但可惜的是本图拍摄完后，此批植株因天灾而通通损毁。于此留下本个体图片供兰友们做参考。

12：*Cattleya*（*C*. Tsiku Christin × *C*. Tiny Titan）

将*C. cernua*的F_1代掌上型卡特兰再杂交其它花朵较大的迷你卡特兰，再从实生子代群中挑选出植株既有掌上型的矮小短肥，花朵又有一般迷你卡特兰那么大的花径。这是掌上型卡特兰育种的第二阶段。

掌上型卡特兰的育种正方兴未艾，她们一定会成为庞大卡特兰世界中的一个抢手新族群。中国的文化博大浩瀚，其包含宽广没有框限，几千年来多少来自遥远国度的事物都已经历过华夏风土人情的洗礼，蜕变而新生为中国的文化物产。掌上型卡特兰只是个举例，她们正被瞩目，但还没有具体化，也还没有正式集结成群，有兴趣的兰友们可由她们开始，一起来育出各式各样的中国品系掌上型卡特兰吧。

***Bc*.（*Bc*. Hoku Gem × *C*. *cernua*）**

Rlc. (*Rlc.* Tsiku Gloriosa × *C. cernua*)

C.(*C.* Tsiku Christin × *C.* Tiny Titan) 'Orange Cat'

C.(*C.* Tsiku Christin × *C.* Tiny Titan) 'Guo Senzong'

5

第伍章

卡特兰的栽培与繁殖

卡特兰虽然原产于中南美洲，但其生性强健，只要把握好两个最重要的栽培环境条件：日照与温度，再注意相对湿度、栽培植材、植株处理、浇水与排水、施肥、病虫害等问题，将卡特兰栽培好就不是难题！本章将从栽培场所、盆具和器皿、植材、栽培方法、环境调控等方面详细介绍卡特兰的栽培管理方法。

C. White Spark 'Fire Cat'

5.1 栽培场所

卡特兰的种植一般按其放置的场地，划分为室外栽培法和室内栽培法两类。一般而言，室外栽培法多在与卡特兰原产地气候相仿的地区实行，否则在冬季就会被冻死或在夏季的炎日下被热死，或虽然死不了，但由于达不到生长所需气候要求而生长不良；室内栽培法是指在人造温室环境下的栽植方法。由于卡特兰大多原产热带和亚热带地区，所以目前在我国除了华南和西南一些地区可实行室外栽培外，其它大部分地区须以室内栽培为主。

不管是室外栽培还是室内栽培，依据卡特兰的栽培场所性质可区分为个人趣味性栽培和专业生产者栽培两种情形。

5.1.1 个人趣味性栽培

个人趣味性栽培最主要的特色是因地制宜、充分利用空间，例如自己居家的窗台、阳台、屋顶、壁边、墙角、庭院，居住在郊区的可能还有块自己的小空地用以搭建简易兰房。首先，必须要注重采光和遮光，以及天冷时的遮风挡霜；其次是花床的架高、浇水的来源及排水的去处、自己进出栽培场所的方便性等；特别要注意的是不能影响家人、旁人的生活空间，并且不会对房舍产生结构上或安全上的影响。

挡北风的空地上搭建的露天简易兰室。

在温暖的华南地区，喜爱卡特兰的兰友于自家屋后搭建起简易设施即可栽培许多卡特兰。（福建厦门 王木雄）

屋旁空地搭建简易温室，需要设置黑网遮光，此黑网在冬天阳光弱时需掀开。卡特兰的置放也应尽量彼此保留间距，以免杂乱，造成病虫害的滋生及传染。（福建厦门 廖天平）

壁边墙脚下的空间充分利用来吊挂卡特兰等气生性兰花。

屋顶栽培的卡特兰等兰花，遮光黑网于冬天阳光弱时掀开。

屋顶搭建简易兰室，上方有遮雨遮霜的透明膜。（福建厦门 桂必萍）

上方的遮雨透明膜上覆遮阳网，此遮阳网在冬天时掀开。

屋顶搭建兰花温室，通常不是兰花生产业者，而是爱兰成痴的趣味者兰友。（福建厦门 任锦沛）

阳光充足处空间被充分地利用。许多卡特兰常被吊挂起来，但要特别注意浇水及病害传染。

屋顶搭建的简易露天黑网兰室。通常卡特兰的栽培应尽量避免上下层置放，以免造成病害自上而下直接传染，在空间允许的情况下，最好只置放单层（下图情形亦同）。（福建厦门 任锦沛）

空地上搭建简易兰花房，冬天时北面的胶膜可放下阻挡冷风。（福建厦门 白艺婉）

空地上搭建简易兰花房，此栋屋顶为三角倾斜型。（福建厦门 陈清江、陈俊杰父子）

花床下方铺以碎石，吸收水分并防止溅水 。

5.1.2 专业生产者栽培

露天黑网卡特兰兰园。（福建厦门 菩提花卉）

专业生产的兰园有多种结构形式，在热带、亚热带地区最常见的是以遮阳网和骨架构成的露天兰室，其结构简单，以木材或金属管搭成架后，在其上拉上遮阳网便成。兰棚应选址风势不强的地方，以防强风对遮阳网的破坏。有的露天兰室里面会有镀锌管骨架覆盖塑料膜，形成圆拱形隧道式或三角形斜顶棚架，有的则是由PC或PE采光板建成，其主要目的是遮蔽雨水；还有造价更高昂的密封式温室，由于多使用自动控制系统，一般通称为自动温室，大致分为大斜度屋顶（俗称日本式）及小斜度连续屋顶的改良型（俗称改良型的荷兰式）。

花床上直立的塑料管是自动洒水的喷管。

改良型的荷兰式自动温室最为普遍，一般采用镀锌的轻钢骨架组合，设计与施工简单，其屋顶是小斜坡的连栋式结构互相支撑，因而抗风能力强；结合各种现代高科技更可达到自动化温湿度、日照度控制的功能，夏天散热降温、冬天加热保温。以降温系统的“水帘”来说，于温室一边墙面加装水墙帘幕，利用储设于地下的冷水自动循环系统，配合另一边墙面的大电扇自温室内向温室外抽风出去，既达到强制降温的目的，又增加温室内的空气湿度。温室虽有保温作用，但天气过冷时，温室内仍需人工加温来保证卡特兰安全越冬，最有效的方法是在温室内安置暖气管道，如无暖气管道，大型温室可设置一台机械加温机，小型温室和家居温室可以用一台医用暖风机来保证温度的稳定。

露天黑网卡特兰兰园。此种简易的卡特兰园，只能应用于温暖地区，在我国华中以北地区则必须搭建温室才得以栽培生产。（台湾云林 天母兰业）

上方的遮光黑网拉得平直有利于采光均匀，黑网也不会被风吹动、拉扯而磨损。

大型的露天黑网卡特兰栽培场通常会有一部分的遮雨区，用来应对各种必须遮雨的情况：炼苗、新出瓶苗、刚换盆植株、开花植株、待售植株，以及一些必须遮雨才能生长得好的种类。

刚换盆的植株，以及在一般光照下适应的强化瓶苗（中左位置）。

小苗苗株区在强日照的情况下会稍微增加遮阴。

印度尼西亚P.T. KEAK ORCHID的露天黑网卡特兰栽培场，黑网走道。

印度尼西亚P.T. KEAK ORCHID的露天黑网卡特兰栽培场，水泥走道。

露天黑网的树兰（*Epidendrum*）栽培场。（台湾台中 永欣兰园）

加速生长的树兰中苗栽种于圆拱型遮雨棚中。

露天黑网卡特兰栽培场中的长条圆拱遮雨棚。（台湾台南 开喜兰园）

大型标准温室卡特兰栽培场。其中央为平坦的水泥走道，以方便大量搬运。（云南昆明 真善美兰业）

卡特兰工厂，花床上黄色纸片为黏虫纸。一般的趣味性栽培者也可利用这种黏虫纸来防治虫害，减少杀虫剂喷洒的频率。

一边的墙面为水帘幕墙，于天气炎热时达到降温的效果，并能增加栽培场所中的空气湿度。（北京 中国林业科学研究院）

另一边的墙面为抽风大电扇。花床下方为花床平行移动的装置，由于专业温室造价高昂，通常以此来减少花床之间的走道数，以达到增加温室内栽培空间的目的。

不管何种栽培方式，兰盆都不可直接放置在地面上，这是由于地面通风不畅，不利于兰根的生长，所以必须使用花床进行架高来栽培，这样不仅避免杂草的滋扰，还可以避免浸水，同时可以避免病虫害的侵扰，这里所说的病虫害除了直接由地面上而来的啃啮动物（蜗牛、蛞蝓、老鼠）外，还有浇水时由地面反溅的水分会夹带脏泥、杂菌，当飞溅到叶背上时会产生病害。花床高约30～60cm，通常以木架、金属架、塑料架、水泥架，或砖块、石块、空心砖、塑料砖等支撑，床面常见的有铁丝网、塑料网并合而成，或是木条、木板钉成。花床的外缘通常凸起或具有挡片，以防止兰盆自外缘掉落出去。

以上各种栽培方式，都需要有遮阳网，遮阳网基本上都是黑色，但为了一些特定场合或个人喜好，也有银灰色等颜色。遮阳网有各种不同遮光率的差别，必须视采光、遮光不同需求来选用，其材质有较便宜却易受风吹日晒雨淋而损坏的四股针织网、以及价格较昂贵但较坚韧强固的百吉网，可依需求选用。架设遮阳网还需考虑方便掀起或取下，以保证在连续的阴天或阳光较弱的冬天种植场内的光照要求。

5.2 盆具和器皿

一般卡特兰均用盆栽的方法栽植观赏。盆栽卡特兰可自由搬动，销售、参展、装饰时比较方便，冬季又可从室外搬入室内或温室过冬，从而不受环境和地域的约束和限制。用作栽培卡特兰的盆具和器皿按制造材料的不同，有如下几类：

5.2.1 兰盆

兰盆就是栽培兰花的盆器，有多种材质：

*上釉彩的瓷器、陶器盆：较易摔破、毁损，价格也较高昂，通常为个人喜好或特殊场合所使用。

*素烧盆：也称瓦盆、红盆、红陶盆，就是没有上釉彩的红色陶盆，质地有厚薄之分，其透气排水性好，相当适合气生性的卡特兰生长，但是必须时常浇水，以保持较高湿度，一般以水苔栽植时生长较佳。另有两项大缺点：一是很容易破碎，二是盆器表面容易脏污以及生长青苔，必须经常清理。

卡特兰栽培用的盆器之一——素烧盆。(美国夏威夷 Orchid Center)

*蛇木盆：也称树蕨盆，以巨大的树蕨茎干挖空制成的兰盆，由于用于制作蛇木盆的原料是茎干多须根的黑桫椤和大桫椤，其数量日益稀少，在国际上受到保护，近年已经少见。

*木框盆：以木条钉制而成的兰盆，在万代兰（*Vanda*）类栽培中较常见，在卡特兰中，多为栽培环境温湿度高的特定爱好者少量使用。

*塑料盆、塑胶盆：因材质轻、美观和不易打碎越来越受到栽培者的青睐，以前多为黑色或红色盆，但近年来因应喜好与颜色搭配需求，白、绿、蓝、乳黄、咖啡色等各种颜色盆也都大量出现，以一般卡特兰栽培需要及植株生长来说并没有差异。塑料盆还有能否再加上铁丝提耳之分，有些在盆缘对角上各有一个夹耳，此两个夹耳可以固定住带有弯钩的硬铁丝，此硬铁丝可方便兰盆的提取、吊挂、植株的绑缚固定，称之为“提耳”，提耳就如同我们平时购买的铁丝一样，分有不同粗细的型号，不同型号的提耳和夹耳无法套用，否则不是松脱，就是提耳挤断夹耳，分开购买时必须注意。有些园艺器材店则会将附有夹耳的塑料盆套上铁丝提耳一起出售。

*软盆：也称营养钵，软盆在栽植各阶段苗株时所使用，一般是兰园或大量栽培时使用，但是越来越多兰友喜好自己栽培瓶苗或小苗，软盆因为方便和便宜，趣味性兰友也越来越多使用。软盆有黑色不透光与白色透明的，各有喜好者，大小型号以盆口直径（俗称“口径”）来分为0.7寸盆、1.5寸盆、3寸盆、3.5寸盆等。

各式塑料盆。

木框盆。

提耳与夹耳。

各式盆框。

*椰子壳兰盆：椰子壳虽然外观不甚雅致，但由于成本较低，壳内的纤维层疏松透气，卡特兰气生根易于插入，加上有良好的保水保肥能力，对卡特兰的生长和开花均极为有利。

*穴盘：一般是兰园或大量栽培场栽培卡特兰小苗时使用，同一穴盘中可以栽培同一种类，方便管理、搬运。

5.2.2 盆框

盆框是集中放置中、小兰盆的盘框，以免倒伏并可以集中管理，多以塑料制成，分为平底框、穴框，穴框有15孔框（用于置放1.5寸～3寸盆）、12孔框（用于置放3寸～3.5寸盆）、以及大孔框（用于置放其它尺寸大盆）。善用盆框除了方便栽培管理，也可适当地调配花床上空间的利用。

另外，花夹、铝丝等也是卡特兰栽培过程中的常用材料。

5.3 常用植材

栽培卡特兰所使用的介质材料称为植材，如前面所提及，卡特兰是气生性的兰科植物，气生性的根部虽喜好湿润但不能“浸”在水里，所以植材必须兼具保湿及排水、透气性良好的功能。由于卡特兰的栽培方法可分为盆植和板植，以下按照栽培方式的不同来介绍植材。

5.3.1 盆植的植材

*蛇木屑：以前栽培卡特兰以蛇木屑为植材居多，其透水和透气良好，不易腐烂，但保水力差、水分易于挥发是其不足之处。实际应用上常与木炭、树皮或碎砖等混合使用，单独用树蕨根作植材多适用于热带和亚热带高温多湿地区。近年来因为量少且蛇木等树蕨类受到保护，兰花栽培者都积极地以其它植材来代替，除了天然植材，也寻求人工制造的栽培介质（如以下介绍中的数项）。蛇木屑依然可以购得，只是会越来越价高，而且用蛇木屑栽培时必须注意手指手掌不要被刺伤。蛇木屑依粗细分为1~4号，1号最粗；4号最细、接近屑粉状，通常混合培养土、泥炭土、泥土、其它混合植材用于草花、地生兰栽培；2号常用于卡特兰成株的露天栽培；3号多作为混合材料用于卡特兰的中小苗栽培。

*椰丝：即椰子壳纤维，分为细粒~粗块及纤维丝等多级，在卡特兰栽培上多与其它植材混合，以免太过潮湿，以泰国使用最多。

*树皮：以松树、红树、杉树、栎树等的树皮加以分割筛选而成，以皮厚疏松者为佳，但使用前要将树皮

蛇木屑栽植的迷你卡特兰。（*C*. Love Castle ‘Kurena’）

红杉树皮栽植的迷你卡特兰。（美国夏威夷 S & W Orchids, Inc.）

脱脂，以免日后树脂在细菌的作用下发酵而危及兰根，脱脂的方法是使用之前经2 ~ 3天的清水浸泡。按照树皮大小分为特粗、粗块、中粒、细粒、屑粉等数级，细粒 ~ 粗块可用于卡特兰栽培，单用或混合其它植材使用，树皮具有良好的保肥、保湿、吸水性，适合气根的附生生长，但容易滋生杂菌和蚂蚁是其不足。

*兰石：又称轻石、水沸石，具多孔性，保湿及排水透气性皆佳，又富含矿物质，原为重要的国兰栽培介质，与其它植材混合后被大量用于卡特兰的栽培。

*珍珠岩：为硅石经高温高压烧结而成，依粒径也分为细粒 ~ 粗块数级，纯白色，保湿及排水透气性皆佳，又富含钙、镁等矿物质，一般都与其它植材混合，尤其是出瓶苗的聚合盆。

*陶粒：一种经高温烧结的褐色多孔圆粒状体，具有透水和透气良好的特点，但固着力差，易被水冲走是其缺点。可混以碎砖、树蕨根、树皮等应用，也可以单独使用，但要在盆面铺上水苔固着，以防浇水时被冲散，造成兰根裸露或植株倒伏。

*木炭：以木材经人工炭化而成的栽培介质，也分为细粒 ~ 粗块数级，木炭有良好的吸附作用，可将杂菌吸附杀灭，并有良好的透气性和透水性。在实际应用上，木炭常与碎砖和树皮相混作卡特兰的植料，或单用放于盆底层作透气疏水的基质。

*稻壳炼石：由稻壳与岩石经高温高压烧结而成，也分为细粒 ~ 粗块数级，大多与其它植材混合使用。

*泡沫塑料：一种废物利用的植料，可随处找到。应用时将其切成粗粒状，然后填入盆底层作透气增强物。它有质轻、透气的优点，但本身不吸水，易被水冲散而不宜用作专用植料，仅用来作填塞盆底层，起疏水透气的作用。

*海绵：有良好的保水性，吸水后经久不散，效果就有如一块潮湿的岩石，极适合卡特兰的气根插入和吸附生长。但缺点是不含任何营养，需要定期施肥来补充。

*人造纤维：由台湾园艺界所研发，将化学纤维的废弃物重新打成小棉球状，大多与其它植材混合使用。

*碎石：一般采用筑路或混凝土用的三分碎石，以破碎、裂片状、有棱角者为佳，洗净后与其它植材混合使用。除了可提供矿物质外，也增加兰盆重量，以免兰盆倒伏。

*碎砖：一种随手可得的卡特兰植料。是将烧结成红色的砖块经人工敲碎而成，具有经久不腐、透水和透气性良好的特点。但肥力低，易滋生杂菌和成为昆虫的居所是其不足。在实际应用上多作盆底的透水层植料，或配以其它植料如水炭、树蕨根和树皮等混合使用。

*水苔：又称水草，是一类植株体较长的苔藓类植物，主要产于新西兰、智利、中国，广西、云南等地为我国主产区；以新西兰所产品质最佳，植株体长、叶片大而

厚、颜色也最白，但是价格相当高昂。使用前须以清水浸泡软化，以脱酸、除去杂质，然后脱水或以双手拧干，以免过湿。栽植时水苔植材必须塞紧、不可蓬松，如同拧干的湿毛巾般以毛细现象吸收及调节水分，否则一团潮湿将使卡特兰根部形同浸泡在水里，根部将很快就会腐烂。如果栽植、浇水、管理方式都得当，水苔是卡特兰生长最快速的栽培植材，以水苔栽植的浇水管理将在后面介绍。有些水苔会夹杂一些杂物，如树叶、小树枝、杂草茎、杂苔等，使用时应将其去除，有时还会有松、杉树的针叶，在使用操作时常会刺伤手部，必须小心。水苔销售时都以包装出售，有大、中、小之分，可依需购买，然后每次用多少浸泡多少，如果有多浸泡的，风干、阴干后以塑料袋收起下次重新浸泡即可。购买时还需注意水苔的品质等级以及出产地，因为在价格上有很大的不同，也要注意是否经过刻意漂白伪装成上等品。栽植后的水苔使用年限约在1～2年之间，然后由于杂质淤积、质地分解，会产生水苔的水分停滞现象，又带动水苔的腐败，此时就得更换水苔了。

水苔栽植的迷帝卡特兰（*Rlc.* Creation）成株。栽植前必须先以清水泡软30分钟至一两个小时，脱水后使用。

5.3.2 板植的植材

由于卡特兰是气生兰，除了以兰盆做盆植外，也有许多人喜爱将她们以附生着生方式来栽培，让她们恢复原本的生长面貌，通常是栽植在板面上吊挂起来，所以称为“板植”。板植的条件是空气中相对湿度要高，或者环境中的蒸发不太强烈迅速，而且能常洒水。对于板植新手来说，植株在经板植方式栽植后可先平放生长一段时间，待植株长新根发新芽生长稳固后再吊挂起来。板植的方式和材料有以下几种：

*蛇木板：以巨大树蕨树干裁成的大、中、小型板片，此项材料由于逐渐减少生产，在此不再多做介绍。

*橡木皮：制造软木瓶塞的片状树皮，一般只能供栽培中小型卡特兰着生，有厚、薄、大、小之分，厚而大片者可栽植植株略大的中小型卡特兰，薄而小的只能供迷你的、袖珍的、掌上型卡特兰之用。栽植时会在植株根部与橡木皮板面（通常选在陷凹处）填充水苔，以增加水分附着。目前一般园艺材料店销售橡木皮的仍不多，有兴趣者可前往水族店询问，许多水族或水生植物爱好者以橡木皮钻洞来栽植水草（水藻等水生植物，不是水苔）。

*木段：除了购买，也可自己锯取废弃的树干、枝干、小木段，一般以树皮粗糙、裂刻深的木段为宜，卡特兰根部容易钻生附着，但也有人喜好光滑洁净树皮的木段，各有所好。如果是要吊挂起来的，就不能太沉重，而且必须妥善打洞弄好挂钩，免得掉落毁损植株，或砸伤人；如果是要平放或固着放置某处，则底部要锯平或磨平，还要考虑卡特兰植株成长后的重量不至于造成倒伏。

＊木片：废弃或多余的木片也有人用来板植卡特兰，但是必须在空气相对湿度相当高的地方才能生长得好，使用前木片须先浸泡数日除去酸质及化学物质。

＊其它材料：只要用点巧思，许多板状、片状、块状等可形成附着生长台面的东西都可用来“板植”气生的卡特兰，如以旧兰框、旧遮光黑网、水苔等扎缚组合，也可成为板植卡特兰的材料。

以蛇木板栽植的卡特兰。

橡木树皮作为迷你卡特兰板植植材。（*C. walkeriana*）

以橡木树皮板植的岩生种迷你卡特兰（左二株，*C. endsfeldzii*），植株与橡木树皮板之间添加了水苔以保持湿度。

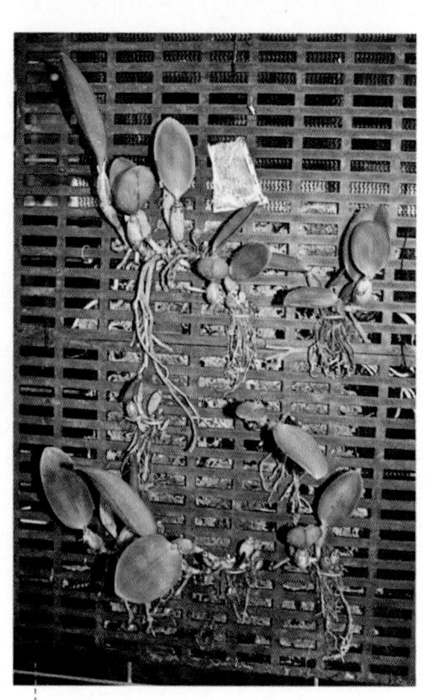

塑料框背面以遮阳网包覆水苔，就这么种起气生性的卡特兰来。（*C. walkeriana*）

5.3.3 栽植在树木上

在植物园或者自己的庭院，还可将卡特兰类栽植着生在树上，注意时时浇水洒水保持湿润，便可感受到栽植卡特兰的不同情趣，更可在花开时享受到另一番惊喜，但此方法只适合于热带和亚热带可以室外栽植卡特兰的地区。

栽植在树上。（新加坡国立兰园）

栽植在树上。（新加坡国立兰园）

栽植在棕榈树干上。

5.4 栽培方法

卡特兰是合轴类（复茎性）兰花，经过一段时间的栽培生长，通常卡特兰的植株会逐渐壮大并且长出盆外，此时需要予以分株，或是更换大盆。

5.4.1 分株

分株的情形有二，一是要保留原来的兰盆（植材还适于生长的话，不拆盆），只剪取要分出的植株体；二是整个植株都取出来，可能植材需要更换，要将整个植株都分株。分株时可以刻意保留某一大部分植株不剪断，也可以3～4芽（此处所指的“芽”，是指一茎及其上所生长叶片的一个完整植株体，不是指新芽的“芽”）为一单位剪开，除非太珍贵、价格高昂无法多剪，少于3芽的新植株将有一段时间生长缓慢，尤其不可分成单芽的，否则较难以存活。

以下，以图示方式来说明保留原来的兰盆、只剪取要分出的植株体的水苔栽培法。至于要全部换盆，或全部分株，其要领与方法是相同的，不再另述；而其它植材、混合植材乃以在盆中填满植材，使新芽露出盆面即可，也不另述。

卡特兰植株渐渐长出盆外，如果不是要换更大盆另植，就该予以分株了。

以3～4芽为一单位，一手握住将剪取的植株体，一手握剪刀自基部的匍匐茎剪断。剪刀、刀具切剪之前必须消毒，否则可能造成病毒的传染。剪断后的两边伤口最好都抹药以防止伤口感染。

将剪取植株体周围的根部剪断，可连同植材一起剪开，然后便可将分株拿取。

稍微修整根系，烂根要剪除，根部不用留太长，约5～10cm即可。也不可太短，否则无法支撑植株的稳固。

盆底先放一些泡沫块（保丽龙），也可铺放碎石块等，以利排水。

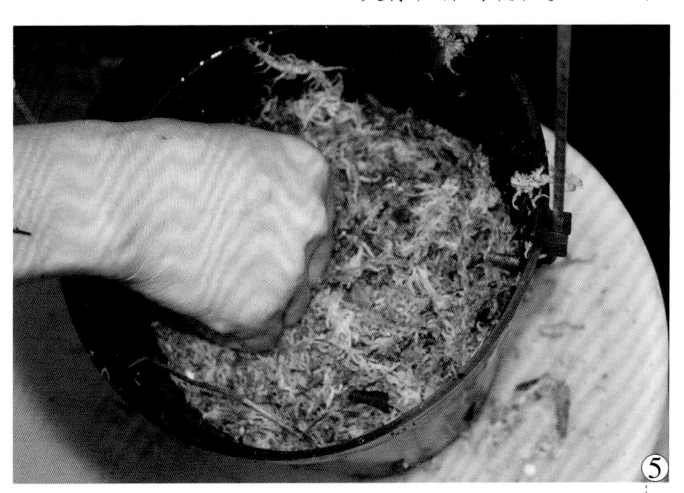

再铺一层水苔，略微压实。

根系下方先塞实一团水苔。

一起置放盆内水苔上，老茎靠后，多预留将来新芽生长空间。

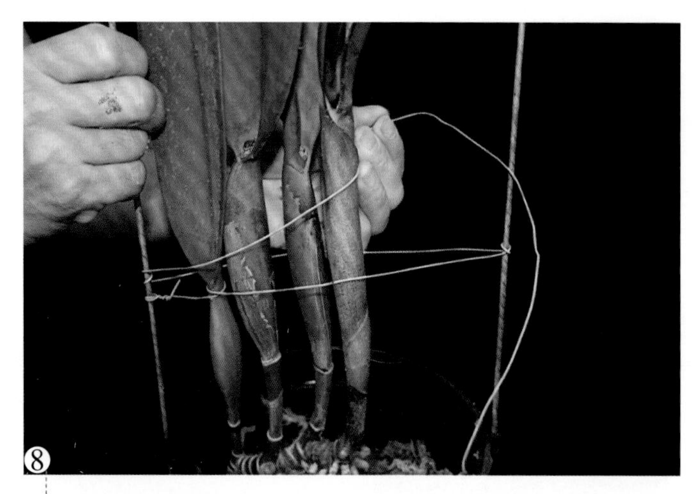
⑧

以软线固定于花盆的铁丝提耳并缠绕植株，如果花盆没有铁丝提耳，则插一枝直铁丝或长条竹签也可固定。将茎叶缠绕固定住，植株才不会倒伏，待新根生长后植株会自己固定。

⑨

用搓揉成团的水苔将植株与盆壁边的空隙塞紧，水苔塞得扎实浇水才不会过湿，植株才会生长得好。

⑩

水苔栽植完成，将表面的水苔修整平顺。植材表面勿高于盆内凹缘，如果盆内没有凹缘，则保持植材七八分满，以利浇水时暂时蓄水。

⑪

大量分株同一品种时，同时集中处理，伤口抹药或晾干伤口，放于较阴凉通风处（可1～3天）。

⑫

集中分株栽植完成的同一品种，先置于较阴凉通风处，数天内不浇水避免伤口感染，直到水苔已经逐渐干了才浇水。水苔不可全干，否则以后将不易贮水。

分株剪断的伤口抹过杀菌药。一段时间之后继续长出新芽。

5.4.2 跳盆及换盆

有时我们也会获得或购买各种阶段的卡特兰大中小苗（或成株），这些植株生长在原本的盆中太拥挤便需换大盆栽植。大量栽培者（譬如兰园）常将同一批植株同一时段由小盆换到大盆，称之为“跳盆”，特别指的是大量植株的同时换盆并且不更换植材，但可能需再添加入新植材。而一般所谓的换盆，则包含了跳盆，及更换新植材的换盆。以下我们来介绍以水苔栽培卡特兰的跳盆和换盆方法。

跳盆：1.5寸盆换3寸盆

在大型卡特兰栽培中，出瓶苗多以1.5寸软盆栽植，待植株壮大后才改植为3寸盆。

② 自1.5寸软盆将植株与水苔植材一起取出。

③ 清除表面脏污与青苔。

④ 3寸软盆内放置小块泡沫当盆底。

⑤ 抓搓略长条形小团水苔，自新芽方向卷绕水苔。

⑥ 卷绕成团。

⑦ 塞入3寸软盆内。

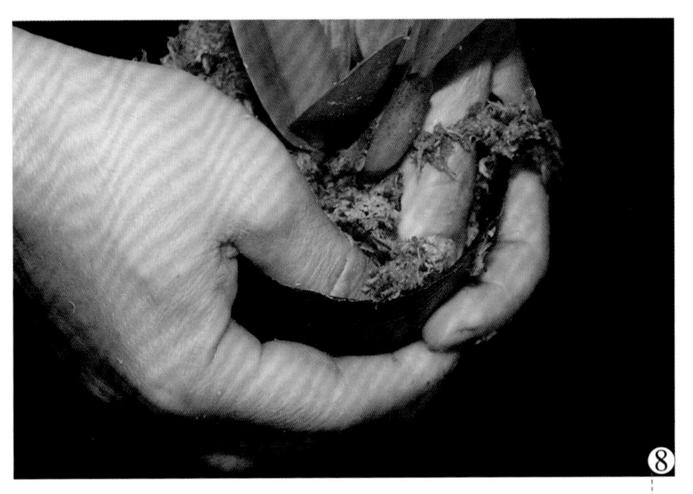
⑧
双手手指交互配合将水苔都收入软盆内。

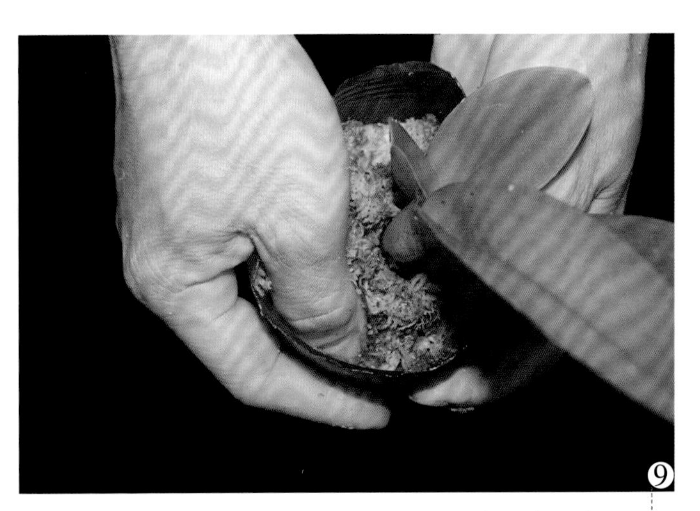
⑨
持续塞紧实。

⑩
跳盆完成。

换盆（更换新植材及修剪烂根）：3寸盆换3寸盆

①因水苔已经不佳，须去除旧水苔，改植新水苔。

②将根部及旧水苔纵面剪断一二处，以利去除旧植材。

③去除旧水苔时，一并修除烂根。

④抓搓水苔成长条形。

⑤包覆水苔，卷绕成团，注意新芽方向。

双手手指交互配合，将水苔都收入盆内，持续塞紧实。

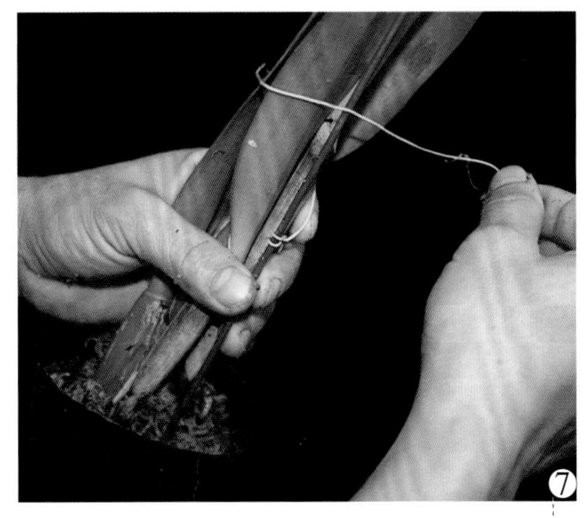

插入长铁丝条，绑上软线，缠绕固定植株。

3寸盆更换新水苔完成，注意给新芽预留生长方向。

跳盆：3寸盆换大盆（定植盆）

3寸盆植株已太大，要定植换大盆。

一手扰住植株，一手抓握盆底微微左右转动，双手一拉即可轻易拉出。小心剥除茎上已干掉的旧茎鞘以及清除植材表面上的脏污与青苔。

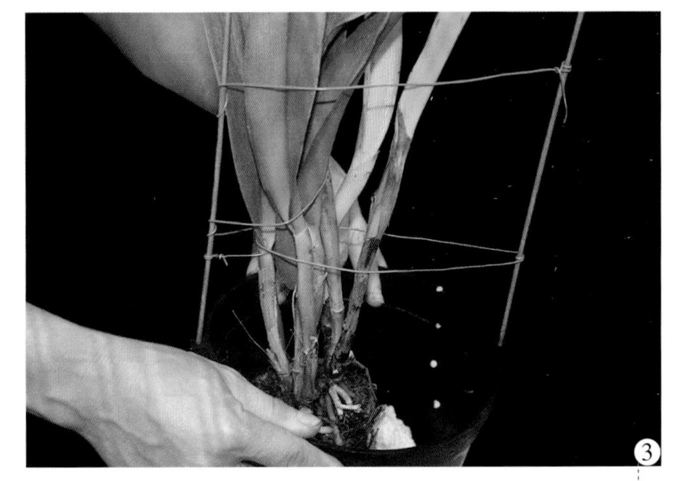

盆底先放一些泡沫，也可铺放碎石块等，以利排水；放入盆内，留意新芽方向；将植株缠绕软线，以固定植株。

④ 注意新芽方向，开始塞挤缝隙。

⑤ 补满凹处，检查并压紧水苔，将水苔补平。

⑥ 跳盆完成。

5.4.3 瓶苗出瓶与栽培

栽培卡特兰到一定程度后，有许多人开始尝试种植卡特兰瓶苗，瓶苗分为无菌播种的实生苗和组织培养苗，在后面我们会介绍。无论是实生瓶苗或组培瓶苗，其出瓶方法和栽培都一样，在国内一般业者和兰友多以水苔栽植，分为单盆栽植、聚合盆栽植、穴盘栽植，在美国、日本则有许多业者将细粒珍珠岩、细树皮屑、细蛇木屑、蛭石等混合进行聚合盆栽植，我们以图示解说以水苔为植树的单盆栽植及聚合盆栽植，并介绍美国夏威夷数家兰园的出瓶苗聚合盆栽植情形。

不管是实生苗或是组培分生苗，人工繁殖时卡特兰的幼苗就养在无菌的瓶子里。

原先瓶苗是放置于较阴暗处的，出瓶前10天至半月先将瓶苗放置于日照更强、但并非一般栽培光照下，可以是分株栽植完成的暂置处。

③

以水盆盛水来冲洗出瓶苗。

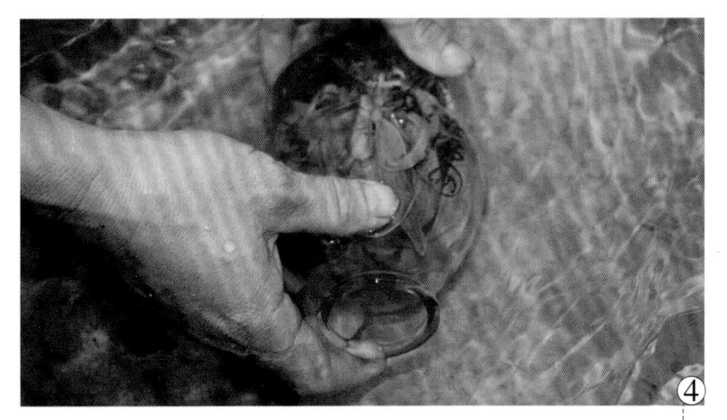

将瓶苗在手掌上轻轻拍打，晃散凝结的培养基，在水盆中流入不满全瓶的水，来回摇晃，注意勿撞伤瓶中苗株茎叶。

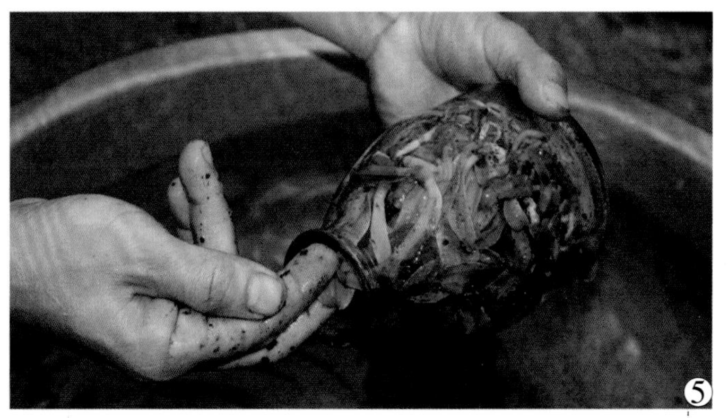

以手指挑动近瓶口处的叶片，轻轻拉动，尝试取出。

轻轻清洗掉根部的培养基，或直接用水冲洗。

有的瓶苗不易以手指取出，以镊子轻轻夹出。

有的瓶苗更是难以取出，只好打破玻璃瓶。将瓶子以报纸包卷，在大容器中以铁锤自玻璃瓶近底处小心击破，碎玻璃危险，请特别注意安全。

碎玻璃很多，请特别注意安全，以镊子小心将瓶苗夹出。

抓搓略长条形小团水苔。

自新芽方向包围小团水苔，并卷绕成团。

塞入1.5寸软盆。

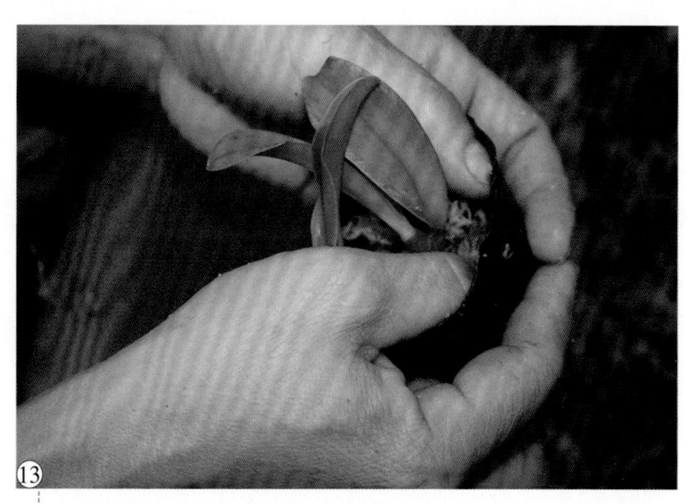

将水苔都收入软盆内，持续塞实。

新瓶苗栽植完成。由于小软盆不易放置，以塑料框将同一品种成排成框放置一起。记得要插上花名牌，并记录出瓶栽种日期。

暂时放置于较阴凉处，数天暂不浇水。

新栽植的瓶苗开始生长。

聚合盆栽植

同样以长条形小团水苔包卷小苗。

逐一排列并塞紧，聚合盆有大型和小型。分别插上花名牌，并记录出瓶栽种日期。

生长一段时日之后，聚合盆苗株拥挤，再不分植将影响生长。此时逐一分开，按苗株大小分别以不同尺寸盆栽植，其中也可能有很小的植株，这可能是生长势较弱的植株，也可能只是开始生长时慢一些，被抢走生长养分和空间而已。

④ 夏威夷H&R兰园以小粒珍珠岩、蛭石、红杉树皮屑等混合材料简易地处理成聚合盆栽植方式。此栽植方式必须具备高湿度的先决条件。

⑤ 生长势良好的H&R兰园聚合盆苗。

⑥ 密密麻麻的聚合盆苗，逐一插满了兰花名牌。

⑦ 夏威夷 Orchid Center的卡特兰聚合盆苗。

⑧ 夏威夷 Masa Chen Orchids的卡特兰聚合盆苗。

⑨ 夏威夷 Kodama's Orchids的卡特兰聚合盆苗。

5.5 设施栽培环境调控

光照和温度是卡特兰生长过程中两个至关重要的因素，因此不管采用何种人工栽培设施，其主要目的是调控卡特兰的生长环境，从而创造出一个较适合的光照和温度条件，以满足卡特兰生长的需求。

5.5.1 光照

卡特兰属于喜光的种类，为了开花好，可使光稍强些，甚至叶片微黄也不会影响植株生长；如果以生产花朵为目的，可采用这种栽培方式，能使产花量明显增加。但是如果日照太强烈、又通风不良，卡特兰的叶片易晒伤灼伤，继而发生炭疽病等病害，除了植株相当不美观，也影响其健康生长。在夏天，以阳光多直射、日照较强烈的福建、广东、海南等，约需遮光40%~60%（视种类而定）；在华中、华北则需较少的遮光，纬度较高处则需更多的阳光；在冬天，除必须防雨、防霜、防雪避免寒害、冻伤外，要尽量增加光照。栽培地点的选择以全天都可以晒到阳光的位置为宜，先充分地采光后再视光照的强度给予遮光；卡特兰需要每天6~8个小时以上的阳光照射，如果光照不足，植株将会生长发育较迟缓，叶片变薄且软，假鳞茎细长，易得病，虽然仍会开花，但通常花朵数变少、花径变小、花色不鲜艳，甚至，可能只是能维持着卡特兰"还活着"，但不开花。

5.5.2 温度

卡特兰原产于南美洲热带丛林，喜温暖、湿润、半阴环境，生长适温约18~30℃，在这种环境中，卡特兰的叶片和假鳞茎呈深绿色，富有光泽，花芽顺利成长开花。超过30℃的高温，植株生长缓慢、虚弱，易染病害。温度越高，则必须提供高湿度，方能使卡特兰安然无恙。北方室外栽培的兰株，应在气温低至12℃左右时入室，翌年温度稳定在16℃以上时再出室。冬季应放在避风向阳处，并控制浇水。此外应特别注意保持昼夜5~10℃的温差。越冬夜间温度保持12~20℃，若在10℃左右，花期则会推迟。若温度在5℃左右，叶片发黄，花芽停止生长，花鞘变褐色，假鳞茎产生皱纹，生长严重受阻。冬季夜温经常高于20℃，会导致花期过短。冬季防寒的同时，需适当通风，除特别寒冷的天气外，要定期开门或打开东南面的窗户，使室内外空气得以交换，防止滋生病虫害。

5.6 浇水

在卡特兰的栽培上，浇水是一门大学问，它还牵涉到品种特性、栽培环境、栽培植材、个人管理方式等，通常是“人人有体会，个个都不同”。但是即使看似琐碎、复杂、各人的诀窍不同，但只要把握住一些浇水的大原则，也较易于控制。

5.6.1 水源

以自来水为水源，可直接使用，但建议另置储水装置，沉淀自来水中的氯气等添加物后，再用来浇洒；如果是以地下水（井水）、溪河水、山泉水等其它水源浇水，须注意是否含有不适于卡特兰生长的高矿物质、高铁质、高盐度……，也需测量其pH值，偏酸偏碱都不适合。

5.6.2 浇水时间

浇水时间应按不同的季节进行调整。夏秋季节勿在阳光炎热的中午进行，冬春季节在较温暖的午前或中午浇水。这样做夏季可防止植株灼伤，冬季又可防温度骤降对兰株的影响。

5.6.3 浇水量

卡特兰在不同的发育阶段对水分的要求也不同。一般来说，小苗耐干旱能力较差，盆栽植料不宜太干，需常浇水，维持湿润。不同的植料适宜不同的浇水量，一些保水力强的植材，如水苔、海绵、人造纤维等，水分散失慢，相对的浇水次数和水量就要少些，例如水苔，表面已七八分干时通常内部也已半干，此时一次大浇水，通常夏天时1周约1次，其余日子则轻微洒湿植株及植材表面即可。反之，一些透水力高而保水力差的植材，如树蕨、火山石、陶粒或碎砖等，浇水的次数和水量就要多些，这些植材表面干了即可浇水。内部易保水但表面却看不出来的植材（如混合植材），则可夏天1周2～3次充分浇水浇透（顺便冲走植材内不良淤积物质），1周中其它日子则轻微洒湿植株及植材表面即可。此外，盆栽的植株要比用木框和树蕨板种植的干燥得慢一些，浇水次数就要相对少些。

除非刚经历长久没浇水的干燥，或者是排水、干燥快速的植材，否则不宜持续数次都是充分浇水的“大浇水”。“大浇水”时水分高过盆面，让水分可以冲洗而出，带走盆内累积的无机盐分及杂质。虽然卡特兰是气生性植物，空气中需要较高的湿度，但是气生性的根部却不能“浸”在水里，卡特兰的根部泡在连续浸水的植材里将会很快丧失呼吸功能而烂根。

5.6.4 浇水部位

天冷或炎热时要注意保护新芽及花芽，在新芽和花芽生长期，以实施根部浇水为宜，尽量少洒水、喷水，否则叶心和花鞘灌水极易引起腐烂，造成损失。

5.6.5 其它注意事项

栽培处尽量选择通风处，但不是选择风刮处，否则不利于局部的空气中湿度氲集。如果栽植环境空气中的湿度不高，可利用自动喷雾器增加或保持空气中的湿度。在温暖的季节除了浇水外可以每天在根茎叶上轻轻洒水1～3次。

有浇水就会有积水，必须事先处理好排水的各项问题。

不管是双叶种或单叶种卡特兰，叶心都很容易积水，如果在夏天的中午、或阳光强烈时浇水，便很容易灼伤、烫伤，终致感染腐烂。花芽也容易被积水浸坏或烫坏。

5.7 施肥

卡特兰一年只生长2～3次新芽，新芽长成植株后不会再有生长，所以每一个单体植株的生长都直接关系到开不开花、花开得好不好。卡特兰在自然环境中获得的养分有限，生长缓慢。当其为人工栽培时，生长环境、水分、病虫害等问题都获得解决，如果再在各个适当阶段供给所需要各类养分，卡特兰将生长得更快速、更健壮。在施肥之前，必须先概略了解肥料的基本知识与施肥的基本原则。

卡特兰的施肥肥料大致分为三类：无机化学肥料、有机肥料及辅助肥料，分述于下。

5.7.1 肥料的类型

5.7.1.1 无机化学肥料

一般无机化学肥料以必要元素为主要配方，搭配微量元素以化学方法制造而成，一般会以三个数字标示出氮、磷、钾三要素的比例，如：20-20-20，30-10-10，10-30-20等，还有些是五个数字的标示，如：20-20-20-1-1，30-10-10-1-0.5，10-30-20-2-1.5等，就是标示出了氮、磷、钾、镁、钙五要素的比例。氮、磷、钾、镁、钙五个主要元素的主要功能如下：

（1）氮肥（N）：

*又称叶肥，能促进叶片生长旺盛、健壮肥厚。

*氮肥过多容易生长过速，导致植株徒长、脆弱、容易罹病，而且开花数少；反之，氮肥不足时，叶片容易枯黄、萎凋，生长停顿。

*通常新芽和幼苗生长时期需施用较高比例的氮肥。

（2）磷肥（P）：

*又称根肥，能促进发根。在分株、换盆后使用能增强新根生长，有利于吸收养分，促进植株迅速恢复生长势。

*又称花肥或花果肥，在植株生长后期，即开花结果期，能促进花芽分化，增加着花数。磷肥不足时植株不易开花，或开花不良。预备开花前，注意磷肥的补充。

（3）钾肥（K）：

*又称茎肥，能促进根茎及假鳞茎健壮、花梗粗壮、花苞健美、叶片厚挺，增加抗病虫害能力。

*一般中大苗以上即可提高钾肥的补充。

（4）镁肥（Mg）：

*是叶绿素组成的重要成分。

*增强光合作用，提高植株生长效率。

（5）钙肥（Ca）：

*细胞壁及结缔组织的重要成分。

*适量的施用可使茎叶、花瓣、果实质地增强，植株强壮，增加抗病性。

商品的无机化学肥料种类很多，有多种品牌，依其使用方法又可大略分为：

A. 速效性化学肥：易溶于水中，用以喷洒叶面。包括尿素（$CO(NH_2)_2$）、硫铵（$(NH_4)_2SO_4$）、硝酸钾（KNO_3）、硝酸铵（NH_4NO_3）、磷酸二氢钾（KH_2PO_4），以及国外知名品牌如花宝（Hyponex）、必达（Peter）、速滋等。

B. 缓效性化学肥：肥料置放于花盆植材里一段相当的时间，随着浇水时缓慢溶解，所以一般称之为“缓释肥”。国外多年知名品牌如魔肥（Magamp-K）、好康多（Hi-Control）、奥绿肥（Osmocote）等。

5.7.1.2 有机肥料

非经化学合成方法，由自然动植物材料加工所得而来，又称自然肥料。粗略分为：

（1）纯植物性固状或粉末肥：如黄豆饼、各种油粕、米糠、海藻粉等。

（2）纯动物性固状或粉末肥：如骨粉、鱼粉等。

（3）海藻精液肥：由海草经去盐加工后的抽出液，富含氨基酸及多种微量元素，经清水稀释后喷洒叶面施肥。

（4）鱼精肥：亦为液态肥，是由鱼类内脏组织经去盐、萃取后浓缩制成，以清水稀释后喷洒叶面施肥。

（5）动植物性混合配方肥：有喷洒用的液肥，也有长效性的缓释肥；有市售品牌，也可自制。

缓释肥，可裸露放置，也可装置成小袋，此种小袋缓释肥有贩卖的，也可自制。

以缓释肥方式施肥，通常置于盆缘，尽量避开新芽。

喷洒液肥必需的工具：大小量杯、小磅秤、长匙、搅拌匙等。（黄伟熏　摄影）

5.7.1.3 辅助肥料

除了无机化学肥料及有机肥料之外，栽培卡特兰时也会使用辅助肥料，主要包括活力剂和植物生长调节剂，如速大多活力剂、施达活力剂等，主要成分为植物生长调节剂、维生素及配合生长的氨基酸等。

5.7.2 施肥的原则

喷洒液肥时除了精准量秤肥料量及精准计算浓度外，也必须要完全溶解固态、粉末、结晶肥料，然后持续搅拌、确实稀释，如果混合数种肥料也必须要搅拌均匀。通常，喷洒液肥用的水泵可一举解决上述顾虑，可利用其回水水管、或另置搅拌喷流来持续搅拌均匀。如果栽培的卡特兰数量多，建议购置轻便型的喷洒水泵，平时浇水、喷洒病虫害药剂都可使用。如果栽培的数量较少，则可用手持式喷雾筒来喷洒液肥。喷洒液肥时尽量雾状均匀喷洒于叶面，自叶面流下的液肥一部分也会滴入到盆里。

不管是化学肥或有机肥，也不管是缓释肥或液肥，施用肥料都得谨慎，植物体所能吸收有限，施用过量时，可能害死兰株，造成不可挽回的损失。所以施肥必须谨记以下原则：

（1）肥料宁稀勿浓。施肥的原则是薄肥，如果是缓释肥，分量只能比标示的更少，绝不能更多，如果是液肥，浓度只能比标示的更薄，绝不能更浓。不施肥或施肥少兰花不会死，顶多长得慢。施多了肥却会把兰花害死。因此必须精准计量肥料用量，不可大约估量。

（2）开花期内不施肥。开花期如果频繁施肥，植株养分过剩，激发了营养生长，从而缩短或抵消了正在进行的生殖生长，造成花蕾早落或花芽枯萎。

（3）当夏季喷洒液肥时，切勿在晴天的中午前后进行，以免造成叶心灼伤。

（4）施肥前要暂停浇水1次，施肥后根系能更好更快地吸收养分。

（5）换盆后不要立即施肥。这是因为换盆时会伤及根系，尤其是嫩根，会造成伤口，肥水会将伤根“沤”坏，造成烂根。

（6）在高温时勿施肥。因温度超过30 ~ 35℃，植株处于休眠状态，生理活动减弱，此时施肥会烧根，植株腐烂。

（7）有些肥料彼此会拮抗，例如钙镁拮抗，也有些肥料彼此酸碱值相反，会互相破坏，使用前必先充分了解其特性，通常要仔细阅读肥料使用说明或成分标示。

（8）在适当的时候施用适当的肥，譬如前所述氮、磷、钾、镁、钙五要素肥施用时机。

5.8 日常管理

栽培卡特兰除浇水施肥之外，还有其它一些需要注意的细节。分株的伤口要抹药，旧盆重复使用要清洗消毒，杂草要拔除，盆面脏污、盆里青苔尽量清理，干枯的茎鞘要小心去除，气生根长到邻近的盆子里“去串门”也要“叫回来”，否则会纠结不清，也容易造成病虫害传播。

有时植株生长拥挤了要将彼此分开些，但是请记住，兰株尽量保持定点定向放置，如果植株时常改变方向，没有固定的向光性将影响新芽生长。

卡特兰的新根只在新芽生长时生长。保持干净的植材，新根就会生长良好，生长势就良好。

植材上的青苔有时会影响卡特兰养分水分的吸收，可以尽量去除。

再次利用的红素烧盆烘烤消毒。（美国夏威夷 Orchid Center）

5.9 花期调控

卡特兰种类繁多，在每个季节都有开花的种类。但为了适应我国花卉消费的节日性和季节性，必须调节卡特兰的花期，使其在元旦、春节、国庆或大型展会时期开放。近几年我们通过不同的温度和激素处理，研究了不同温度和激素对卡特兰开花以及开花性状的影响，现就花期调控的经验与大家分享一下，必须说明的是，不同的种类，不同的栽培管理措施花期调控的效果是不一样的，在进行大规模花期调控之前，必须先结合自己的品种和方法进行先期试验，以免造成不如预期效果的损失。

为保证卡特兰供应元旦和春节花卉市场，必须选择自然花期在冬季的品种，所选择品种必须具有开花容易、花期长、抗低温、符合节日气氛等特点，同时注意植株质量，必须有一个发育良好且充实的假鳞茎。如假鳞茎不够健壮，则不能开花或开花不佳。

在卡特兰花芽不同发育时期采取不同的措施所取得的效果也不一样，经我们研究卡特兰花芽分化可分为6个阶段，分别是：未分化期、花序原基分化期、花蕾原基分化期、萼片原基分化期、花瓣原基分化期、合蕊柱和花粉块分化期。从卡特兰花芽分化到花器官分化结束的过程中，花芽各分化相与植株的营养生长有一定的相关关系。当叶片开始伸出叶鞘时，花鞘也开始生长，此时新茎生长速度比较快，当叶鞘包裹下的花鞘隐约可见时，花芽开始分化。当叶片完全显露于叶鞘外，新生植株已长成，此后，叶片和假鳞茎的长度便不再变化，此时花蕾原基分化期结束，萼片原基分化期开始，即当年生新芽外部生长已经结束，但内部花芽分化仍在继续进行。当叶鞘变焦枯，花鞘开始膨大，用手轻捏花鞘，可以感觉到花蕾的存在，或者将兰株举起，对着光线，也可以看到花鞘内花蕾的雏形，至此花芽形态分化结束。卡特兰种类繁多，此次实验材料为一年开花一次的大花品种，这种关系是否适用于其它类型，尤其是一年开花数次的小花品种，还有待进一步研究。

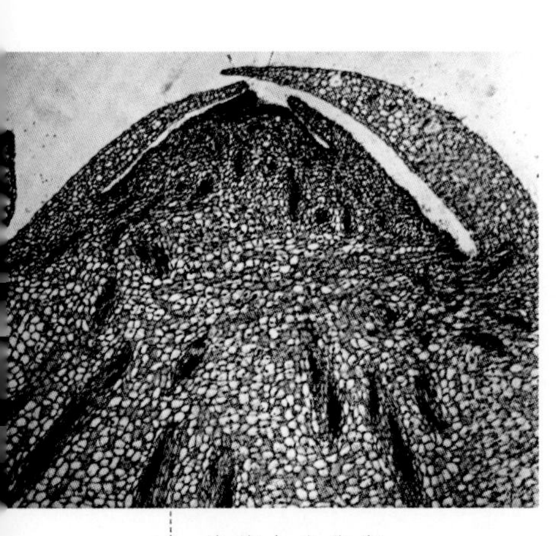

花蕾未分化期。

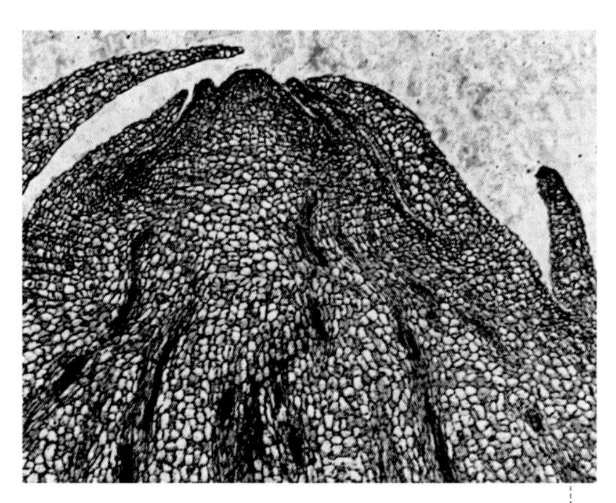

花序原基分化期。

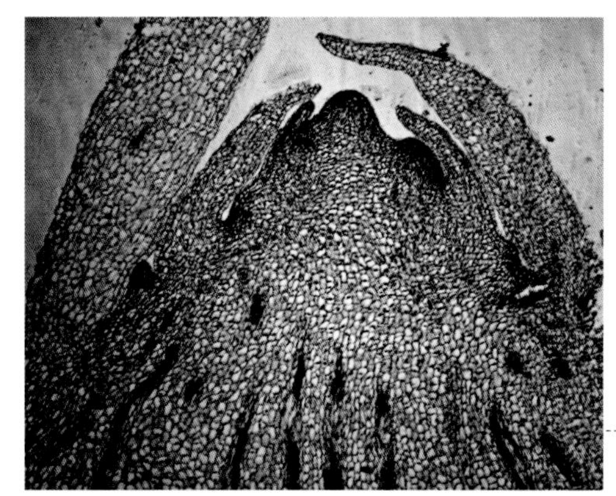

花蕾原基分化期。

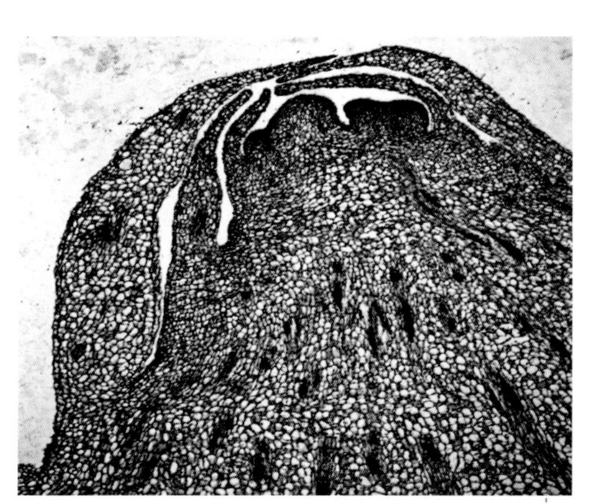

花瓣原基分化期。

萼片原基分化期。

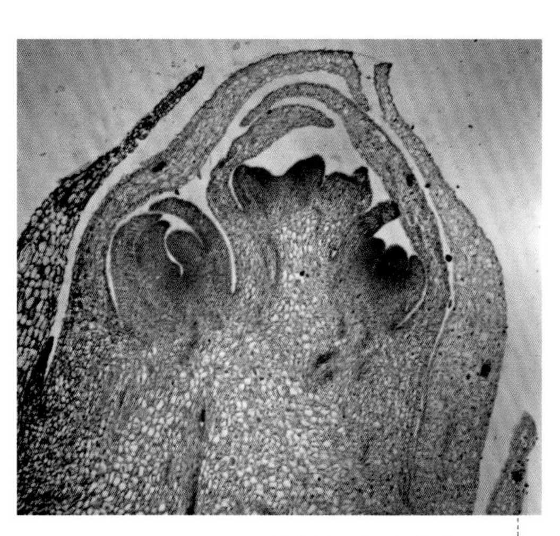

蕊柱原基分化期。

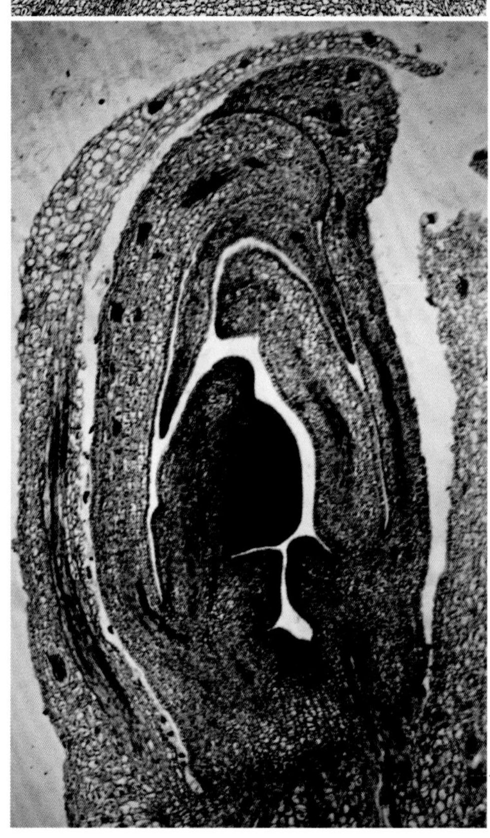

蕊柱原基分化期。

5.9.1 温度调控花期

在卡特兰的花鞘还没有显露，轻捏叶片可隐约看到花鞘时，此时卡特兰花芽开始分化，20～35℃内分别进行低温、中温、高温的温度处理，处理70天后搬入温室中正常养护一直到开花。其中低温处理条件下能有效地促进提前开花，盛花期能提前56天；中温条件下，盛花期没有变化；高温处理条件下不能开花。

在花鞘完全显露时进行同样的温度处理，此时卡特兰处于萼片分化期。同样，低温处理也能促进花期提前，但只能提前2周左右；中温条件下，盛花期没有变化；高温处理花期则能够延迟2周左右。

由以上可以看出，如果要使卡特兰提前开花，可以在其花芽分化期进行低温处理，温度越低、处理时间越早，促进开花效果越明显，但低温必须是在卡特兰承受范围内，而且要在栽培设施调控能力之内。处理时间也必须在卡特兰花芽分化期内，如果过早调控，会影响其营养生长而影响开花。

如果卡特兰花朵已经完全长成，开花在即，而距离调控目标时间还早，必须对卡特兰进行降温处理。降温必须逐渐进行，严禁直接将卡特兰置于冷室中。花朵不同发育时期抗冻性是不同的，当花朵已经处于“气球期”时，进入冷室后（10℃），“气球期”花朵能够继续生长，但随后整个萼片和花瓣并不能完全开展，一直保持半萎蔫

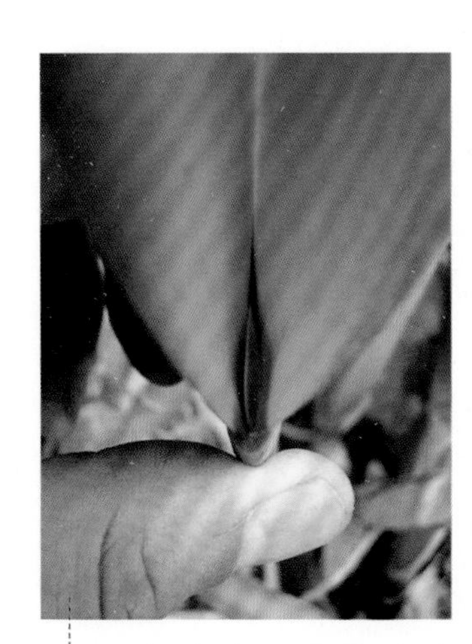

轻捏叶片可隐约看到花鞘。

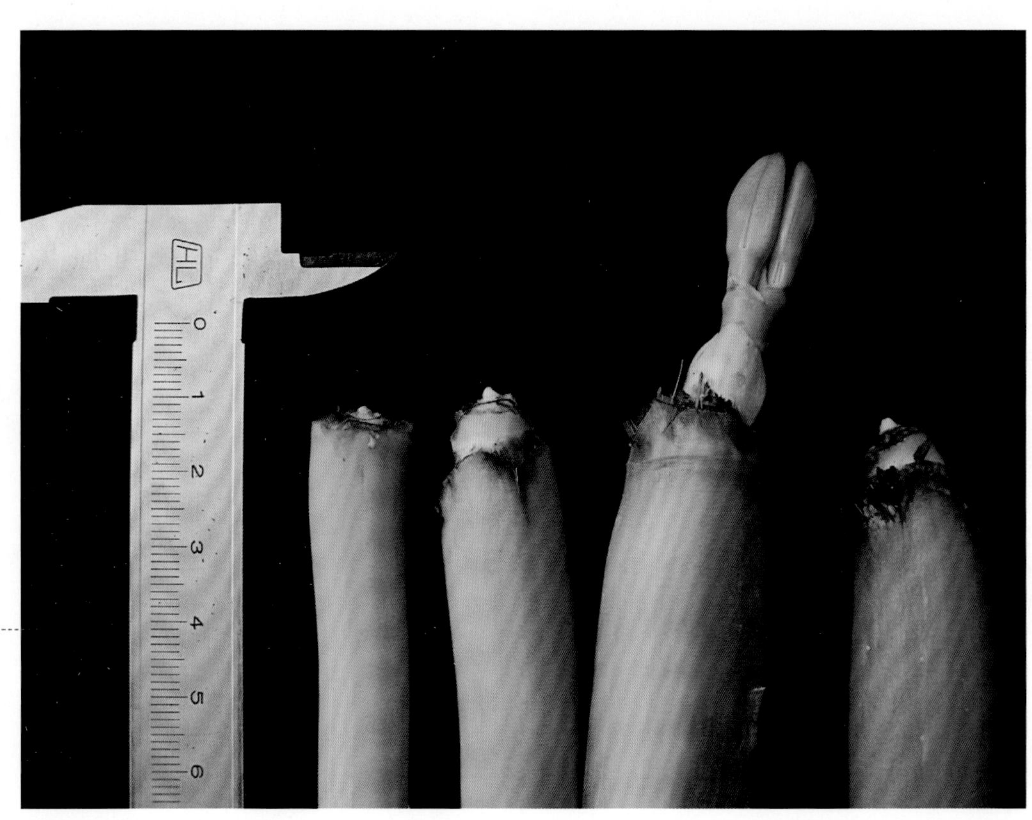

温度处理结束后各处理花芽生长状态（从左到右：高温、中温、低温处理与温室中正常栽培）。

卡特兰“气球期”。

受冻害，不能正常开放。

花蕾破鞘期。

状态，20天后搬入温室中正常养护后，仍然不能正常开放，一直到凋落。当植株花蕾刚刚从花鞘伸展出来时，在冷室中整个植株生长处于停滞状态，在预期花期提前5～7天时进行加温处理，可保证卡特兰正常按期开放，用此种方法能够使卡特兰花期推迟36天。

5.9.2 激素调控花期

目前在生产上，对花卉进行花期调控效果最明显的就是通过温度和激素进行，温度控制费时费力，激素处理虽然简便，但其效果往往出人意料，各有利弊。

在卡特兰花芽分化期，每隔10天喷施不同的激素，其中NAA、ABA在50～200mg·L^{-1}对卡特兰的花期和开花性状影响不大。300～600mg·L^{-1} GA_3能够显著促进卡特兰提前开花，而且花柄和花莛的长度也能显著增长，但对花朵的大小影响不大。

在假鳞茎停止生长，花鞘完全显露时，此时卡特兰处于花芽分化后期，每个花鞘进行20～120mg·L^{-1}激素注射。处理时，从花鞘下部1/3处注入，以免损伤花芽。注射不同浓度的GA_3能够使卡特兰的花期提前，而且随着GA_3浓度的增加，花期提前的效果越显著，但随着GA_3浓度的增加，开花率也下降。当注射低浓度的GA_3时，并不能改变花朵的大小，但卡特兰的花莛显著延长。随着注射GA_3浓度的升高，影响卡特兰的开花性状的效果越显著，此时卡特兰的花瓣和萼片的长度显著增加，花柄和花莛的长度也显著增加。

注射不同浓度的ABA对卡特兰的盛花期没有影响。随着注射ABA浓度的增高，卡特兰的开花率逐渐下降，花瓣的大小逐渐减小。当注射高浓度的ABA时，卡特兰的花朵缩小，而且在蕾期开始黄化脱落，花柄和花莛的长度也显著降低。

注射低浓度的NAA能够使盛花期提前，而且能够使卡特兰的花朵增大，但随着注射NAA浓度的增加，开花率逐渐下降，花朵也开始变小。

在试验中发现，当花蕾钻出花鞘时，每个花莛能够着花2~3朵，但高浓度NAA和ABA处理的植株，随着花蕾的增长，每棵植株有1~2个花蕾自花柄基部逐渐枯黄，最终凋落。同时注射高浓度的ABA还发现，花蕾不能正常开放，整个花蕾全部变黄凋落。

喷洒GA_3处理。

注射低浓度GA_3。

注射高浓度GA_3整体开花。

注射高浓度GA_3。

注射ABA花朵枯黄。

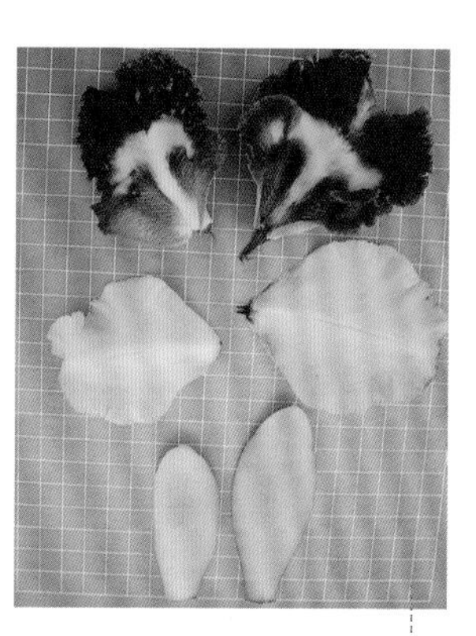
低浓度NAA处理。

注射高浓度ABA花蕾凋落。

注射高浓度NAA花朵凋落。

综上所述，在花芽分化期喷施300~600mg·L^{-1}的GA_3能够显著促进卡特兰提前开花，但并不能改变花朵的大小，只是能够使花柄和花莛的长度显著增加。在花芽分化后期注射不同浓度的GA_3能够使卡特兰的花期显著提前，高浓度的GA_3能够使萼片和花瓣长度显著增加，花柄和花莛的长度也显著增加，导致整个花序呈下垂状态。注射低浓度的NAA能够使卡特兰的花朵增大，注射ABA对卡特兰开花没有正面影响，没有达到起初延迟开花的实验目的，建议在生产中避免使用ABA。

从以上可以看出，喷施激素效果没有注射效果显著，注射用的浓度与喷施相比，仅是后者浓度的1/5，可以有效地降低生产成本。

5.10 繁殖技术和方法

卡特兰的繁殖可分为有性繁殖和无性繁殖两大类。有性繁殖主要是指播种繁殖，通过播种可以获得大量幼苗，是杂交育种的主要手段。而无性繁殖包括分株繁殖和组织培养繁殖，分株繁殖虽然短时间可以获得开花株，但繁殖系数低，一般家庭养护卡特兰可采取这种方法；组织培养繁殖系数高，是当今大规模工厂化生产卡特兰普遍使用的一种繁殖方法。

5.10.1 有性繁殖

卡特兰的有性繁殖是经过开花授粉后结出具有活力种子的果荚，然后用种子进行播种育苗的过程。卡特兰的有性繁殖方法有以下2种：

自然播种法——将成熟果荚的种子播于亲本植株的花盆中。前面已经介绍过卡特兰种子非常细小，胚发育不完全，在自然状态下发芽率极低，只有与兰菌共生才能少量发芽，由于亲本植株的植料中或许会有兰花种子发芽时必要的共生真菌，因而有可能会萌发。在18世纪初无菌播种技术尚未出现前，欧美的育种家多采用此法来播种。播前在母株盆面上铺上一层切碎的水苔，将种子播在水苔上。自然播种法简单易行，无需复杂的程序和工具，适合一般家庭养兰者运用；但是卡特兰种子过小，肉眼不易看到，发芽时间较长，容易因一时疏忽将种子或幼苗冲掉和损坏；此法的成功机会甚微，就算是成功了，出苗的数量也十分少，故在卡特兰生产上极少应用。

无菌播种法——无菌播种一般在超净工作台上进行，在操作前准备好所有的药剂和工具，保持超净工作台的无菌状态。用于无菌播种的果荚以刚成熟但尚未开裂时效果较好，这时，蒴果内种子可相互分离，容易播种。未完全成熟的种子播种时都黏连在一起，发芽时间长而且不利于后期生长。另外未开裂的果荚灭菌容易，可只对果荚表皮灭菌；果荚开裂后，粉末状种子灭菌较为困难，且灭菌后种子发芽力降低。果荚成熟后宜即采即播，如果一时无法播种时，可以用密封的塑料袋装好放入4℃的冰箱中保存，但时间不宜过久，否则易长霉或降低发芽率。

将未开裂的荚果去除宿存花被、蕊柱、果柄，经自来水洗净后，置于10%次氯酸钠溶液中消毒20分钟，用75%的酒精表面消毒3分钟，直接在酒精灯上灼烧去除荚果表面酒精，这样就可以完成消毒。在超净台上，用灭过菌的解剖刀切开荚果，将种子均匀撒到培养基上。如果果荚开裂，而又十分珍贵，那么必须对所有种子进行消毒灭菌。将种子全部倒入0.5%的次氯酸钠溶液中，进行灭菌10分钟，但这样也不能完全保证已经彻底灭菌，灭菌时间过长会对种子的萌发率产生影响。灭菌后用无菌水反复冲洗几遍，然后用无菌吸管将种子移入培养基上，使其均匀分布于培养基表面。播种密度以每瓶的种子数量大致都能接触到培养基为度，太密时会影响发芽率及发芽后的正常生长。

对卡特兰研究表明，授粉后90天到120天的种子都黏连在一起，不能进行有效分离，其中授粉后90天的种子不能萌发，授粉后120天的种子，播种65天后可以看到原球茎生成；授粉150天后的种子在播种30天后绿色原球茎生成；授粉后180天到210天的种子在播种15天后绿色原球茎生成。可见卡特兰成熟的种子更容易萌发。在KC、MS、1/2MS 3种播种培养基上，萌发效果相差不大，萌发3个月后进行继代培养，其中KC根系最长，但叶片瘦小，叶色呈暗绿色（图 a），MS叶片较宽，但叶片和根系较少，形成较多丛生芽苗（图 b）；1/2MS有较多的根系和叶片，叶色正常，生长最好（图 c）。

卡特兰种子萌发需要较高温度，在25℃左右萌发生长较快，温度过高易褐变死亡，温度过低发芽慢。当温度低于10℃时，即使满足营养条件也不能萌发。光照强度

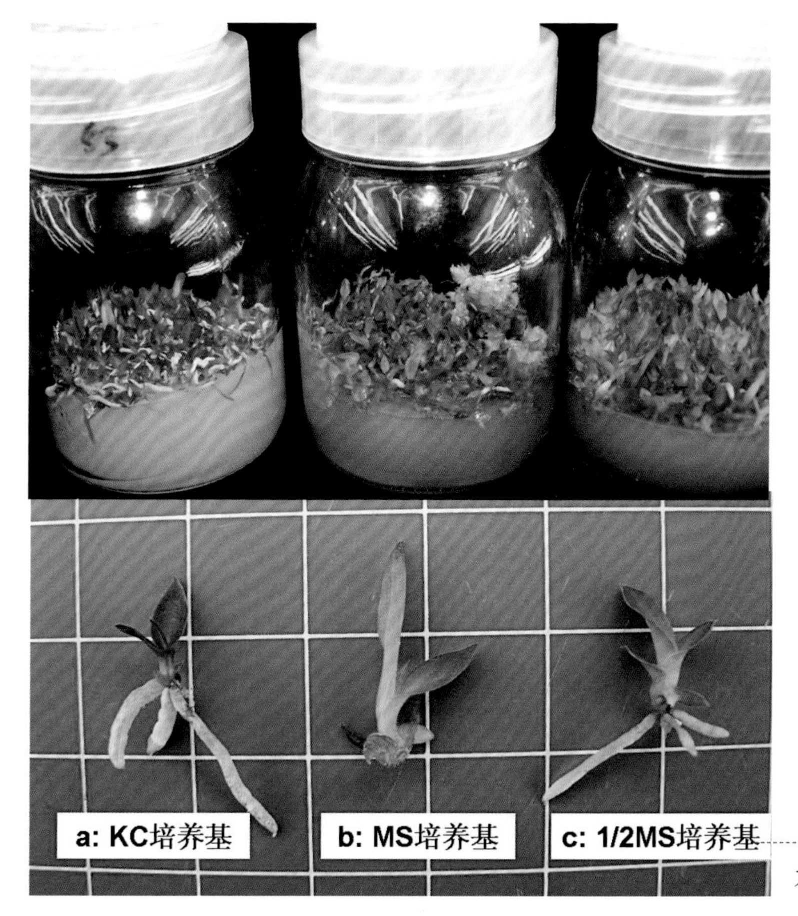

不同培养基小苗生长状况。

卡特兰无菌播种生长过程。

为60 μ mol·m^{-2}·s^{-1}，光照时间12 小时/天。随着卡特兰小苗的生长，要逐渐进行分瓶，一般每瓶幼苗保持20株左右为佳。3个月左右进行一次分瓶，要视品种和生长状况而定。经过几次分瓶，当卡特兰小苗长到3 ~ 5cm、有2 ~ 3个较好的根时，可将幼苗移出培养瓶，栽植到盆中。

5.10.2 无性繁殖

无性繁殖主要包括分株繁殖法和组织培养法，分株方法在前面我们已经介绍过，不再赘述。传统的分株繁殖极慢，无法大量繁殖；再者长期进行无性分株繁殖，带病毒植株逐年增多，导致品种退化。Georges M. Morel（1960）首次把组织培养技术应用于兰花的大量繁殖，后来许多研究者对培养技术进行了改进和完善，并使这种繁殖技术在兰花生产上得到广泛应用。组织培养繁殖具有数量大、繁殖快和小苗品种纯的优点。从理论上说，在这种无菌条件下培育幼苗，一年内可从母株中获得100万株小苗。

5.10.2.1 组织培养

（1）外植体的选择与消毒

目前，卡特兰的各个器官，即根、茎、叶、芽、花序、幼胚等都可以作为外植体进行培养。但是一般都选择刚长出的新芽，因为其有比较旺盛的生长点和比较容易做到彻底消毒，以芽长6cm左右为宜。

采芽前数日减少叶面喷水，可减少菌类污染。将新茎切离母株后先用肥皂水和流动自来水冲洗10 ~ 15分钟，在超净台中剥除最外面的一层苞叶，在75%的酒精中蘸一下（1 ~ 2秒），立即浸泡在10%的次氯酸钠水溶液中10分钟，稍加摇动。取出后立即用无菌水冲洗，再剥去一层苞叶，放入5%次氯酸钠水溶液中5分钟后用无菌水冲洗，剥至留下最后芽体。以生长点为中心，在培养皿上切取直径0.5～2.0mm的茎尖，泡在1%次氯酸钠水溶液中，1分钟后取出，用无菌水冲洗数次，用解剖刀切成数块，分别放入已准备好的培养基上。不同的接法对原球茎的增殖有不同的影响，外植体横接在培养基上，能有效地提高原球茎的增殖率，主要原因在于横接能解除外植体的顶端优势，增加与培养基的接触面积，促进原球茎的大量增殖。每瓶接种一块外植体，以免相互感染。消毒过程虽然繁琐，但除菌是关键，这关系到以后培养能不能顺利进行，所以操作过程中要仔细再仔细。

（2）初代培养

所谓初代培养就是指诱发原球茎形成的过程。以植株的生长点组织块接种，培养4～6周后会形成小的原球茎。

卡特兰的初代培养，不同的研究者使用的培养基及激素含量有所不同。卡特兰在MS、1/2 MS、1/4 MS、Knudson、 Lindemann、Vacin & Went培养基中都能获得较大的鲜重和原球茎增殖数量。液体培养能抑制卡特兰原球茎分化芽，使原球茎大量增殖，固体培养能使原球茎发育坚实，分化成芽，要想增殖原球茎，可在芽未分化时移至液体培养基上培养，这使芽分化受到抑制，原球茎大量增殖，以后再移到固体培养基中。液体培养过程中，添加15％椰汁，可加快增殖速度，在固体培养过程中，MS培养基中附加30g/L的蔗糖更有利于卡特兰原球茎的生长发育。

植物生长调节物质在原球茎的诱导、增殖与分化过程中起着重要作用。卡特兰组织培养使用的细胞分裂素主要为BA，而生长素主要是NAA，BA促进细胞分裂，NAA促进原球茎延伸，但对两种植物生长调节剂具体浓度还存在一定的争议，一般认为NAA浓度不宜过高，否则后代容易发生变异，NAA浓度一般控制在$0.1 \sim 0.5mg \cdot L^{-1}$，BA浓度控制在$1.0 \sim 5.0mg \cdot L^{-1}$。

（3）继代培养

继代培养指的是促使原球茎数目增殖的过程。用经诱导培养而产生的原球茎经切割后接种在培养基上，一段时间后又产生新的原球茎，如此反复切割接种增殖，以在短期内获得大量原球茎。

继代培养可选用初代培养基或者对初代培养基的激素成分作些修改，适当增加某些成分以促进原球茎的生长。但不要用高浓度的激素组合，以免原球茎经多代增殖形成异常苗。

（4）分化培养

分化培养是指诱导原球茎分化出芽和根并形成小植株的过程。可在继代培养基的基础上，稍微更换激素含量，如基础培养基附加NAA $0.2mg \cdot L^{-1}$，不久就可分化出芽和根，从而形成完整小植株。

（5）壮苗培养

是指促使分化培养出的小苗在培养基上迅速生长的过程。方法是将小苗移入大的培养容器内，使之继续长大，直至长出3～4片叶和2～3条根，高3～5cm以后，便可出瓶种植。

在实际生产过程中，尽可能避免在原球茎的诱导、继代、育苗和生根四个阶段使用不同培养基（见附录三，目前已经证明比较成功的培养基）。用一种或两种培养基实现四个阶段的培养，可以简化生产程序，提高效率。在卡特兰培养中，不经过原球茎阶段，也能完成再生植株的过程。事实上，育苗培养中，小苗基部很容易形成丛生芽，可以利用丛生芽的增殖替代原球茎的增殖。具体做法是：将丛生芽切下移入新培养基中作为种苗，大苗按大小分开栽种，种苗瓶内丛生芽长大，其基部又长出新的丛生芽，这样可以通过分苗，不断得到新的大苗和种苗。

5.10.2.2 卡特兰组织培养中的褐化问题

卡特兰外植体在初代培养中易褐化死亡是原球茎诱导成功的一大障碍。外植体的褐化是由于采芽时切口处细胞受伤分泌酚氧化酶氧化所致。到目前为止，还没有切实有效的防止褐变枯死的方法，但有些措施对防止褐变也有一定的效果。

（1）采芽后，用水冲洗30分钟以上灭菌后，切取生长点的过程在无菌水中进行，隔绝空气，并且动作迅速，能够减少褐变。

（2）褐物质含量也因季节的不同而不同。冬季引起褐变的物质明显减少，7～9月份是致褐物质最活跃的季节。因此，采芽时节，尽可能避开生长旺盛期。

（3）在培养基中单独或复合添加下列物质：芸香甙50～100$mg \cdot L^{-1}$，20%硫代硫酸钠溶液5$ml \cdot L^{-1}$，柠檬酸0.05～0.5%，活性炭1～4$g \cdot L^{-1}$，聚乙烯吡咯烷酮（PVP）5～10$g \cdot L^{-1}$。

（4）从开始培养到成活的一段时间内需保持温度15～20℃，进行暗培养，能够减少褐变；在25～30℃的温度下培养，排出的褐变物多，成活率降低。

（5）调整好培养基的酸碱度，pH4.5～5.0时，排出的褐变物质多， pH5.5时就较少，成活率也高。

5.10.2.3 试管苗移栽

在花卉离体快繁的商业化生产中，不管是组织培养还是无菌播种，试管苗移栽是最后也是很重要的一步，这个工作环节做不好，就会造成前功尽弃。在前期培育壮苗的基础上，加强试管苗的移栽与养护管理，大力提高移栽成活率，保证幼苗茁壮成长。

（1）移栽前的准备

试管苗由于是在无菌、有营养供给、适宜光照和温度、近100%的相对湿度环境条件下生长的，因此，在生理、形态等方面都与自然条件生长的小苗有着很大的差异。所以必须通过炼苗，使它们在生理、形态、组织上发生相应的变化，使之更适合于自然环境，只有这样才能保证试管苗顺利移栽成功。移栽前可将组培瓶在不开口的状态下移到小苗栽植场所锻炼10～15天，使其逐步适应外部光照，然后再开口炼苗1～2天，经受较低湿度的处理，以适应将来自然的湿度条件。

（2）洗苗

从组培瓶中取出发根的小苗，用自来水洗掉根部粘着的培养基，要全部除去，以防残留的培养基滋生杂菌。但要轻轻除去，应避免造成伤根。具体方法参考栽培篇。

（3）水分和湿度管理

在培养瓶中的小苗，因湿度大，茎叶表面防止水分散失的角质层等几乎全无，根系也不发达，种植后很难保持水分平衡。要保持高湿度必须经常浇水，这又会使根部积水、透气不良而造成根系死亡。总体原则是提高周围的空气湿度，降低基质中的水分含量，使叶面的蒸腾减少，尽量接近培养瓶中的条件，这样才能使小苗始终保持挺拔的姿态。可以通过搭设小拱棚，以减少水分的蒸发，并且初期要常喷雾处理，保持拱棚薄膜上有水珠出现。当5～7天后，发现小苗有生长趋势，可逐渐降低湿度，减少喷水次数，将拱棚两端打开通风，使小苗适应湿度较小的条件。约15天以后揭去拱棚的薄膜，并给予水分控制，促进小苗长得粗壮。

（4）防止菌类滋生

组培苗从无菌培养，转入到温度高、湿度小的环境中，由于组织幼嫩，易滋生杂菌造成苗霉烂或根茎处腐烂导致死亡。在移苗时尽量少伤苗，伤口过多，易染病菌。在洗净培养基后用10000倍多菌灵或百菌清或甲基托布津浸泡小苗20分钟，并在种植后用杀菌药来浇透水，以清除杂菌对首次移栽幼苗的危害。在组培苗移植于苗床中半个月内，危害最为严重的是软腐病，可用多菌灵和敌克松一起使用，每周2～3次，连续使用2周；在整个生长期，每间隔7～10天轮换喷1次杀菌剂，以便有效地保护幼苗。在喷水时可加入1000倍的尿素，或用1/2MS大量元素的水溶液作追肥，可加快苗的生长与成活。

（5）温度和光照

组培苗在种植的过程中温度要适宜，以25℃左右为适；如果温度过高，会使细菌更易滋生，而且蒸腾加强，从而使水分平衡受到破坏，不利于组培苗的快速缓苗；如果温度过低，则生长减弱或停滞，使缓苗期加长且成活率降低。

新移栽的组培苗先期需要遮阳，应遮光50%，当小植株有了新的生长时，逐渐加强光照，以散射光为主。光线过强会使植株蒸腾作用加强，使水分平衡矛盾更加尖锐。同时使叶绿素受到破坏，叶片失绿、发黄或发白。

第陆章 卡特兰病虫害防治

不管是业余爱好者还是从业者，每个人都希望自己栽培的卡特兰植株健康，生长旺盛，花开得美丽；而影响卡特兰健康的因素除了栽培环境、个人栽培管理外，就是病虫害的防治。病虫害共包括虫害（广泛地指所有动物性损伤）、生理障碍、传染病等三大类，传染病又分为病毒、细菌性病害、真菌性病害等三方面，各项病虫害的基本防治方法分别叙述于本章各节。

在卡特兰的病虫害防治工作中，必须贯彻“预防为主，综合防治”的原则。在平时管理中要注意通风、采光、排水，创造一个良好的环境；严

Gct. Chien Ya Ocean ‘Tian Mu’

格检疫制度，杜绝病虫害的来源，在栽种前，要严格对兰株和植料消毒，减少和杜绝昆虫及人为造成机械破伤和接触传染；改善栽培管理技术和栽培环境条件，培育健壮的兰苗，增强植株自身对病虫害的抵抗能力。

本书药物采取如下方式书写：中文通用名称（英文名），如果大陆和台湾关于药物的称呼有区别，采取以下方式排列书写：中文通用名称【台湾称谓】（英文名）。

6.1 卡特兰病害及其防治

6.1.1 病毒

病毒病害（Virus disease）是由病毒（Virus）所引起的病害。从业者俗称的“毒素病”是早期自日本引释时的误译，并一直沿用；另有所谓“拜拉斯”病的说法，乃因英文Virus直接音译而来。病毒是一类介于生物与非生物之间的类生物病原体，自己无法繁殖，必须在活寄主细胞中靠其营养繁殖，脱离寄主细胞或寄主细胞死亡，其繁殖就会停止，并且大量死亡，但仍有部分病毒可以存活一段时间，当它们再侵入新寄主便能继续繁殖并致病。寄生于动物、植物的病毒各不同，并不会跨界传染，譬如人类的流感不会传染给植物；但许多植物病毒在多种植物之间会彼此传染，这也是栽培兰花场所附近的杂草必须清除的原因之一。

目前已发现的感染植物的病毒有4000多种，约有二、三十种感染兰花，其中以齿舌兰轮点病毒（ORSV）及东亚兰嵌纹病毒（CyMV）两种最普遍，卡特兰的病毒感染也以此两种为主，二者在卡特兰的植株及花朵上都会显现病征。

6.1.1.1 齿舌兰轮点病毒（ORSV, *Odontoglossum ringspot virus*）

属于烟草嵌纹病毒群（Tobamovirus group），此类病毒有三大特性：A. 其性质极为稳定，在寄主细胞外的不适环境中仍能存活相当时日。B. 在寄主细胞内繁殖的浓度相当高，并可聚合成结晶状态存活，对寄主的危害相当严重。C. 其传播必须借助机械性伤口才能进入寄主细胞，到目前为止尚未发现此类病毒的媒介昆虫。

6.1.1.2 东亚兰嵌纹病毒（CyMV, *Cymbidium mosaic virus*）

属于马铃薯X群病毒群（Potexvirus group），也具有性质稳定的特性，在寄主细胞内浓度也相当高，并也可聚合成结晶状态，传播也以机械性伤口感染为主，目前在自然界中尚未发现媒介昆虫。在电子显微镜观察下，ORSV与CyMV的结晶颗粒有明显的不同。

当卡特兰感染病毒病后，细胞内营养为其所夺，严重影响植株生长，开花亦不正常；植株会逐渐显现病征，外观毁败，这时却不知又已经传染多少其它植株了。卡特兰的病毒病征常见如下：① 叶片颜色不均，或出现黄色条纹或块斑。② 此条纹或块斑会逐渐凹陷、褐化并坏疽或坏死。③ 叶片随之扭转或弯曲变形。④ 有时叶片表面出现不明显或明显的退色条纹或斑块，叶背于该处有凹陷的不明伤口或微疸，然后逐渐坏死。⑤ 新芽萎缩、发育不良，并常伴随黄色条纹或斑块，甚至出现坏死的褐化条斑。⑥ 开花时花朵色彩变得怪异，如着色不均、产生不良色斑或条纹；或者花朵歪扭、不均、变形、出现不明坏疸；或是花梗、花序不正常变短、变皱、扭曲等。⑦ 叶片出现许多不明的坏疸伤口，或是不定形状的结痂，或是长短不一的愈合似凝结凸皱。

但是有时也会出现许多相似情况，常令人怀疑是病毒感染的病征，例如：① 某些元素缺乏（如缺铁、缺镁、缺氮）的叶片黄化或生理障碍。② 肥伤或药伤。③ 生长激素、矮化剂等植物激素使用不当导致的畸形。④ 某些虫类危害。⑤ 细菌性或真菌性病害引起的黄化、坏疸、病斑。⑥ 冻害或热害。⑦ 除草剂影响导致的畸形。⑧ 遗传变异或新芽变异，如镶嵌现象、皱变现象。⑨ 植株原本衰弱导致的畸形。⑩ 不明的刺伤或刻伤。——诸如此类，是常会遇到的疑似病毒、却可能没有感染病毒的情况，但仍应提高警觉，并隔离观察。有时还有以上疑似、却不完全都是病毒的典型病征，这是因为植株已经感染病毒、植株衰弱，而造成多种病状重复感染的情况；总之，审慎再审慎，细心留意总比粗心大意好。

卡特兰一旦感染病毒病，目前尚没有方法、没有药物可以治愈，只能通过防范来杜绝。一旦感染通常丢弃——最好是销毁，如果发现植株显现异状却又模糊难明，一时无法断定是否为病毒感染，则必须将之隔离观察，请教专家。当卡特兰感染病毒病后不会立刻显现病征，尤其在苗株生长期或是新芽快速生长期更是无法意识到已遭感

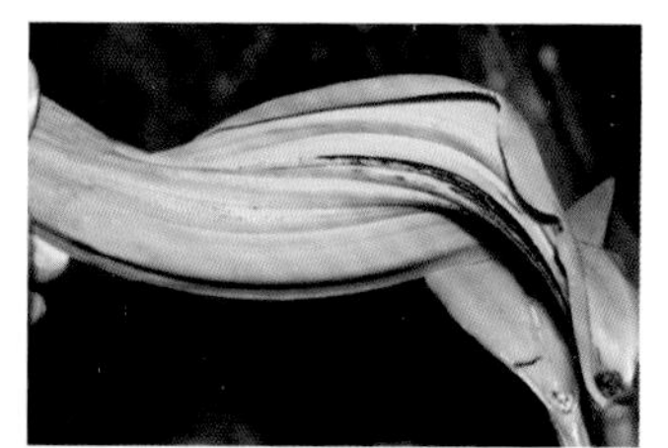

卡特兰叶片因CyMV（东亚兰嵌纹病毒，*Cymbidium mosaic virus*）病毒而严重扭曲变形，其实大多数的病征没有这么明显。

花朵嵌斑病，由ORSV（齿舌兰轮点病毒，*Odontoglossum ringspot virus*）病毒引起，花朵上会出现完全无规则性的斑纹。许多其它因素也会在花朵上出现不特定斑纹，并非都是由病毒引起。

卡特兰感染东亚兰嵌纹病毒病征特写，在叶背出现条状黑褐坏疽、凹陷病斑。

感染CyMV（东亚兰嵌纹病毒）的卡特兰，叶片正面出现许多黄化退色条纹，背面有褐色条状凹陷病斑。

严重的病毒病征，叶片满布黑褐的点状及条块状坏疽、凹陷病斑。

双重感染：病毒（病征在上方绿色及黄化叶片，皱扭及不明结痂）、疫病（真菌性）。

感染病毒植株的果荚，其叶片上也有许多坏死结痂病斑。

叶片因遗传上的缺陷，而变异成叶色镶嵌或皱扭，或二者都有，常被误认为病毒；但此图可能真的有病毒，反正是不良植株，直接丢弃销毁即可。

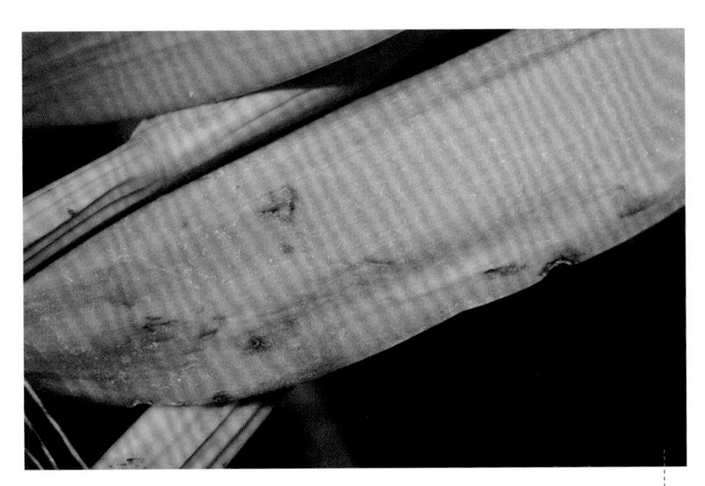
植株衰弱，叶片不健康而黄化、皱扭，并有不明刺伤、刻伤。

叶片干瘪不健康，并有折损、刺伤。

部分叶肉曾因冻害等原因坏死。

肥厚叶片曾因冻害皱扭，后又破损，然后老化黄化。

叶片因老化而黄化。

叶片因缺镁而不健康，并逐渐老化。

因缺镁、缺氮等因素而叶片黄化。

植株极度衰弱，叶片干瘪，并因叶片表面蜡质薄膜破损而结痂。

染，但是如果没有审慎防范，以没有消毒的刀剪工具进行操作，并一株接一株，病毒病就一直传染开了。这些兰花病毒并不会自己传播，其传播与侵入寄主的过程，完全是被动的，必须借由伤口或其它生物媒介才能侵入寄主细胞；尤其以未经消毒的刀剪来切剪植株，是最主要的传染途径。上述两种病毒在寄主外存活时间很长，即使一段时日后仍会传染。刀剪消毒时可以采用5％的NaOH浸泡1分钟以上；或用打火机、酒精灯、瓦斯炉火烤5～15秒（刀片两面都要处置，剪刀则要打开处置）；或是以水煮沸5分钟。另外，当兰花植株拥挤，彼此茎叶摩擦造成伤口，或是气生根纠结时扯断，也都可能造成病毒传染。

6.1.2 细菌性病害

细菌性病害中的软腐病与真菌性病害的疫病，其病征病状对大多数人来说是难以区分的，当只从图片去辨识或教学时，有时的确叫人摸不着头脑。但必须区分出是细菌性或是真菌性的病害，才能对症下药，并杜绝其传染。

判断卡特兰的病害是细菌性或真菌性，有三个简单的方法：

（1）细菌性病害的腐烂部位通常会有酸腐刺鼻的恶臭味，真菌性病害则通常只是普通的酸臭味或霉烂味。

（2）以手指轻挤病斑或腐烂部位，细菌性病害的通常会流出许多乳白色菌泥，其内含有大量病原细菌；如将此腐烂植株体病端浸入盛有清水的玻璃杯中，会流出乳白状菌泥，而后渲染开，真菌性病害则无。

（3）将病株植物体置于装有微湿棉球的塑料袋中绑住袋口，2~3天后如果腐烂部位长出白色纤细的菌丝，则是真菌性病害。

卡特兰的细菌性病害较少，最主要是软腐病及褐斑病。

6.1.2.1 软腐病（Soft rot）

由病原细菌*Erwinia carotovora*所引起，可在土壤、介质、植材、盆器中存活数年之久，其寄主范围相当广，会感染各种植物，因此必须特别注意其周围环境的感染源。

软腐病主要发生于高温高湿的环境，感染迅速，发病、蔓延快。主要经由伤口、叶片中脉裂缝、气孔侵入，成株及苗株都容易感染。出瓶幼苗感染软腐病时整个植株会如水煮状完全溃烂，并发出腐烂酸臭味。而成株的叶片与假鳞茎会黑变腐烂，有时叶片黑黄掺杂并掉落，生长中的新芽体则会由假鳞茎内部软化腐烂，而后整个植株体倒伏枯死。

在叶片及即将长成的假鳞茎感染初期，会出现水渍状病斑，将叶片迎向光源时病斑近乎透明；而后叶肉部分因软化而凹塌，于数日之内迅速溃烂并发出腐烂恶臭味，随即整个植株黑变腐败，宣告不治。

软腐病目前无有效治愈之药物，而且一旦发现罹病通常已经无救，因此要特别注重预防，保持足够的警觉性，一旦发现病叶、病株即清除隔离，严重者直接销毁，而感染轻微者应马上以消毒过的刀剪切除，并将以下药物之一与水1：1对溶调匀、涂抹伤口。

生长中的卡特兰新芽体因感染软腐病而假鳞茎内部软化腐烂，整个植株体倒伏枯死。

感染软腐病的卡特兰出瓶幼苗呈水渍状溃烂，并发出腐烂酸臭味。

软腐病危害卡特兰聚合盆中小苗。

新芽感染软腐病的初期症状之一，将此新芽拔出，会发现水状糜烂，并有酸腐恶臭味。

卡特兰成株叶片感染软腐病的初期症状之一，因叶肉的部分软化而凹陷，随即迅速溃烂，数日之内全叶片将黑变腐败。

黑变腐败的新芽与旧株假鳞茎。此株原本染有介壳虫害，因植株衰弱而更易罹病。

※药物防治：

① 对于有软腐病的可疑处所，平时（夏天0.5～1个月，冬天1～2个月一次）需轮流喷洒：30.3％四环素（Achroplant）溶液1000倍，或63％代森锰锌【铜锌锰乃浦】（Cuprosan）可湿性粉剂500倍液，或77％氢氧化铜（Kocide）可湿性粉剂400倍液。

② 已感染过软腐病的兰园、花床，每隔7～10天一次，连续4次，轮流喷洒：30.3％四环素溶液1000倍，或68.8％多保链霉素（Atakin）溶液1000倍，或18.8％链霉素（Streptomycin）溶液1000倍，或63％代森锰锌【铜锌锰乃浦】（Cuprosan）可湿性粉剂500倍液。

③ 软腐病菌对链霉素、多保链霉素的持续使用可能会产生抗药性，勿一直重复施用。

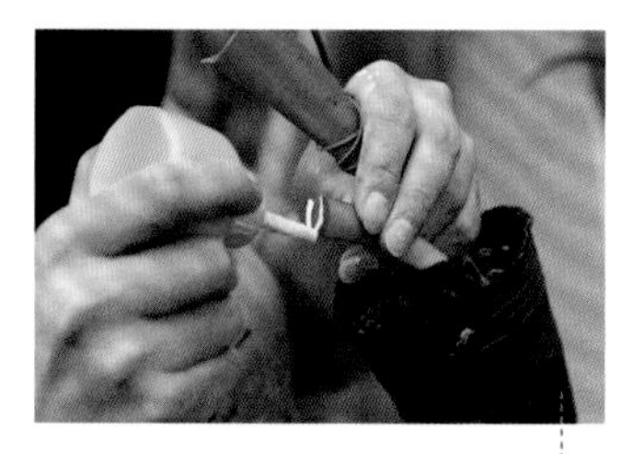

病叶剪除后，药剂与水1：1混匀后涂抹。

6.1.2.2 褐斑病（Brown spot）

又称褐色腐败病，由病原细菌*Pseudomonas cattleyae*所引起，发生条件与软腐病相似，都是高温高湿的环境引发。发病时虽不如软腐病迅速猛烈，但其病原细菌的残存能力顽强，剪除病叶部位后仍会持续向外扩展，根除较不易。

褐斑病的感染，首先在叶片上出现一些几毫米大的水渍状小斑点，而后逐渐扩大成黑褐色中～大型病斑，病斑周围常形成黄晕。其与软腐病之不同在于：其感染卡特兰叶片后，病叶通常仍甚为坚硬而保持原来叶姿，只是一直持续褐变枯烂，直至整个植株死亡。

褐斑病（褐色腐败病）感染卡特兰叶片，病叶通常仍甚为坚硬而保持原来叶姿。

褐斑病感染，叶片上出现水渍状小斑点，而后逐渐扩大成黑褐色中～大型病斑，病斑周围常形成黄晕。

感染褐斑病，造成卡特兰植株死亡。

※药物防治：

大致与软腐病相同，因此二者可共同防治，只是它较为顽强，防治上更费时费力。

6.1.3 真菌性病害

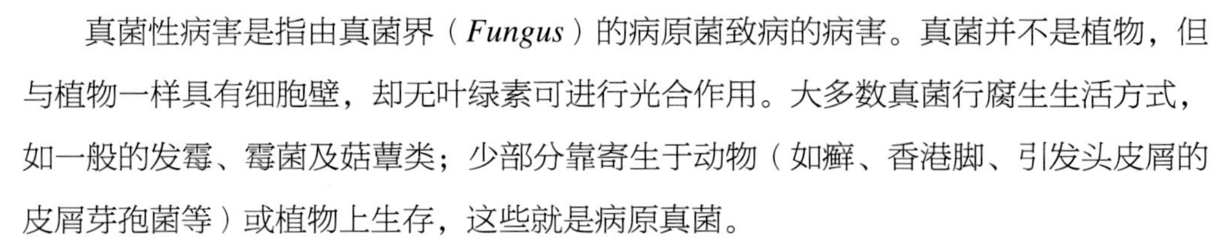

炭疽病是最常见到的真菌性卡特兰病害。

真菌性病害是指由真菌界（***Fungus***）的病原菌致病的病害。真菌并不是植物，但与植物一样具有细胞壁，却无叶绿素可进行光合作用。大多数真菌行腐生生活方式，如一般的发霉、霉菌及菇蕈类；少部分靠寄生于动物（如癣、香港脚、引发头皮屑的皮屑芽孢菌等）或植物上生存，这些就是病原真菌。

在前面我们提了三项对于细菌性病害与真菌性病害的简便辨别方式，另外，真菌性病害通常还会在病斑、病体上产生许多孢子群，通常是呈同心圆或波状的排列式分布，这是真菌性病害的特征。

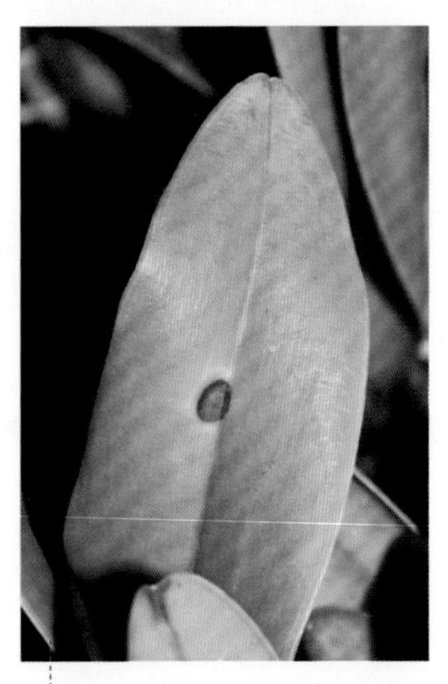

在叶中发生的炭疽病先由淡绿色～淡绿黄色的圆形小斑点，而后斑点逐渐坏疽、变为黑褐色，并逐渐扩大。

6.1.3.1 炭疽病（Anthracnose）

由病原真菌*Colletotrichum gloeosporioides*所引起，广泛分布的世界性病害，并且寄主范围很广，会造成许多植物、农作物发病，也是最常见到的真菌性卡特兰病害。大多发生于高温高湿、植株拥挤、通风不良处，病原由各种伤口或自然开口（如气孔、叶尖、叶缘）侵入，初期在叶片上出现淡绿色～淡绿黄色的圆形针尖状小斑点，而后斑点逐渐坏疽、变为黑褐色，并逐渐扩大。有时相邻的数个炭疽斑点各自扩大并融合，形成不特定形状的大型炭疽病斑。后期于病斑处形成许多黑色小颗粒体，在高

数个炭疽斑点同时发生，并各自逐渐扩大。

有时相邻的数个炭疽斑点各自扩大并融合，形成不特定形状的大型炭疽病斑。

炭疽严重的卡特兰叶片有时会整片凋落，但是周围已经遍布炭疽病孢子了。

花鞘中的花苞感染炭疽病，不能开花。

自卡特兰叶尖感染的炭疽病斑。

干燥的大片炭疽病斑中有时呈现轮纹状或波纹状的斑纹。

融合的大型炭疽病斑中切卡特兰叶片。

炭疽病自日晒灼伤伤口侵入感染。

疫病严重感染的卡特兰植株，其假鳞茎呈现褐色～黑褐色水渍状腐变。

湿度时溢出的粉红～橙色黏状物，是其分生孢子群，分生孢子群会因光照影响而常成为轮纹、波纹状。

※药物防治：

① 罹病较轻微时，在病叶上离病斑2～3cm处以消过毒的刀片将染病部分切除，并将以下药物之一与水1：1对溶调匀、涂抹伤口。较严重时将枯凋叶片直接摘除，也于伤口涂抹药剂。

② 每隔7～10天一次，连续3～4次，喷洒以下一项药剂：80％代森锰锌【锌锰乃浦】（Mancozeb）可湿性粉剂500倍液，或70％甲基代森锌【甲基锌乃浦】（Antracol）可湿性粉剂500倍液，或80％代森锌【锌乃浦】（Zineb）可湿性粉剂500倍液，或50％咪酰胺【扑克拉锰】（Sporgon）可湿性粉剂6000倍液，或25％咪酰胺【扑克拉锰】（Sporgon）乳剂2500倍液、或50%多菌灵【贝芬替】（Carbendazime）1000倍液，或75％百菌清【大克灵】（Dacotech）可湿性粉剂1000倍液。

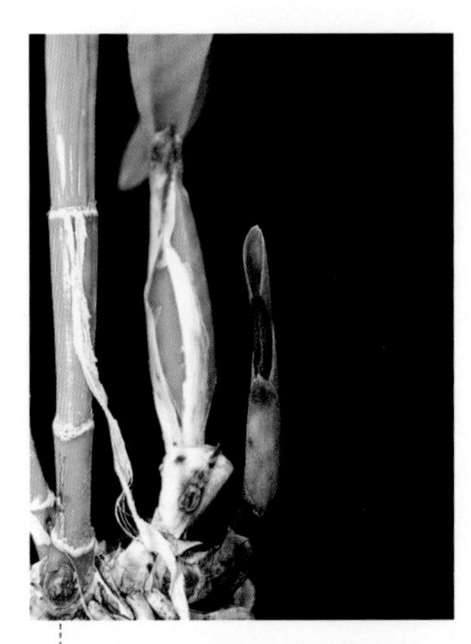

疫病常感染卡特兰的新芽，造成芽体黑化腐烂，俗称黑脚病。

6.1.3.2 疫病（Black rot）

由病原真菌*Phytophthora nicotianae*所引起，因为罹病植株会黑化腐烂，又称黑腐病、黑脚病，在通风不良的高湿环境中最易发生，并以露天淋雨的兰园或花床最易传染。病原可由任何部位侵入危害，但以幼嫩组织最易，如出瓶苗、幼苗、新芽等，其病势发展迅猛，如瘟疫般激烈，故称疫病。

感染部位初呈褐色水渍状不定形病斑，而后迅速向四周扩展成黑褐色的大块病斑，内部组织并随之软化、坏死，最后整株死亡。病部组织于高湿度时会产生白色的霉状物，这是病原菌的菌丝及孢囊，会借浇水、雨水、露水、高湿空气释放孢子传播出去。

感染疫病后，幼苗通常快速死亡，成株则会借由维管束蔓延全株，终至整株死亡。病原菌以厚壁孢子形式抵抗干燥、低温、高温等不良环境，所以能存活于旧植材、旧盆数年，然后由根部或植株下方侵入新的植株；如果是由根部或植株下方感染，则于植株下方产生黑褐色病斑（故称黑脚病），随后往上蔓延，叶片即因下方的茎部坏死，有时自下方黑起，有时迅速掉叶，此时植株已与死无异。

※药物防治：

① 幼苗阶段发现病株时通常都已无效，直接将该植株及植材一并以塑料袋密封销毁，其余植株一定要立即喷药。

② 中大苗与成株如果病发在叶片并且尚轻微，迅速以消毒过的刀切除病叶，伤口涂抹快得宁【亿级棒】（Quinotate）、氯唑灵【依得利】（Terrazole）等与水1：1调匀浓剂，并全株喷洒以下药剂。如果病情已经严重，或者发生在植株基部，则整株都已无救，将该植株及植材一并以塑料袋密封销毁，以防止继续传染。

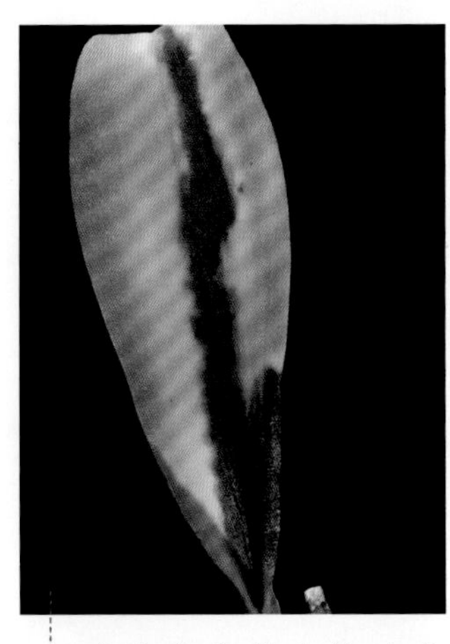

感染疫病的卡特兰成株病征自叶基扩展情形之一。

③ 喷洒药剂：66.5％霜霉威盐酸盐【普拔克】（Previcur）液剂1000倍液，或

严重感染疫病及枯死的卡特兰苗株。

感染疫病的卡特兰成株坏死。

感染疫病坏死的卡特兰幼苗。

感染疫病的卡特兰成株病征自叶基扩展情形。

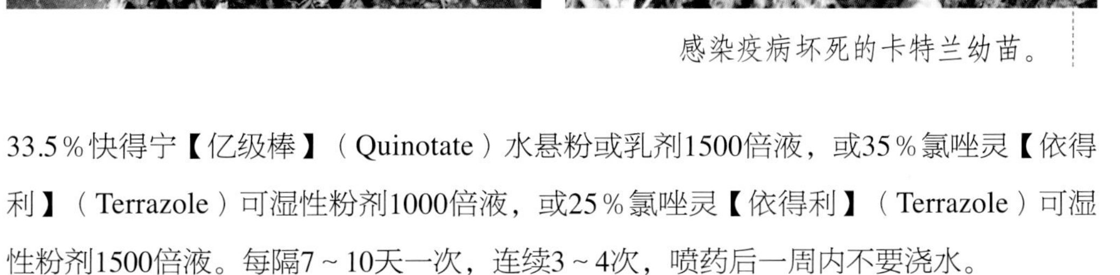

33.5％快得宁【亿级棒】（Quinotate）水悬粉或乳剂1500倍液，或35％氯唑灵【依得利】（Terrazole）可湿性粉剂1000倍液，或25％氯唑灵【依得利】（Terrazole）可湿性粉剂1500倍液。每隔7～10天一次，连续3～4次，喷药后一周内不要浇水。

④ 栽植后的出瓶苗，可以以上述一项药剂溶液浓度减半，基质为水苔时，喷洒植株一次后将药液灌注于基质之中，基质为混合植材、粗料（蛇木屑、树皮、椰子壳等）者则充分喷洒。数天后等植材将干时才浇水。

6.1.3.3 灰霉病（Petal blight、Gray mold）

灰霉病，又称花瓣灰斑病，多发生于低温高湿的环境，特别是通风不良处所，是针对花朵感染的病害。由病原菌*Botrytis cinerea*所引起，也是一广泛感染的病害。初期的病征是在花朵上出现水渍状圆形小斑点，而后小斑点逐渐变为灰色，并进一步变褐，终致花朵枯损。感染严重时连花苞都早早枯萎。

所谓“低温高湿”有一个范围。其病原菌菌丝生长适温为20～25℃，温度高于25℃时，其菌丝生长情形极差；分生孢子发芽的温度范围为12～27℃，但以15℃为最适发芽温度。由于其分生孢子含水量很低，所以发芽时对水分需求更高，环境中的相对湿度必须在93%～100％时分生孢子才能发芽；但是当花朵表面覆有水气、水膜时，即使空气中相对湿度不高，病原菌还是可以侵入花朵。灰霉病虽然对于植株无致命性的危害，但是会导致花朵观赏性降低或无花可赏。

灰霉病的初期病征：在花朵上出现水渍状圆形小斑点，而后小斑点逐渐变为褐色。

灰色病斑开始致卡特兰花朵枯损。

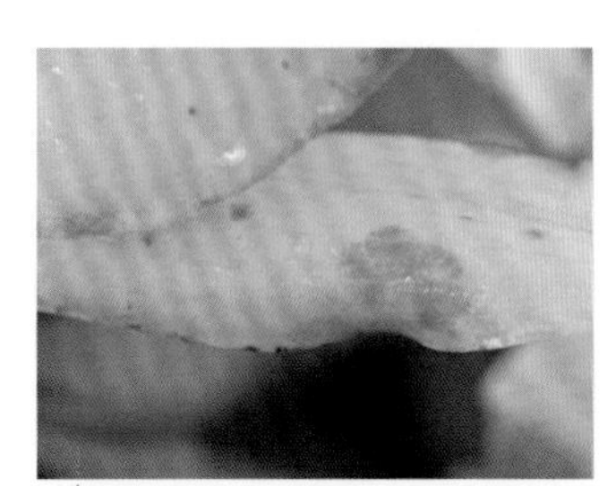

较不常发生的水渍状病斑扩大特殊情形。

严重感染灰霉病的卡特兰枯损花朵。（杨秀珠博士摄影）

※一般防治：保持适度通风、增加空气对流。发现感染花朵，立即将其摘除。由于花朵喷洒过药剂之后，将也会可能造成无花可赏，所以在遇到低温高湿的情况下就要提高警觉，特别是露天栽培下遇浓雾弥漫，或温室栽培下的冬季，更是灰霉病蔓延最迅速时段。

※药物防治：如果怀疑、或者周边有、或是曾感染、经常感染，那么在花苞即将绽放前，喷洒下列一项药剂，最好轮流使用。并且，先以一两株或一两朵尝试喷洒，观察是否对花朵造成药害。

50％异菌脲【依普同】（Roval）可湿性粉剂1500倍液，或50%多菌灵【贝芬替】（Carbendazime）1000倍液，或75％百菌清【大克灵】（Dacotech）可湿性粉剂1000倍液，或50％腐霉利【扑灭宁】（Sumilex）可湿性粉剂1500倍液，或50％抑菌灵【益发宁】（Euparen）可湿性粉剂2000倍液，最好加入展着剂（如CS-7，3000倍）以增强其药效。每隔2～4周一次，连续2～3次，喷药后一周内浇水时勿淋到花朵。

6.1.3.4 煤烟病（Sooty mold）

煤烟病并非侵入植株体内的病害，而只是显得脏污、有碍观瞻，它是因为某些种类自身的某些部位（如花鞘、花梗、花朵、子房，或是叶背、叶缘、叶基凹处等）所分泌的甜汁蜜露，或者是某些昆虫（同翅目的蚜虫、介壳虫等）所分泌的蜜露，再受到*Meliolia*属真菌类（如*Meliolia methitidiae*）所感染。如果煤烟病情况严重，不仅会影响到商品价值，还会影响光合作用、气孔呼吸，导致植株生长不良。

※药物防治：与灰霉病用药相似，可一并处理。另外，可以50％乙烯菌核利【免克宁】（Ronilan）可湿性粉剂500倍液喷施。

6.1.3.5 其它

还有一些其它兰种较易感染，而卡特兰偶有感染的真菌性病害，在此不再一一叙述；另外，在环境管理不良、杂菌丛生的情况下，可能常常发生不明的杂菌感染，此情形以嫩弱的幼苗，以及花芽、花苞、花朵为多，有许多是类似炭疽病的病征，却不是炭疽病。

某些卡特兰因为花鞘上分泌有甜的汁液而感染煤烟病。

总之，除了生理障碍、虫害、病毒、细菌性病害、真菌性病害之外，不明的感染，就可能是其它真菌类杂菌的感染，其实都可以预防。预防性的药剂，在大多数真菌性病害感染前，普遍地可以保护兰花植株，所以也通称“一般保护性杀菌剂”，如波尔多混合液（Bordeaux mixture，由硫酸铜与石灰混合调制而成）、代森锌【锌乃浦】（Zineb）、代森锰锌【锌锰乃浦】（Mancozeb），先期可每隔10～15天喷洒园区及植株一次，连续3～4次后，每隔2周至1月一次即可，喷药后数天内不要浇水，就可有效地预防。

卡特兰花鞘内的花芽因不详因素而消苞，剥开后已产生白色菌丝。但也可能只是消苞后再滋生杂菌。

卡特兰花朵感染不详的真菌性病害（可能为炭疽病所引起）。

6.2 虫害及其防治

凡是所有动物造成的损害，都称之为虫害，以下是卡特兰常见虫害：

（1）老鼠：老鼠为啮齿性小哺乳动物，不仅会以新芽嫩苗为食，还会因磨牙而毁损卡特兰硬厚叶片及假鳞茎，以及在兰盆中、植材中筑巢，损害整个兰株。

※防治：清除易为老鼠躲藏处，并以市售捕鼠物品、鼠药诱杀，并特别注意勿让幼儿及宠物触及。

（2）软体动物：主要寄生于栽培介质中或者盆下，白天多藏在无光、潮湿的地方，夜间出来活动，特别是在大雨过后的凌晨或傍晚成群结队出来啃食兰花幼根、嫩叶与花朵，影响卡特兰的观赏价值。分大、中及小型种，大、中型种即蜗牛和蛞蝓，特别喜爱啃食苗株、花苞、花朵及新芽，因软体腹足爬行时必须分泌湿润黏液润滑，所以爬过都会留下白色透明黏液的痕迹，比较容易判断。小型种为小蜗牛。

A. 蛞蝓：即是没有壳的蜗牛，有的种类则有很小的壳保留在背部。

B. 一般蜗牛：各年龄阶段的蜗牛都会啃食危害，栽培场所通常因为环境复杂、湿润，充满各种可让它食用的植物并容易为其所躲藏。

C. 小蜗牛：很小，只约3～5mm大，体扁形，壳近白色透明，但因肉身为黑色，故活体呈现黑色。啃食根部（根尖及根表都有）、新根及新芽，直接致使新根及新芽

蛞蝓。

蜗牛或蛞蝓危害花朵。

蛞蝓啃食花苞，留下明显的黏液爬痕。

蛞蝓危害花朵，花朵上留有白色透明黏液的爬痕。

蛞蝓危害花苞，仔细查看，也可见其留下的黏液爬痕。

小蜗牛很小、扁形，平时都躲藏于植材内，因为常疏于察觉，其损害反而比其它较大型的蜗牛严重。

伸出身体及触角的小蜗牛（叶片上的坏疽并非它所造成，它通常啃食根部及新芽）。

小蜗牛啃食根部，根部末端及根表都有咬痕。

停止生长，影响根部吸收及固着功能。平时都躲藏于植材内，因为常疏于察觉，其损害反而比其它较大型蜗牛严重。

※一般防治：在栽培过程中，应及时清理杂草，注意控制湿度，减少发病几率，于栽培场所周围撒石灰粉，阻止其进入；可以用石灰水、氨水喷杀或在清晨进行人工捕杀。

※药物防治：当无法人工除尽时，在介质表面撒上6％聚乙醛饵剂（Bug-Geta，俗称灭蜗灵）诱杀，严重时用系统性药剂如：10％甲拌磷【福瑞松】（Thimet）粒剂，或10％涕灭威【得灭克】（Temik）粒剂，以每6寸盆0.5克比例施用于植材上。

（3）叶螨（红蜘蛛）：非昆虫纲的节肢动物，属于蛛形纲，非常细小，约只有1mm左右，虽然一般都称为红蜘蛛，却不是一般肉眼能够看清楚的红色蜘蛛。它们都躲藏于浇水和雨淋不到的叶背，性喜干燥环境。由于其吸食汁液，其聚集危害处常见到如锈蚀般的愈痕、皱痕，或极细小、密集的红褐色咬痕。

※一般防治：红蜘蛛一般都是危害薄叶种兰花，厚叶的卡特兰较少见，因喜干燥，平时浇水要注意叶背的淋湿，少量发生时可以棉花棒或毛笔、水彩笔沾水刷除虫体。

※药物防治：数量少时喷施一般虫害用药即可根除，注意要喷洒到叶背。严重的情形则以10％甲氰菊酯【芬普宁】（Danitol）乳剂2500倍液，或8％三氯杀螨砜【得脱螨】（Tedion）乳剂1200倍液，或75％苯噻螨【欧螨多】（Omite）乳剂2500倍液喷洒植株及叶背， 7～10天一次，连续 3～4次。药剂应轮流使用，避免红蜘蛛产生抗药性。

（4）啮咬性昆虫：以啃食叶片、嫩芽、苗株及花朵为主，最常见到的是鳞翅目（蝴蝶和蛾类）的幼虫，有许多种类，虽然都不是以卡特兰为主食，但是会顺便咬一咬、到处吃；尤其是斜纹夜盗蛾的幼虫，所有绿色植物通吃，平时躲藏于很远的隐密处，在夜间迅速爬往目标用餐处，如盗贼般凶狠啃食饱餐一顿，然后又回家躲藏。其

鳞翅目蛾类幼虫。

斜纹夜盗蛾幼虫。

鳞翅目蛾类幼虫啃食花朵。

鳞翅目幼虫啃食幼苗叶片。

次为蝗虫类，飞行、跳跃力强，缉捕、抓拿颇为费力；还有蟑螂也会于夜间啃咬嫩芽、生长点、新根根尖以及花朵，躲藏相当迅速。

※药物防治：数量少时以手或镊夹抓除，不易抓除或是较严重时则以50％西维因【加保利】（Carbaryl）可湿性粉剂，或90％灭多威【纳乃得】（Lannate）可湿性粉剂，或40%辛硫磷【巴赛松】（Phoxime）乳剂，或5%阿维菌素【阿巴汀】（Abamectine）乳剂，成株2000倍液、苗株3000倍液喷洒，7～10天一次，连续3次。

蟑螂也常会啃食花朵、嫩芽和根部。

（5）锉吸性昆虫：花蓟马。蓟马为总翅目（Thysanoptera）的极小型昆虫，危害各类花朵的种类称为花蓟马，体长只在1～2mm之间，肉眼较不易看清楚。有的种类成虫有翅会飞行、增大传染范围，有的无翅，幼虫成虫大家族一起生活一起危害，幼虫体色淡，白黄色至略黄褐色，成虫一般都是黑色。以其口器如锉刀般锉伤花朵表面而后吸食汁液，称为“锉吸式”或“凿吸式”口器，所以其造成伤痕如锉伤一般，大多于花朵侧边、或是由侧瓣与萼片交叠处的边缘开始锉伤吸食，也有于花朵表面到处乱锉的种类。

花蓟马严重危害花朵，花朵满布锉状伤痕。

※药物防治：以50％甲胺磷【达马松】（Tamaron）乳剂2000倍液，或50％马拉硫磷【马拉松】（Malathion）乳剂1000倍液，或40.8％毒死蜱【陶斯松】（Dursban）乳剂1000倍液喷洒，7～10天一次，连续3次。

（6）钻食水苔及根部的昆虫：大蚊幼虫。自从水苔成为兰花重要栽培介质之后，大蚊幼虫的危害情形就显得普遍，大蚊成虫在水苔植材上产卵，幼虫孵化后直至化蛹前都一直在水苔中钻窜，并侵食水苔及兰花根部，导致水苔粉化腐败并于浇水后松浮，严重影响兰株生长。如果见到水苔无故粉化松浮，剥开水苔后仔细检查通常可发现微小、细长的大蚊幼虫虫体。其成虫体色黄褐～黑褐，翅长脚长，形似放大并拉长的蚊子，但飞行缓慢，容易以手或长柄捕虫网扑杀，也可用粘黄板诱捕。与蚊子同为双翅目（Diptera）、直裂亚目（Orthorrhapha），但属于大蚊科（Tipulidae），英文称Crane-flies，不会吸食动物血液。（蚊子是蚊科Dixidae）

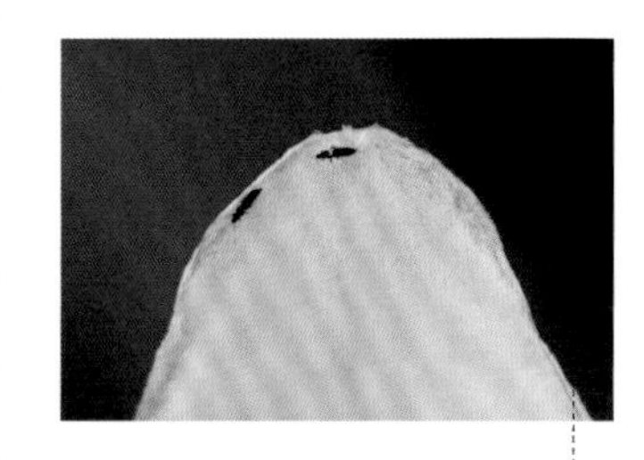

非常细小的花蓟马，图为黑色的成虫。

另一种严重的花蓟马危害情形，花朵上满布乱窜乱锉般的伤痕。

花蓟马的初期危害，常由侧瓣与萼片交叠处的边缘开始，如没注意很快就会传播开来。

大蚊幼虫窜食水苔及根部，导致水苔于浇水后松浮并严重影响幼苗生长。

本书作者蹲在地上检查危害水苔的大蚊幼虫。

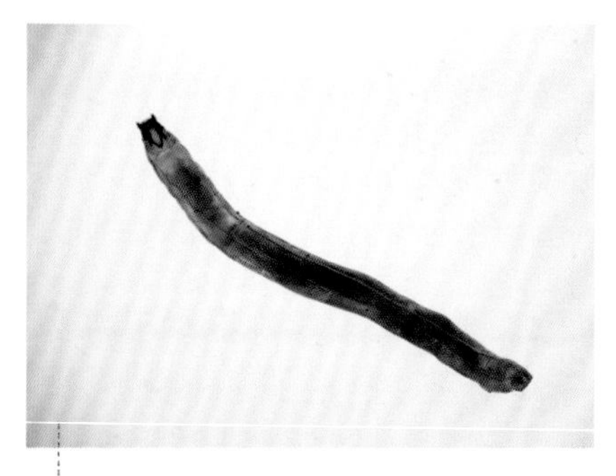

大蚊幼虫放大特写。

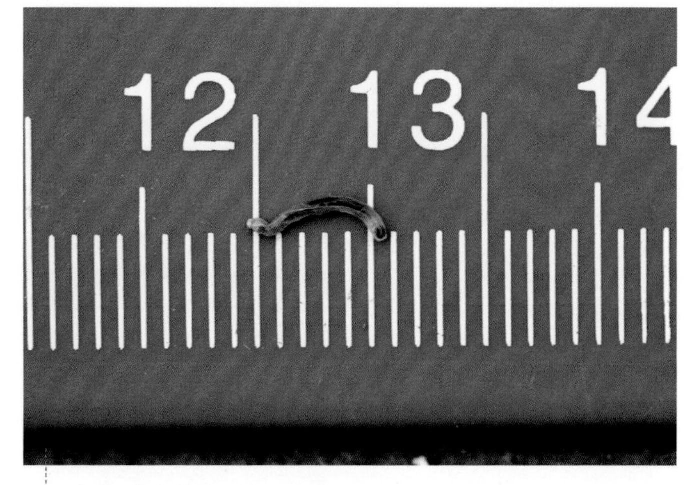

大蚊幼虫的尺寸比对图。

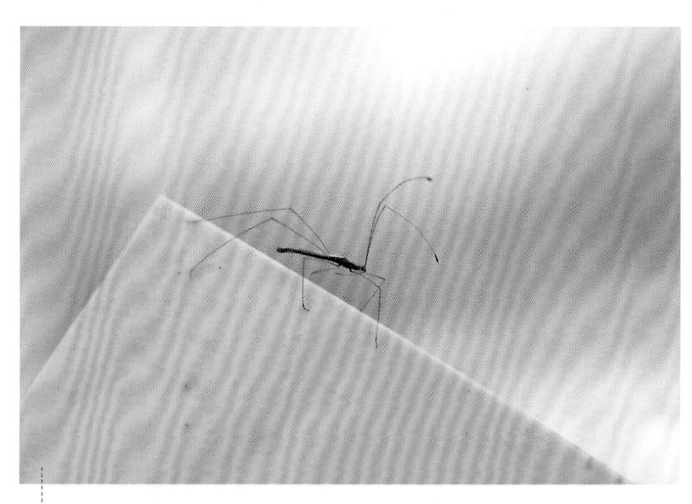

危害水苔的大蚊成虫。

※药物防治：以85％西维因【加保利】（Carbaryl）可湿性粉剂2000倍液，或90％灭多威【纳乃得】（Methomex）可湿性粉剂2000倍液，或25％甲基内吸磷【灭赐松】（Metasystox）乳剂1000倍液，或5%阿维菌素【阿巴汀】（Abamectine）乳剂1000倍液喷洒植材，7～10天一次，连续3次。

（7）吸食性昆虫：都为昆虫纲同翅目（Homoptera），都是刺吸式口器，以吸食汁液方式危害，常与蚂蚁共生、受到蚂蚁保护并帮忙搬离，其分泌蜜露为蚂蚁所喜食，并会造成煤烟病感染。依移动方式分为三类：

A. 固定寄生：此类通称为介壳虫（Scales），有些种类雌雄虫同为固着寄生，有些种类雌虫固着、雄虫可移动，固着者体表长有各式外壳坚硬（称为介壳虫）或是体表覆有白色粉状蜡质物（称为粉介壳虫）。危害卡特兰者有许多种类，其中最常见的是兰花白介壳虫。其它类介壳虫的危害及防治大致与之相同。

兰花白介壳虫（*Diaspis boisduvalii*）：这是广布全世界的知名兰花害虫，以危害卡特兰及石斛兰为主，大多聚集躲藏于叶背、干的茎鞘内水分浇洒不到之处。当其危害卡特兰叶片时，在叶片正面可见到黄化病斑，在叶背面会见到密集寄生的介壳虫，黄色圆壳的是雌虫，长形白色粉状蜡质物是雄虫。繁殖很快，而且经年皆可繁衍，一旦发现如果不快速予以治疗，就会到处蔓延，并且并发其它严重病害。

介壳虫类危害卡特兰叶片，在叶片正面可见到黄化病斑。

翻开叶片背面见到密集寄生的介壳虫，此为兰花白介壳虫（*Diaspis boisduvalii*），黄色圆壳是雌虫，长形白色粉状蜡质物是雄虫。

果荚及干花鞘上的兰花白介壳虫。

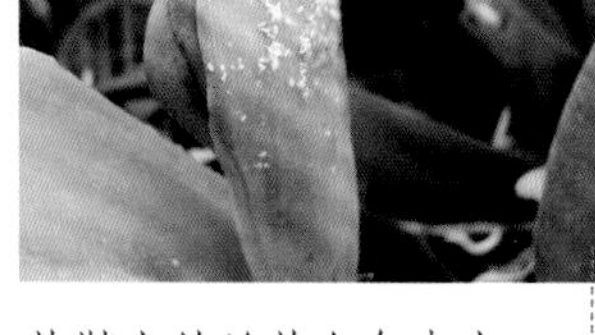

花鞘上的兰花白介壳虫。

卡特兰假鳞茎上的已干茎鞘易为介壳虫类所躲藏，剥开干茎鞘，满是寄生的兰花白介壳虫。

※轻微时防治：介壳虫大多怕潮湿，浇水时淋洒不到处要多注意；如发现少数介壳虫时，可以棉花棒或毛笔、水彩笔沾水刷除虫体，并检查较隐密处是否有躲藏。

※药物防治：以50%西维因【加保利】(Carbaryl)可湿性粉剂1000倍液，或50%马拉硫磷【马拉松】(Malathion)乳剂1000倍液喷洒植株茎叶，7~10天一次，连续3次。

B.移动性昆虫：蚜虫，一般是成虫有翅、幼虫无翅，其危害都相同。通常集中于新叶、嫩芽、花芽、花梗、花苞、花朵等软嫩部位，较干燥时易发生。特别是其分泌蜜露污染聚集部位，更容易造成煤烟病感染。

※轻微时防治、药物防治：与介壳虫相同。

C.飞行的昆虫：白粉虱、叶蝉，不特定危害对象，通常因周围有许多其它花草树木而跟着被吸食，一般保持环境单纯即可避免，如果数量多时喷洒介壳虫类刺吸式害虫用药即可杀除。

（8）侵扰性昆虫、节肢动物：这些小虫不会特意啃食卡特兰，或是造成什么可观危害，但是却会对植株造成某种程度的侵扰。包括：

A.蚂蚁：蚂蚁最大的危害是会保护并搬运蚜虫、介壳虫到植株上，因为这些同翅目昆虫会分泌蚂蚁所爱吸食的蜜露，是蚂蚁的乳牛。另外，蚂蚁会在植材内钻洞筑巢，严重影响生长，并造成栽培者困扰；又会聚集于花朵上下方、花鞘等有甜液分泌处，还会将植材内巢穴废物搬堆于植株茎叶交接处或花朵下方，让人不胜其扰。

蚂蚁聚集于卡特兰花朵下方有甜液分泌处。

蚂蚁将植材内巢穴废物搬堆于花朵下方。

※药物防治：以60％二嗪磷【大利松】（Diazinon）乳剂1000倍液，或40.8％毒死蜱【陶斯松】（Dursban）乳剂1000倍液喷洒，7～10天一次，连续3次。

B. 蜘蛛：蜘蛛、跳蛛（蝇虎）本身无碍于卡特兰，甚至因会捕食有害昆虫而正邪难辨，令人困扰的是其蜘蛛丝缠黏植株、花梗、花朵，影响观瞻；有的还会在盆中、植材中结丝营巢，繁殖小蜘蛛到处乱跑。

※防治：动手驱离或清除。

C. 苍蝇、咬蝇、草蚊：这些小昆虫不致造成多大危害，但是影响清洁及观瞻，有时则会吸吮叶片或花瓣汁液，造成吸吮的伤斑，间接导致病原菌侵入，也会留下难看的排泄物斑点。

※药物防治：用介壳虫或蚂蚁药物即可杀除，喷洒植株及植材。

D. 跳虫：跳虫是非常小的小虫，体长不过1～3mm，是原始的无翅昆虫，属于无翅亚纲（Apterygota）的弹尾目（Collembola），腹部具有跳跃器，以跳跃方式移动，故称跳虫。兰花植材上的跳虫种类不会对兰花危害，只以植材上的苔类、藻类、菌类、腐殖质等为食，但是数量多时给人脏乱之厌烦感，对业者来说会造成兰株进出口时的检疫失败，因此必须去除。

※药物防治：参考喷洒大蚊幼虫或蚂蚁的用药即可清除。

（9）鸟类：譬如白头翁、麻雀等，会啄毁花苞，令人烦不胜烦，通常以人为驱赶或黑网、鸟网予以隔离。

跳蛛（蝇虎）。

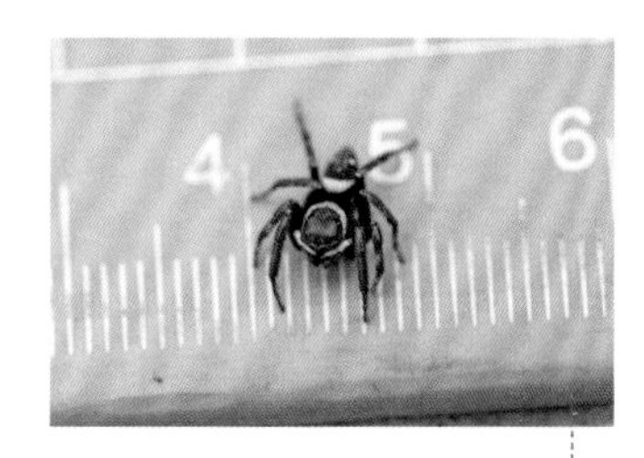

跳蛛（蝇虎）大小。

蜘蛛丝黏住卡特兰花朵。（*C. milleri*）

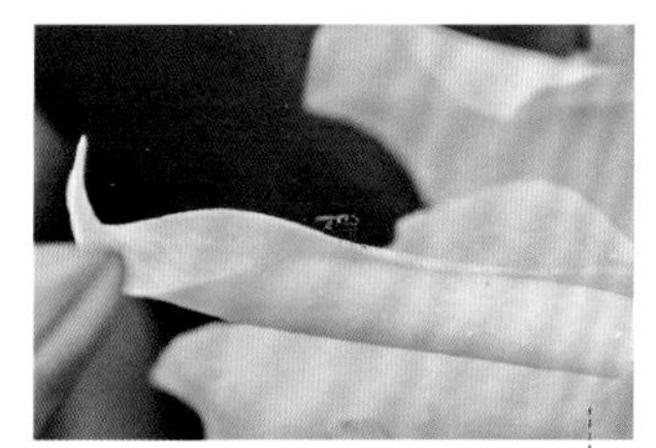

苍蝇停留于花朵上，它会吸食花瓣汁液、造成吮（损）斑，也会留下难看的排泄物斑点。

6.3 生理障碍及健康管理

6.3.1 生理障碍

卡特兰（一般植物、农作物皆同）有时植株生长不良，看似是发生病害，但并非来自传染性的病原，这类并非来自传染的病原性病害，统称为“生理障碍”，其成因、种类及范围林林总总，包括：植株拥挤、换盆迟误、营养不良（缺某些肥，或是某些肥分过剩）、温度冷热剧变、高温、灼伤、冻害（因低温所造成之冻伤、茎叶皱扭、生长停顿、消苞等）、干燥、浸根淹死腐烂、植材埋住植株太深、肥害、药害等，不胜一一列举，我们以图片做大略介绍。

植株长久没换盆，生长势开始衰弱。

绿叶产生镶嵌变异的植株，有人视为叶艺。

植株衰弱，即使长出大片花鞘，却可能没有余力开花。

有些种类一旦缺少磷肥，即使出现花鞘，还是无法花芽分化。

叶心积水，因天冷冻寒或日晒灼伤而花苞坏死。

花苞浸泡于叶心积水中，天冷天热都容易坏死。

因品种因素、或干燥、或植株不健壮，有时花鞘太早干枯或是花芽无法突出花鞘，以手剥开后发现花梗或子房早已经扭曲。

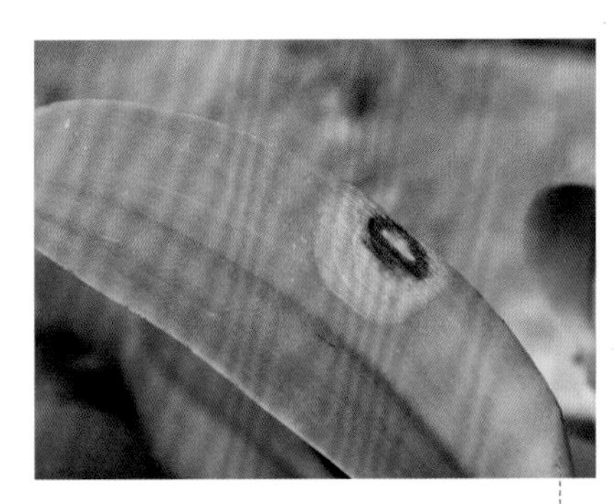

光照太强，叶片灼伤。

干燥高温、湿度低，根条干枯。

卡特兰叶片冻害。

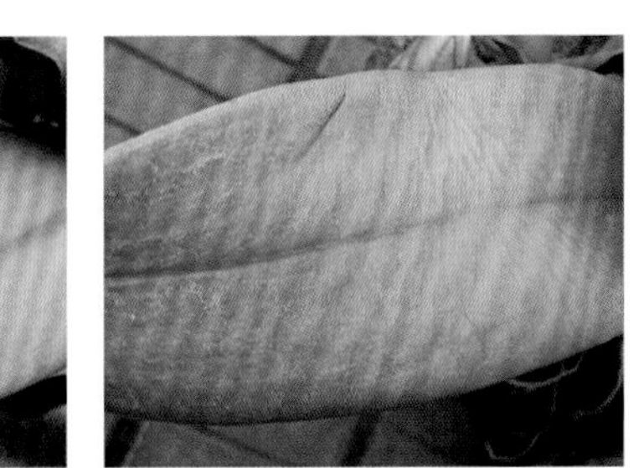

卡特兰老叶冻害。

卡特兰因缺氮、介壳虫寄生，加之低温而叶片黄化。

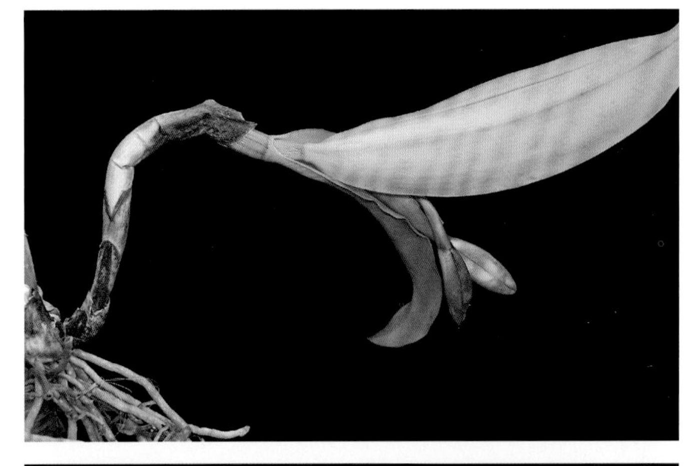

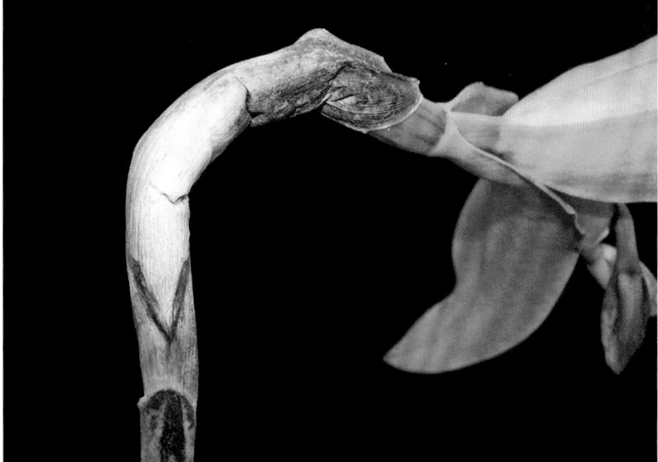

卡特兰新开花植株冻害。

卡特兰花苞冻害。

卡特兰根部肥害。

卡特兰肥害植株。

肥害较不严重的卡特兰植株，于更换植材重新种植之后，逐渐恢复生长。

植株种植太深，新芽生长不良。

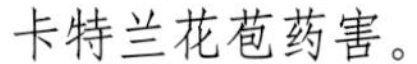

卡特兰花苞药害。

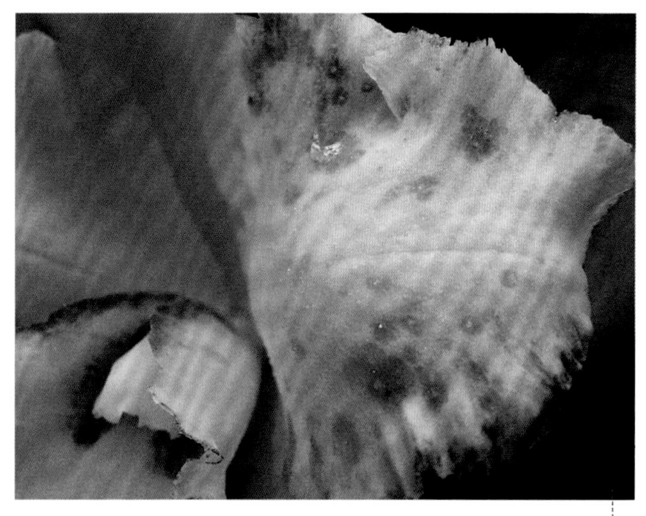

卡特兰花朵药害。

6.3.2 卡特兰花朵畸变

在卡特兰栽培中经常会出现畸形的花朵变异，这是一种退化返祖现象。这种变异属于偶然变异，而且在每一个卡特兰品种中都可能会出现，这可能跟栽培条件和栽培管理技术有关系。虽然有的花朵会以不同的方式产生变异，但第二年花朵会正常开放，所以说偶然变异在卡特兰的一生中有可能只出现一次，当然，这也不排除卡特兰在花芽分化过程中受到损伤所致。这些与众不同的变异花，虽然不如正常花更有姿韵和风采，但它作为大自然失败的作品，欣赏起来也妙趣横生。

6.3.2.1 蕊柱变异

有的蕊柱顶端的花药并没有完全退化。在小花蕾的时候，3枚花药正三角状排列，随着蕊柱的生长，其中1枚花药生长占主要优势，其余慢慢弱化，但仍然能观察到它们的存在，在蕊柱顶端仍保留着2枚或3枚花药。蕊柱变异经常伴随着唇瓣变异，唇瓣表现为退化为花瓣。有可能在进化过程中，蕊柱首先进化，仅留1枚花药，但为了增加吸引虫媒授粉的可能性，1枚花瓣也进化，特化为绚丽的唇瓣，以吸引虫媒进行授粉；但也有人提出花药的增多提高了授粉的几率，这属进化性变异。这两种看法哪种正确，有待进一步探讨。

6.3.2.2 唇瓣变异

（1）唇瓣缺失：表现为没有唇瓣产生，萼片也缺失1枚，剩余萼片和花瓣呈十字形排列。

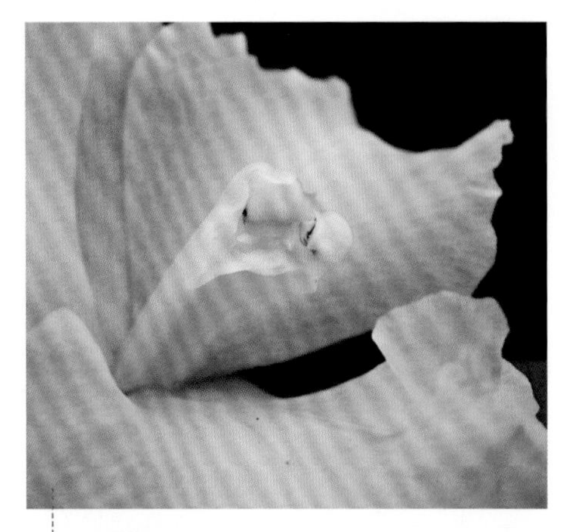
花药变异。

花药变异。

花药变异伴随唇瓣花瓣化。

花药变异。

花药变异。

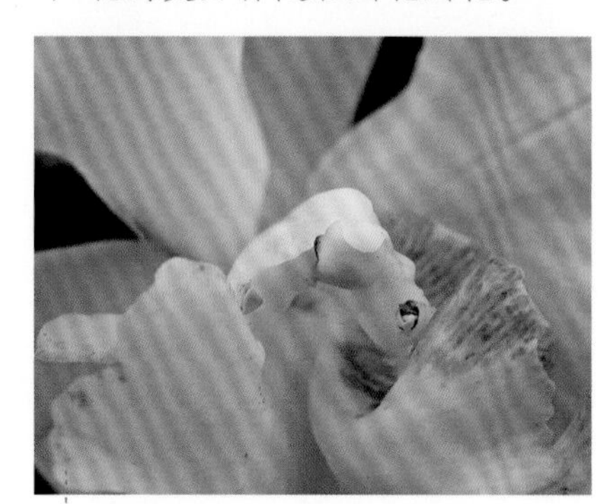
花药变异。

唇瓣缺失。

（2）唇瓣侧瓣化：与国兰米字形奇花相似，唇瓣变成异位内瓣，形成正三角形的内三瓣和外三瓣，呈米字状。有的品种突变较彻底，唇瓣失去绚丽的色彩和褶皱，异位内瓣上已看不出唇瓣的痕迹。有的突变效应相对较弱，异位内瓣下部还残留有唇瓣的褶片或带有少许色彩。

（3）唇瓣失色：唇瓣虽然带有褶皱，仍然保留原有的形状，但缺失其绚丽的色彩，成单一颜色。

6.3.2.3 花瓣变异

（1）侧瓣缺失：没有侧瓣产生，只有萼片和唇瓣，其中上萼片有轻微瓣化现象，或者只有一枚侧瓣，另一枚侧瓣未完全分化，覆盖在蕊柱的顶端，唇瓣也扭曲变形。

（2）侧瓣唇瓣化：这与国兰栽培中“蝶化”现象相似，两片侧瓣局部变异成唇瓣，变异侧瓣外围褶皱和色彩增多，花色变得更丰富多彩，使观赏性大为增加。

6.3.2.4 其它变异

在栽培中萼片极少变异，除上述萼片有瓣化现象外，还发现两枚下萼片有黏连现象。有时也会出现萼片、花瓣、唇瓣缺失的现象，只剩下两枚孤零零的萼片。

唇瓣缺失。

唇瓣缺失。

唇瓣侧瓣化。

唇瓣失色。

唇瓣侧瓣化。

唇瓣侧瓣化。

唇瓣侧瓣化。

侧瓣缺失。

萼片侧瓣化、侧瓣缺失。

侧瓣唇瓣化。

萼片黏连。

侧瓣唇瓣缺失。

侧瓣唇瓣缺失（上方花朵）。

6.3.3 健康管理

健康管理是栽培环境和个人栽培的综合要求，包含处所、日照、通风、植材、浇水、施肥等，大多已于前面第五章栽培篇论述，此处我们只以条列式分述其要点。健康管理首重干净清洁，种植一株两株和一片花台花床，或是一整个兰园，都是这个原则。除了之前提过的，在此再次提醒：

（1）兰株彼此之间不可拥挤，茎叶保持适当间距，勿交叠摩擦，如有跑出来的气生根也应分开，不要绞缠纠结。

（2）在保持适当湿度的前提下，栽培处所必须通风良好，空气流通无碍。

（3）花床底下及周遭的杂草必须清除，以免滋生虫害及成为病菌传播处。盆内长出的杂草必须拔除，青苔杂藓尽量清除。

（4）兰盆内保持干净，淀积的盐类须清除（以清水冲刷掉），松脱杂散的水苔碎屑必须清除，否则容易脏污植株，通常会卡在叶背，阻塞气孔，病菌、杂菌也容易自气孔侵入。

（5）掉落老叶要清理，有的老叶已枯死却仍不脱落，必须以手拿除，否则日久将滋生杂菌。

（6）日照太强会灼伤叶片；日照太弱会茎叶徒长，也影响病虫害抵抗力。不同的种类日照需求不尽相同，可自己观察斟酌。

（7）真正必须时才分株、换盆，植株时常断根损伤一定无法长得好。

松脱杂散的水苔碎屑必须清除，否则容易脏污植株，通常会卡在叶背、阻塞气孔，病菌、杂菌也容易自气孔侵入。

无法自动脱落的老叶需以手拿除。

盆内蔓生杂草很容易滋生病虫害。

水苔里夹带有许多杂草种子，必须勤除草（图中穴盘栽植的卡特兰苗为藏匿的害虫所啮咬）。

（8）植株衰弱或还幼小时应避免开花，如果长出花芽则将其摘除；如果育种时必须要看一下首花品质，那么开花后一两天、拍摄完照片后迅速摘除。

（9）工具（刀子、刀片、剪刀）使用前需充分消毒。

（10）旧盆必须重复使用时，必先经过消毒。如果感染过严重病害则销毁。

（11）可以的话，尽量搭设遮雨设施。

（12）多多细心观察植株生长，一旦发现病虫害立即治疗，并隔离植株。

6.4 用药方法、原则及安全须知

植物病虫害的控制、预防药品都是有毒的，会对施用者、家人及环境造成毒害，特别要远离小孩、宠物、情绪不佳者。

6.4.1 安全用药原则

（1）药品妥善密封、妥善存放于小孩、宠物无法触及处。

（2）药品存放区及药罐上标示有毒警语及有毒图示。

（3）药品秤量、溶泡、盛装、喷洒过程，一律双手穿戴橡皮手套，一律带口罩，尽可能带上有保护功能的眼镜，大量喷洒时最好身穿尼龙雨衣，或者喷洒后衣物立即换洗，并立即以洗发水、肥皂冲洗全身。

（4）喷洒过程，应谨慎不要吸入毒气，如有误吸应提高警觉，如发现身体不适立即就医。

（5）喷洒过程及喷洒出的药物，切忌影响他人，如果药味难闻，须先告知旁人或邻居。并于喷药处所标明喷药日期、药品名，并张贴警语。

（6）喷药过后切勿饮酒（通常数小时至1天），可以多饮用些牛奶。

（7）喷药过后数日内，手摸兰株之后，必须先以肥皂洗手才能去做其它事。

（8）喷洒过药的植株集中于栽培处，勿乱放，也暂时不要拿来玩赏。

（9）使用于调药的器皿、匙、筷、勺、桶，皆为专用，切不可再使用于饮食。

6.4.2 用药方法及原则

（1）遵照药品说明剂量使用，过重将导致药害；同一病虫害的药品尽量2～3种轮流使用，避免病原菌、害虫产生抗药性；勿同时多种农药、肥料、生长辅助剂共同混合施用。

（2）以量杯、量勺、量匙或小磅秤精确秤量，切勿“差不多”，否则剂量失误，其后果不是无效就是药害；使用于调药后的器皿、匙、筷、勺、杯、桶，都必须以清水清洗干净，风干或晒干后收好，下次再使用。

（3）药剂充分调匀。粉剂、乳液一定要充分溶解，并于一旁先于小器皿中以少许水分溶解调匀，再倒入大容器充分调匀；可同时使用两种药剂，以增强功效，但要注意彼此是否互相影响；同时使用两种以上药剂时，先溶解调匀好一种之后，再调配另一种药剂，并同时不断搅拌；最好添加展着剂，可破坏药液对植株体表的表面张力，使药剂更贴合植株，以达到药剂功效；可与液肥一同使用，但要注意彼此是否互相影响，如酸碱相抗、互相凝结等。

（4）喷施多少药剂就配多少，没喷施完的药液就倒掉，隔夜切勿再使用；药品使用过后，密封收好，如果罐口或袋口没封好，将易变质或潮解失效；用尽的药罐、药袋勿随意丢弃，药物施用要尽量避免造成环境污染。

（5）喷洒器具及方法如同前面施肥章节的液肥喷洒，以雾状喷雾为佳，雾状越细、越密越好；喷洒时将喷柄伸长全面笼罩，并仔细喷施到茎叶交叠处、隐密处、叶背、植株基部、植材；每处喷洒勿过久，病虫害严重处则加强些。

第柒章 卡特兰的育种

由于现今组织培养技术的发达，并且随着专门做组织培养的代工行业的兴起，兰花的育种较其它植物的育种更为方便，就连无菌播种也有业者可代劳，当实生苗之中产生了一两株相当优秀的个体时，只要进行组织培养分生即可大量生产，剩下的工作就是市场及销售问题，大部分人更会一直专注做杂交并继续做下去。似乎“育种”的工作相当地轻松，只是将两个不同种的开花卡特兰，授粉杂交一下，通过委托组培，就可以期待实生苗几年后开出几株美到唬人的新花。因此，许多人认为，只要将兰花做杂交授粉，就是兰花的育种了。这种现象导致育种失

Rlc. Liu's Joyance ‘Yeon Dain#3’

去了原本该有的认真的、求知的、敬业的诸般态度，不再严肃，只剩下“撞大运”后的炫耀。其实，育种并非只有杂交授粉那么简单，还有许多相关的专业知识，以及与育种有关的各方面工作。

所谓育种，就是以现有的种或品种为基础，再繁殖出更新、更适合人们需要的杂交种或品种，其重点在于保留优点、加入优点、去除缺点、再加强优点、然后产生新优点；而这些重点其实也正是育种工作的步骤，并且，大致上还是有其顺序：① 保留优点，② 取长补短（加入优点），③ 去芜存菁（去除缺点），④ 拢聚优点（加强优点），⑤ 创新特点（产生新优点）。这是一连串的工作和过程，包括选用亲本、杂交、栽培试验、筛选实生子代、田间观察、再杂交再筛选等工作反复地进行，有时甚至还运用到化学、物理等方法刺激诱发（如多倍体育种、诱变育种、航天育种等），这是一门繁杂而有趣的学问。

在正式介绍卡特兰育种之前，我们先做个有趣的小导览，看看在同一个杂交组合中，后代表现却是各式各样的卡特兰实生群株。

Rlc. Creation

= *Rlc*. Chatoyant × *C*. Orglade's Glow，1992年登录。

母本：*Rlc*. Chatoyant
（= *Rlc*. Charmides × *Rlc*. South Ghyll，1982年登录）

父本：*C*. Orglade' s Glow
（= *C*. Angelwalker × *C*. *briegeri*，1983年登录）

子代1：*Rlc*. Creation 'Summer Choice'

子代2：*Rlc*. Creation 'Yi Mei Honey'

子代3：*Rlc*. Creation 'Pinky'

Rth. Tsiku Gloriosa

= *Rlc*. Creation × *Rth*. Love Sound，2001年登录。

母本：*Rlc*. Creation ‘Summer Choice’

父本：*Rth*. Love Sound ‘OC’

（=*C. briegeri* × *Rth*. Bouton D' Or，1987年登录）

子代：*Rth*. Tsiku Gloriosa的各种花色变化

Rth. Tsiku Gloriosa 'Tien' BM/APOC8

为何同一个杂交组合子代的花色表现却有如此大的变化？由*Rth*. Tsiku Gloriosa的诸多花色变化，我们可以看出，它们其实来自祖父母代的*Rlc*. Chatoyant与*C*. Orglade's Glow的隔代重组表现，并加上父本的*Rth*. Love Sound'O C'的黄底共同作用而来。

本章"卡特兰的育种"，就是要借由简单明了的说明，解释是什么原因造就这么色彩缤纷的变化。所有杂交子代的花色来源都是有脉络可循的，兰花的杂交登录制度给兰花育种者提供了一个清晰的脉络，我们可往上逐一追寻其父母、祖父祖母、曾祖父曾祖母……，宛如家族族谱，上溯其一代代亲本，可以对一个杂交种的各种表现追查其遗传来源，了解某一个特征是在哪一个点被引入，并可借以计算出她血统中的各原种比例，有助于了解这个杂交种的各个性状表现。在附录四中，以*Rlc*.Hey Song（黑松）为例，进行了亲本溯源（只追溯到第五代），并分析了其血源原种组成。在以前，要知道一个兰花杂交种血缘来源，我们必须翻阅查询一本本厚厚的《国际散氏兰花杂种登录目录》（每隔几年，便会集结成为一册发行出售），并且要自己标绘出亲本系统树状图，有时还要逐一去计算原种的比例，今天则非常地方便，上RHS的网站即可查询得到（http://www.rhs.org.uk/Plants/RHS-Publications/Orchid-hybrid-lists），并且也可购买Wildcatt Orchids等兰花登录查询的电脑软件。

7.1 关于育种的一些基本概念

在育种中，有一些概念经常被提及，在此也做一些标注说明，虽然繁琐，但有必要，以免概念混淆，以致在实际操作过程中出错。

原种（species）：自然世界中自然生成的种。再经人工“自交”或同种之中“兄弟交”的实生植株，还是原种。引申出的名词有：

山采株：自野生状态中采取来的植株。

山采个体：来自山采株的个体。

原种实生株：把一个原种，经人工“自交”或同种之中的“兄弟交”所产生的实生子代植株。

实生原种个体：来自原种实生株的个体。

亲本（parents）：父母植株，亲本包括母本与父本。母本是柱头被授粉的植株，也就是怀孕果荚的植株。父本是提供花粉块的植株。

杂交（hybridization）：不同种之间的交配，包括：原种与不同原种之交配，原种与杂交种之交配，杂交种与不同杂交种之交配，不同属间之交配。

自交（× self）：以同一个个体的花粉块与柱头授粉，包括：同一朵花、同株不同朵花、同一分株不同盆不同朵花、同一组培株不同盆不同朵花。

原种用来自交的情形有二：① 当只有一个个体，欲大量繁殖同种，却又不组培分生以达某种程度的变化时；② 某个个体要筛选出、甚至纯化出某个优良性状时。

回交（backcross）：将子代植株，交配原来的父本或母本植株，通常用以稳定、保留、加强、浓缩其中某一样或某些特性。

兄弟交（× sibling）：同一个种内，不管是原种或杂交种，以兄弟株（或称姐妹株）做交配授粉。

兄弟交的目的在于将一个种（品种）拢聚优点并筛除缺点；另外，还有一个目的：在于产生变化丰富的大量同种植株（常使用于原种育种）。其工作重点是选择两个歧异性相当大的兄弟株作为父母亲本。

相关的名词有：

同原种同变种兄弟交：一个原种内，相同变种的兄弟交。

同原种异变种杂交：同原种不同变种的兄弟交，虽是繁殖同一原种，但却是来自不同变种之间的兄弟株交配，某种程度上也被视作“杂交”。

纯化（purification）：不断地浓缩某个性状的子代表现率，终致该性状在子代中百分之百都有表现出来，通常要经过多次的自交。

杂交种（hybrid）：杂交所产生之子代。在一般英文叙述中，杂交、杂交种的英文也会写成cross。

实生（seedling）：经由父母本结合而产生种子的有性繁殖。

实生株（seedlings）：经由父母本结合产生的种子而后发育成的植株。其苗株也常称为实生苗。

杂交种登录名（hybrid registration name）：经异种杂交所产生的实生子代如要在市面上流通，必须要给人工杂交种命名，然后寄到RHS（英国皇家园艺学会，请参见 P.387网址）做登录审核，通过后此一杂交种登录名会被公告。一般由育种者给予命名。经杂交种登录名公告的杂交种，今后都以此名字为杂交种名，即使以相同父母本的不同个体重新做杂交，仍是相同的杂交种名。以父母本互换重新做杂交，也仍是相同的杂交种名。

杂交种登录名实际是登录了一个组合，同一个登录名下会有多个性状优良的兄弟株（个体），这些个体商业化后即成为不同的品种，因此杂交种登录名也就成为了一个具有多个优良品种的品种群，即品系。

兄弟株（sibling）：也称为姐妹株，来自相同父母亲本的两个、三个或一群实生株。在兰花栽培上，通常泛指同种（包括原种及杂交种）间的不同个体。

个体（clone）：任何一个种（品种）之中，遗传因子不相同的每一个单体。如将此个体分芽分株（少量分生），甚至组织培养（大量分生），它们都仍是相同的“个体”，也就是同一个营养繁殖系（无性繁殖系），它们都具有相同的遗传因子。

个体名（clone name）：同一个个体的栽培品系名，此个体名由栽培者、出品者或大量组培繁殖生产的业者自行命名。个体名一旦命名了并且已经对外公开，就别再更改，以免自己的品系管理产生混乱；当购买自他人的个体时（例如分株分盆，而最常见的是大量组培分生的市场种类），此个体名仍必须按照原本的个体名，自己不可再另外私取一个个体名。

分生：将一个植株产生出两个以上的植株，对卡特兰来说有分株和组织培养分生。

组织培养分生（mericlone）：通常简称组培，也叫组培分生。以生物科技的方式，将一个植株由生长点分生复制，而产生大量的植株，这些植株都是相同的个体，它们都具有相同的遗传特性。

7.2 亲本的选择

通常，卡特兰的育种来自两种情况：一是开始就拟定明确的育种目标；二是手头上正好开着一株很不错的卡特兰，想要以她为亲本，用她来继续产生更美好的下一代。这两个方向的起始点不同，但都牵扯到育种上的一个重要先决条件：选用亲本。前者要物色两个亲本来搭配；后者则只要物色一个亲本来与现有的卡特兰作配对，假如育种工作能够一代一代持续下去，这个亲本将会是一个育种者自己整系列育种品系的初代亲本，对于将发展出什么样的育种世界有相当大的意义。但是，手头上现有的、有着情感纠葛的、自己觉得很美的这一株，未必会是个优秀的亲本，她也许有许多不利于育种的缺点。卡特兰育种是条漫长的路，一个新杂交种开花至少也要3 ~ 5年的时间，所以应该好好地思索如何选用亲本，这是个慎乎始的工作。

7.2.1 育种亲本选用的基本原则

卡特兰的育种并非只是觉得花很美就可以，亲本必须要经过评估筛选。以下是卡特兰育种亲本选用的基本原则。

7.2.1.1 母本适应原则

虽然在理论上父本与母本的遗传比例是相等的，也就是说：其子代遗传自父本或母本的遗传因子数是相同的，所以不管以哪一方作为父本或母本，它们的子代表现都应当差不多；但事实上，卡特兰子代的表现还是以相似于母本的居多。这是因为卡特兰种子在母本子房、果荚上孕育时，母本本身即会在适应上有某种程度的筛检，因而将来长成的子代常可能相似于母本。另外，由于母本要孕育果荚、种子数个月之久，她本身就得是能够适应当地气候条件的，否则，其果荚、种子的发育都将不良，种子发芽率通常也低，并且母本植株也可能从此更为衰弱，甚至濒于死亡。所以在亲本的选择上，母本最好是在该栽培环境中，生长适应最好的。

7.2.1.2 可替代原则

当想要将某个特别的性状引入育种时，会选定某个种或品种，但有时一时之间无法获得这个种或品种，此时变通的方式就是使用可以替代的种或品种。通常此替代的种或品种可能来自二个方面：① 使用这个种或品种的F_1子代，该子代有所要引入的遗传特性。② 选择有相似特性的其它近缘种。

一般来说，选用F_1子代的方式可能较为简便快速，选用与目标性状越类似的F_1子代效果越佳，只需再筛选F_2子代即可；但是，选用其它近缘种的方式却可能是新的尝试，有产生新的特性的可能。如果条件允许，可同时采用此两种方法；如果条件再充分，可将原本择定的那个种或品种与两个替代方法一起进行育种比较，如此将有助于对目的性状以及与它的相关特性的了解，也更能增进卡特兰育种的能力。

7.2.1.3 不可替代原则

就如同要使用手头上那株特别要用来做育种亲本的植株一样，有时育种要使用的亲本是不可替代的。譬如若育种绿黄色大轮花、又想唇瓣外缘有流苏状须裂的卡特兰时，就得使用*Rl. digbyana*来作为母本或父本，即使想以很像*Rl. digbyana*的F_1子代来替代都不恰当，因为其唇瓣外缘的须状流苏每经一次杂交就被减弱一次。

不可替代原则与可替代原则是两个相对的观念，幸运的是，不可替代原则在卡特兰的育种上不经常遇到，没那么多的具体事例。

7.2.2 卡特兰育种亲本特性要求

在卡特兰育种时，一般会按照以下项目作为大致审视的重点，逐一探讨，用来选择亲本以及筛选实生子代。眼光娴熟之后，当面对一株开花中的卡特兰，我们常会近乎反射地做一番审视评比，但是不要急着去做授粉，将心中的冲动平静下来，再考量一次：真的合适吗？

请记得我们一直在建议读者，别凭着一股热情冲劲，没经仔细研究探讨育种、亲本、遗传，就杂交授粉了许多组合，接下来的瓶苗播种，杂交子代苗株栽植的空间、时间、经费等，都将是今后沉重的包袱。

7.2.2.1 开花及花朵特性

需考虑的指标包括：

是否容易开花 花芽是否容易形成，花芽、花苞会不会容易消失。

花期 一年开一次或多次，是否每个新植株都会开花（植株一成熟就开花，或是等着一起开花），固定花期或不固定花期，花期在何时。

花径 花朵的大小通常是卡特兰的育种重点之一，即使是迷你或小花的品系，也会被期待花径越大越好。大朵（大轮）或小朵（小轮）并没有特定的一个数值，通常约12 ~ 15cm以上会被视为大轮花，10cm上下被视为中轮花，凡是10cm以下的大多被通称为中小轮花，大约是7 ~ 8cm以下的会被特别称为小轮花。

花梗 长、直挺、粗壮、比例适中。

花鞘 有无，如无花鞘会不会容易导致消苞，如果花鞘太大或太硬会不会导致花梗不易抽出。

多花性 一梗多花或少花。一般来说，一定的种或品种有一定的花朵数。

花序 花朵在花梗上的排列直接影响卡特兰的欣赏价值，如：花朵间距、聚集程度、花朵方向、排列方向、每朵开花时间集中与否等。

花色 色彩及对比是否美观，着色是否均匀。

花型 花朵的花萼、花瓣整型与否；如果是星形花或其它怪形花，花型是否对称、美观。

唇瓣 色彩对比（唇瓣本身，及唇瓣与花朵其它部位的对比）是否出色，是否宽展，二片侧裂片的形、色、位置，中裂片（唇片）宽展、美观与否。

香味 是否具有芳香、香气是否令人愉悦、香气种类。有的花朵香味未必宜人。

花朵持久度 单朵花期长短，是否易凋谢，同一花梗的花朵花期是否集中。

是否楔形花 有人偏好楔形花；楔形（插角）的色彩分布、搭衬是否优美。

7.2.2.2 植株特性

需考虑的指标包括：

植株大小 大型、中型、迷你的植株各有不同的市场，都有不同的喜好群众。

是否健壮 适应性良好、抗逆境能力强。

抗病虫性 不同种类有不同的抗病虫害能力，也有某些种或品种可能只有某些个体具有抗某些细菌、真菌、病毒的能力。

株态姿态 一株卡特兰的欣赏价值并非只依赖于她开花的表现，假鳞茎及叶片的长短、肥硕或瘦长都会直接影响卡特兰的美观程度。叶片垂软通常是缺点，但若叶片很长或很大，外观上也会很糟糕，并且不利于包装及运输。

叶片数量 单叶、双叶、多叶会影响植株的外观，当叶片数量不同的种类进行杂交时，筛选其子代时需考虑叶片数与植株、花序的搭配是否美观。

7.2.2.3 市场性状

包括该育种目标的市场定位、对乙烯是否敏感、是否适宜搬运与包装等方面的考虑。

市场定位 单盆欣赏盆花，或是使用于组合盆、礼盆花，甚至是切花。

乙烯 虽然不像蝴蝶兰那么严重，但是在卡特兰之中的确是有某些品种会因乙烯的存在而使花朵提早凋谢，这些品种的育种方向就得做适当的调整。

搬运与包装 牵涉到的因素有气生根系生长情形、植株大小、叶片数、叶片大小、叶片是向上挺直（容易包装）或向旁开展生长（不易包装）、茎叶花朵是否容易破损、花梗长度等。

7.2.3 择定亲本、亲本收集与重点亲本

7.2.3.1 择定亲本

或许卡特兰育种是从一株两株亲本开始的，可能随着杂交越做越多，亲本也会越来越多，但是，很容易地就会因为热情冲劲和憧憬向往而导致杂交了一大堆植株。最常发生两种情况，一种是杂交授粉上瘾之后，看到花开就会杂交授粉；另一种是自父本取下的花粉块还没用完，或是自母本取下的花粉块即使没使用也舍不得丢弃，也懒得保存下来，于是现有什么卡特兰正在开花就又想将她杂交看看……，如此一来，就杂交了许多没有方向性、通常也可能不会有什么意义的东西，浪费了资源、时间、空间和自己的期待与热情。给有心而初步做卡特兰育种者一个建议：授粉，一定要只做自己计划内或期待中的，或许临时遇到好亲本、或者突然的灵光乍现可以赶紧把握赶快进行，但是如果原本就不曾规划，只是因为有花在开、有花粉块在手，就别做杂交，否则将会产生一大堆“食之无味、弃之可惜”的普普通通卡特兰。

别被授粉的冲动所左右，将育种目标列出来，多看多想多了解卡特兰的知识、信息和品种，就能找到适当的方向，然后选定出自己的“择定亲本”，当这些“择定亲本”真正被利用并逐一验证杂交成果之后，逐渐修正育种亲本范畴，并陆续加入新的择定亲本。当然，多观察研究已有的或别人的育种成果（不管成功或不成功的），都能避免徒劳，而实现事半功倍。

给有心做卡特兰育种者一个诚心的建议，在着手育种之前，一定要先认真地了解卡特兰的品种（种），如果短时间内无法详尽了解大多数的卡特兰，至少也要对于自己的择定亲本仔细地做过一番功课。并非只是对择定亲本的生长、开花、栽培等了解，还要追溯其父母本、甚至祖父母本的特性及遗传。如果市场上已有择定亲本其它的杂交子代出现，一定要去关心了解，同时也可借此修正自己的育种方向和育种计划。

最好也能针对择定亲本的原种组成比例做个了解（如附录四），对其种种特性及遗传将会有触类旁通的认知。所以，尽可能地，对于各类原种也应当有一定的认识。

7.2.3.2 亲本收集

亲本收集需围绕育种目标，收集包括：择定亲本中容易获得而且被公认的优秀亲本、较特殊的亲本、极特殊的种（品种）或个体。通常极特殊的育种亲本也极难获得，这需要机会也需要经济实力。

收集的亲本，宜集中在一个地方栽培管理，授粉结果的植株也留置一起，这就是所谓的“亲本室”，对于专业的兰花业者来说，亲本室是营运的命脉和商业机密，所以亲本室的独立有其必要性；但是对于有兴趣做些育种尝试的一般卡特兰爱好者来说，把亲本植株和其它兰花养护在一起亦可。

亲本室中授粉结实的卡特兰。

7.2.3.3 重点亲本

卡特兰的杂交不可能都是A × B，C × D，E × F，G × H……，还会有许多品种是来自于A × B，A × C，A × D，A × E……，这显示出A是个很好而常被使用的亲本，A就会被视为重要亲本，当这个重要亲本也被自己实际用来做许多杂交计划时，她就是自己的“重点亲本”，有两种情况：

（1）开放性重点亲本：已大量流通的种或品种，由于各方面性状都不错，而同时或陆续被许多人选用作亲本。她们的优点是价格便宜、易于获得；缺点是有时相同的杂交会有许多人都在做，将来的产品易雷同而没有突出的特色。

（2）私有性重点亲本：是个人或兰花业者自己所独有的种或品种（由自己育种所得，或是单独收集），通常会被作为自己独占市场的利器。因为兰花杂交名登录制度的建立，一个新杂交种的父母本种名都会被公布，但是究竟是父母本众多兄弟姐妹株之中的哪一个个体，则未必对外展现或告知，她是可以被保密的，可能是曾对外界公布过个体名的个体，也可能是育种者自己私藏的。所以私有性重点亲本也被称为商业机密性的重点亲本。

假如我们所育种的卡特兰，将来要在市场上竞争，当选用了一个许多人都可能会用来杂交的种或品种作为亲本时，为了避免与人雷同而导致市场泛滥，她的搭配亲本最好是只有我们自己拥有，或是只有我们自己才能想到或得到的种或品种，最常见的情形是自己首先育出或买断某几个不对外公布的个体，然后在一代代的育种之中，每一代都有特殊的个体被私密性地保留下来继续育种，如此将形成具有自己独特性的育种系统。

有时，我们所做的杂交并不能一次就达到所要育种的目的，那就需要继续用其子代来育种。譬如，先用A × B=C，再用C × D来获得E；或者先用A × B＝C及F × G＝H，再用C × H来获得I。C和H的育出都不是要进入市场的，而是要继续育出E或I，她们就是所谓的“中间亲本”。运用中间亲本育种的目的有二，都更能增加育种的主导权：① 结合出两个差异甚大的种（品种）的优点，但是其子代却还具有两亲本其它性状重大冲突等缺点，必须继续育种改良；② 筛选出成功的子代来作为自己独有的育种亲本。既然是筛选，该丢则丢，宜留则留，只留下待观察的以及选做中间亲本的个体，其它实生植株则一律销毁，不要外流。

在育种工作中，要重视有育种价值的突变个体。常见的突变来自组织培养和实生繁殖，有些突变导致畸形、病变，应该直接丢弃，有些突变则是具有可利用价值的，如多倍体、侧瓣唇瓣化（三唇瓣）、叶片镶嵌变异、花径变大、花色变异等，大部分突破性的育种都是来自于这些突变。当然，优良的自然突变可遇不可求，一旦拥有优秀的突变个体，可作为重点亲本进行育种。

7.3 亲本的配对

本节中，我们将育种方法由繁化简，尽量用通俗的词语来论述育种，以改变育种复杂或严肃的形象。在育种时，两个表现都非常优秀的亲本其杂交后代不一定优秀，要避免盲目配对，要根据育种目标而选用不同的亲本。

7.3.1 同构型杂交

这是种强化或纯化相同表现性状的基本方法。譬如，如果要育种白花，就以同为白花的不同种（品种）做杂交；如果要育种楔形花，就以同为楔形花的不同种（品种）做杂交；如果要育种迷你花，就以同为迷你花的不同种（品种）做杂交；植株形态、花香、花型、花序、花梗等也都是一样的道理。

7.3.2 异质性杂交

以同构型制定育种方向之后，再同中求异。譬如，育种白花时，虽以同为白花的不同种（品种）做杂交，但可能一个亲本是蜡质花，一个亲本是一般质地花；如果要育种楔形花，虽以同为楔形花的不同种（品种）做杂交，但可能一个亲本是圆整花型，一个亲本是星形花；如果要育种迷你花，虽以同为迷你的不同种（品种）做杂交，但亲本可能是金黄花和斑点花种（品种）；其它也都一样。异质性杂交的目的是产生有更多变化的子代。

7.3.3 互补性杂交

也常是同构型挑选之后的下一阶段选择，这是把父母本不同优点聚拢在子代，并且一并筛除缺点的方法。譬如：某个种（品种），目前没有花朵大、花色浓红的，寻求之后有个种（品种）花朵硕大、但花色较不浓红；相对地，有个种（品种）花色浓红、但花朵不大。将此两个种（品种）交配后，即可从实生子代中筛选出花色浓红且花朵又硕大的个体，各方面都有最佳表现的除了具备扩繁条件外，还可以继续育种或作为中间亲本。原种内的个体改良经常采用此种模式。但是注意，不同种（品种）的杂交称之为互补性杂交，如果是同种之内（原种或杂交种都可）的兄弟（姐妹）株互相交配，称之为“兄弟交”。

7.3.4 嵌入性杂交

将某一个原本没有的特殊性状加入育种中，通常是在一系列育种之中加入新的元素。譬如，育种系统中原本没有楔形花，现在再杂交了楔形花类型，然后从实生子代中筛选出楔形花色表现杰出的个体，然后一代一代继续育种下去。

C. intermedia var. *aquinii*

C. Love Castle ‘Kurena’

（*C.* Love Castle ‘Kurena’ × *C. intermedia* var. *aquinii*）

（*C.* Love Castle ‘Kurena’ × *C. intermedia* var. *aquinii*）花朵特写。

7.3.5 异色杂交

以花色差异甚大的两个种（品种）杂交，通常其好花率不高，杂交亲和性也较差，但可能出现令人咋舌的极品子代。譬如有名的*Rlc.* Chia Lin（‘新市’、‘包青天’，……）即是由黄花红唇的*Rlc.* Maitland与朱红花的*Rlc.* Oconee杂交而来，其花色与花朵质地都有极大的突破。

7.4 授粉与花粉块的保存

7.4.1 授粉

所谓授粉，对卡特兰来说，就是取下父本花朵蕊柱上的花粉块，放入母本花朵蕊柱上的柱头凹洞，使其受孕结种子结果实。

直接以图示的方式来说明：

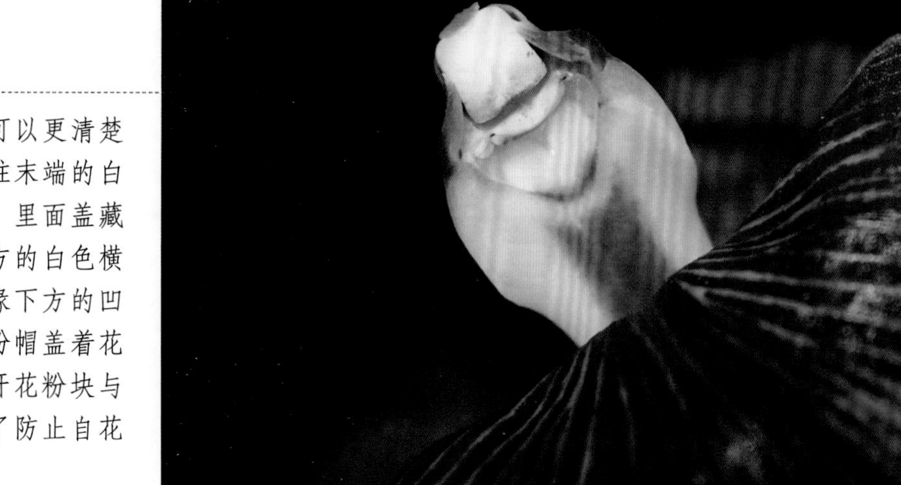

将唇瓣往下弯可以更清楚看清蕊柱，蕊柱末端的白方块是花粉帽，里面盖藏着花粉块；下方的白色横片是蕊喙，蕊喙下方的凹洞是柱头；花粉帽盖着花粉块、蕊喙隔开花粉块与柱头，都是为了防止自花授粉。

选用母株时以新开1～3天的花朵为佳，并需仔细观察柱头凹洞，如果有脏污或是柱头凹洞上黏液表面已变黄或褐色，则已不宜做母本。柱头凹洞中的Y字形凹陷（因为是由三部分合成）是直通往子房的地方，也就是花粉块必须放置的地方。作为母本前，母本的花粉块必须先挑除，以避免自花授粉。

选用新鲜的花朵作为父本，小心连同花粉帽一起取下后再取出花粉块，切记避免花粉块掉落地上或任何不确定的地方，以免误将别的花粉块授粉。以干净的牙签（最方便的授粉工具）去除花粉柄、丝状物后，将完整的花粉块取下。花粉块必须新鲜干净，如果已经变为褐色、干皱、不洁，则已不宜作为父本。

以干净的牙签尖端蘸母本花柱头凹洞表面上的黏液。

将父本花粉块粘起，塞置于母本柱头Y字形凹陷里头。

完成授粉，将唇瓣放回以保护授粉。

以软线挂上授粉花牌，完整记录日期、父母本资料。翘向上方的一朵为故意的错误示范，用以突显去除唇瓣后已授粉的柱头即变得裸露、不受保护。

有的卡特兰会招蜂引蝶，这在授粉时要注意，避免因昆虫导致亲本错乱。此图中的蜜蜂可能已经造成蕊柱污染。

7.4.2 花粉块的保存

由于卡特兰花期各自不同，当进行杂交育种时可选择的亲本不多，或两个亲本的花期不遇时、或需要异地授粉时，就需要将花粉块进行保存。

取有效花粉块放入冰箱低温保存，同时将花粉块的身份信息、保存时间等记录完善，进行有效且一目了然的管理是花粉块保存的基本要求。还有很重要的一点：对有育种价值的种类，其花粉块要多多保存，书到用时方恨少，花粉块也是一样的。

7.4.2.1 取用有效花粉块

通常卡特兰在开花后第1～3天是花粉块最佳的时段，将花粉块取出，去除花粉块之外的粘盘、花粉块柄、系带等无用且会造成污染的组织。有些杂交血统复杂的品种有时也会有较小或零落的花粉块，这些也需一并去除。取下的完整花粉块通常扁平、洁净、有光泽，一般呈乳白～乳黄的颜色，如果花粉块表面脏污（水浸或污染）、粉末状毁损（花蓟马等虫害）、变褐变黑变干瘪（花开已久），则已是无效花粉块，不要取用。有些种类的花粉块可能是圆形或椭圆形；也有些种类，如原本的索芙罗兰类（*Sophronitis*，*S.*）及一些她们的杂交种，花粉块可能是或紫或黑或带些紫黑色，此时要根据花粉块表面的质感及光泽仔细判别是否新鲜有效。每处理一个不同个体的牙签或镊子都要换过，或完全重新清洗擦拭干净。

7.4.2.2 花粉块的保存

取下的完好花粉块，可以以一朵为一个保存单位，放入指形管或亮面薄蜡纸小纸袋中，以铅笔或油性细笔书写日期、种（品种）、个体名于贴纸标签，妥善贴于指形管或小纸袋表面，然后排列收集于盒状器皿，再冷冻存放于冰箱。注意冰箱不可断电，取用花粉块时要快拿快关。纸袋每次用完即丢弃，指形管则每次要清洗干净并干燥后才能重复使用。

花粉块的保存可分为湿润贮藏和干燥贮藏，湿润贮藏是将新鲜花粉块直接放入指形管或纸袋中，干燥贮藏是将新鲜花粉块阴干后或者直接与硅胶粒干燥剂充分混合后放入指形管或纸袋中。不同的保存方法和不同的低温对花粉块的保存效果不同。卡特兰的花粉块在4℃低温湿润贮藏，其生活力迅速下降，仅能维持30 天左右。但分别经4℃低温干燥贮藏、-20℃冷冻湿润和-20℃冷冻干燥贮藏2年后，花粉块仍然具有较高的生活力，其中以-20℃冷冻干燥贮藏花粉块活力最高，显著高于其它贮藏方法。因此，在卡特兰杂交育种过程中，如果遇到花期不遇或需要异地授粉，可以将花粉块先干燥再经4℃低温冷藏处理，或者直接对花粉块进行-20℃冷冻保存。

7.4.2.3 信息的记录完善

如前面所述，在贴纸标签或纸袋纸面一定要记录着保存花粉块的日期、种（品种）、个体名，如果种（品种）名，遗漏或者模糊不可辨别，此花粉块就要丢弃，不可再使用，所以建议用字迹清晰明朗的铅笔或油性细字笔书写；更详细的还可另外注明该个体的开花性、花色花形花径、香味类别、植株等性状，如此有助于对该育种工作做通盘性的规划。当使用保存的花粉块进行授粉时，授粉记录标签上最好也记录上保存日期，在以后的育种及比对检视、研究都将是很重要的资料。

7.4.2.4 有效率且一目了然的管理

依种（品种）分类来分成多个小盒保存花粉块，并在盒外标明，盒内则依时间先后、或重要性、或种（品种）排列，字面方向一致，方便于一打开冰箱门及盒盖即能迅速辨认出自己所要拿取的花粉块，速拿速取。假如冰箱门开启太久，或是花粉块保存盒拿出太久，指形管或纸袋内会反潮出水，即使又马上保存，但是一再反复之后，保存的花粉块也将污染或无效了。

7.4.2.5 多多保存有育种价值的花粉块

在“不要重复保存同样或相似的东西”或“不要保存无用”的前提下，只要具备有多项优点，并且自己“曾经认真考量过”用来育种的种（品种）或个体，当她开花时就仔细地把花粉块保存下来。花粉块到用时方恨少的悔恨程度，绝对比数天之内偷一下懒不保存花粉块的惬意程度，要大得多。

7.4.2.6 及时更新

每年做一次完整的保存替换，除非已决定不再使用的种（品种）或个体。数量足够一年内可供育种使用即可，否则不利于有效管理，也可能造成同一个种（品种）杂交泛滥。

当花粉块自保存状态中取出时，通常可直接塞置于母本的柱头上，不必担心要化冰或活化的问题；假如是很大片的花粉块（如许多原本的*Cattleya*属的原种），因为可能担心冻伤柱头，则可稍待3～5分钟后再进行授粉。

一个有心于育种的卡特兰栽培者，同一个种（品种）、同一个个体可能都会栽培数盆，其用意除了在于分散花期外，也有轮流使用作为母本的功能。并且，这些植株开花后即使不是马上用来作为父母本，也不曾用于欣赏或参加花展、比赛，而是每当一朵花完全绽放后，采摘下来作为保存花粉块用。

7.5 子代的筛选

育种过程中有两个重要的选择性环节，除了杂交亲本的选用外，还有子代实生株的筛选。子代筛选有两个阶段，先是生长势筛选，然后是开花筛选。而所谓生长势筛选常从瓶苗的出瓶栽植存活、并生长了一段时日之后就开始。通常，同一时间栽植的同一批实生苗中，成长速度最快、生长最健壮的植株，应有一个比例或数目（譬如1%、5%或10%……，30株、50株或100株……。）被集中管理，特别是自实生苗苗株阶段起就会开始贩卖的业者，或是特别注重植株、苗株生长势的有系列性育种的育种者。然后再从此批生长势筛选的苗株中做开花阶段的筛选。当然，也有可能在此一批健壮、生长较快速的苗株中没开出好花，却在其它选剩的大批子株中开出好花。

其实，兰花育种上的子代筛选是一件简单的工作，因为一般人只注重开花的表现，而且现今市面上的大部分种类都很容易栽培且生长快速，因而生长势筛选大都被忽略；而且一般的杂交育种者原本就都是将大部分的实生株留下来开花，然后直接从开花株中逐一淘汰，直到留下了一些自己尚满意的做第二年筛选观察，然后第三年……，终至留下了一、二株至数株、数十株优秀子代，当然也可能都没有。

另外，关于卡特兰的子代筛选还有五个注意事项和两个例外：

五个注意事项：

（1）有些育种注重植株的形态，譬如：单叶、双叶或多叶；走茎的长短、植株聚集不聚集（compact）；茎叶瘦长或肥短等，所以自苗株时就注重这些方面的观察。

（2）苗株的观察和筛选是以相同的生长环境、条件做比较的，当以不同材质栽培或放置于不同处所生长时，应该综合比较。

（3）假如是自实生苗苗株阶段起就开始贩卖，应该一开始就保留某个比例（譬如5%、10%或20%等）不贩卖，之后再从中以一个比例或数目作植株生长势筛选。

（4）除了先以生长势筛选出的植株外，其它实生株仍应以相同的条件和精力栽培管理，并非放任不管，并仍可每隔一段时间自双方调动生长势的筛选。

（5）当开花后，即可逐步淘汰原先留下的生长势最佳的筛选植株。但是，即使于此批预留生长势佳的植株中并没开出最佳的好花，仍可留下一两株生长势最佳或植株形态最符合自己要求的个体，可以继续做育种（譬如回交、兄弟交或做其它杂交）或参考比较。

两个例外：

（1）“选择生长较快速、健壮的苗株”是一般的基准，但是在迷你卡特兰类的育种里，常有将迷你植株杂交较大型亲本，然后筛选出大花、小植株的子代，在此情形下（不只子代，孙代也都可能出现），有时筛选了生长快速的苗株倒反而又挑回了大型的植株。这种情形下，子代的生长筛选应考虑更多方面。

（2）对于使用一些较难栽培的种类（以某些原种或其F_1子代为多）来当亲本进行育种，子代植株的生长势筛选很重要，有时其杂交子代中，假如开花表现的差异不是太大，其生长势的筛选要优先考虑于其它一切。

今天市面上所见到的许多*C. walkeriana* var. *semi-aiba*（白花紫唇），其实是由一连串不同变种品系种内杂交选育而来。

7.6 花色育种

关于卡特兰各花色的由来与遗传，我们已于第四章铭花部分分别讨论，在此不再赘述，但在此我们特别注明几点：

（1）蓝色花育种：一般来说，蓝色花只能由蓝色花杂交蓝色花而来，不管原种或杂交种；只有少数是由蓝色花杂交白色花而来，而此情形乃因显性的蓝色花杂交显性的白色花（通常以原种情形居多）。另外，需要注意的是，在花色遗传上，紫红色系会盖过蓝色系。

（2）白色花育种：白色花由白色花杂交白色花而来，但是有两种情形例外：A、白色花杂交白色花却出现了粉色～紫红的花色，这是因为其中一个亲本为白色显性（原种血统中本来就是白色花色），但是另一个亲本却为白色隐性（原种血统中的白色来自粉色～紫红花色原种的白变种）。B、粉色花杂交粉色花却出现了一些白色花子代，这是因为双亲本之中都有白色花遗传基因，当双亲遗传基因结合重组之后，某些子代白色基因又组合在一起。

（3）杂交后的登录名尽量不要使用“颜色”来命名，关于此点，我们在第四章铭花部分已有谈论过，再次提醒。

C. Sea Breeze的浅蓝色花，*C.* Sea Breeze在市面上所见以青、蓝色品系居多，她们来自青色花的*C. walkeriana* var. *coerulea*与青色花的*C. warneri* var. *coerulea*杂交选育而来。

C. warneri var. *coerulea*，*C. warneri*的青蓝花色变种品系。

C. walkeriana var. *coerulea* ‘Edward’，*C. walkeriana*的青色花变种品系。

C. walkeriana var. *coerulea* ‘Wenzel San’，*C. walkeriana*的青色花变种品系。

C. maxima var. *coerulea*，*C. maxima*的青色花变种品系。

（*C. walkeriana* var. *coerulea*‘Edward’ × *C. maxima* var. *coerulea*‘Hector’ SM/JOGA、AM/AOS）

C. maxima var. *coerulea*‘Wanchiao’，*C. maxima*的青蓝色花变种品系。

C. Mini Purple‘Blue Sky’，由*C. walkeriana* var. *coerulea*与*C. pumila* var. *coerulea*杂交选育而来。

蓝色花系的*C*. Heathii，由*C*. *walkeriana* var. *coerulea*与*C*. *loddigesii* var.*coerulea*杂交选育而来。

蓝色花系的*C*. Walkerinter，由*C*. *walkeriana* var. *coerulea*与*C*. *intermedia* var. *coerulea*杂交选育而来。

蓝色花系的*C*. Cariad's Mini-Quinee，由蓝色花的*C*. Mini Purple与*C*. *intermedia* var. *coerulea*杂交选育而来。

蓝色花系的*C*. C G Roebling（S.），由*C*. *gaskelliana* var. *coerulea*与*C*. *purpurata* var. *coerulea*杂交选育而来。

C. *labiata* var. *coerulea*，*C*. *labiata*的蓝花变种。

砖红色卡特兰的代表：*Rlc*. Hey Song ‘Tian Mu’ SM/TOGA，AM/AOS，砖红色卡特兰来自橙红花与紫红花交互地杂交选育。

砖红色的卡特兰*Rth*. Harng Tay ‘Alpha Plus # 1’。

C. Blue Pearl，杂交种名虽然被登录为‘蓝色珍珠’，但其实她们还是以浅紫～紫红色系居多。像这种情形，颜色就不宜被使用于登录名。

在*C*. Blue Pearl各花色品系里，连白花或白花红（紫）唇都比蓝色花更常见。（*C*. Blue Pearl ‘Chunfong’ SM/TOGA、AM/AOS）

7.7 花型与唇瓣遗传育种

一般来说，对卡特兰的审美观点都会偏向于花朵花瓣圆整饱满，如二侧瓣与三萼片越宽越好，最好是交迭在一起。但是近来人们求新求变并且能接受非传统的观点，如有些侧瓣、萼片瘦长的花朵只要整体搭配美观，也越来越受喜爱；而唇瓣方面也并非全要求是开展、宽阔、圆整，如有些是铲形的唇片，有些是卷筒状的唇瓣，也因多变、有趣而受欢迎。

由于原种*C. walkeriana*广受喜爱，渐渐的*C. walkeriana*风格的杂交子代也广受欢迎，*C. walkeriana*样式的花型、“大鼻子”（蕊柱）、铲形的唇片、肉厚质地的花瓣等特点，再搭配上*C. walkeriana*低矮植株的遗传，*C. walkeriana*风格的后代也成为迷你~迷帝花的重点之一。而*C. maxima*、*C. intermedia*等瘦长但有精神的花形，加之以挺直的花梗、优美的花序，也渐渐在育种上受到重视。

岩生种蕾莉亚的卷筒喇叭唇、*L. anceps*、*B. nodosa*等的白拉索兰属、*Rl. digbyana*……都各自以其唇瓣的遗传见长，我们可由图片举例说明并欣赏。

*C. walkeriana*的子代通常都有*C. walkeriana*唇瓣形状的遗传，中裂片宽展、略呈铲形，中裂片与二侧裂片之间有深刻凹入。（*Bct.* Little Marmaid ‘Janet’ BM/JOGA）

许多的*C. walkeriana*的子代也通常都有*C. walkeriana*大鼻子（蕊柱）的遗传，这种特点通常带给花朵很有精神的感觉。（*C.* Crownfox Sweetheart ‘Paradise’）

C. intermedia var. *amethystine* ‘Armbean’ AM/AOS × *Rlc.* Cynthia ‘Cecilia’ （=*Rlc.* Cindymedia），开展的唇瓣。

C. Dominiana （=*C. maxima* × *C. intermedia*），原种交原种，兼具二亲本原种花形与唇瓣的特色。

除了兼具*C. maxima*与*C. intermedia*唇瓣的形式外，*C. maxima*唇瓣上的放射网线遗传非常明显，只是唇瓣喉部上的黄色中肋线变淡了。

C. intermedia × *Mcp. thomsoniana*，唇瓣的美会互相加乘。

*C. intermedia*通常植株不大时就会开花，小株开少花，大株开多花，这个特色使得大中小型卡特兰的育种者们都可能选用她们来育种。

（*C. intermedia* var. *amethystine* 'Armbean' AM/AOS × *Rlc.* Cynthia 'Cecilia'），半开展的唇瓣。

（*C.* Mariko Takamatsu 'Tsiku Mariceci' BM/TOGA × *C. intermedia* var. *orlata* 'Rio'），*C.* Mariko Takamatsu = *C.* Mini Purple × *C. purpurata*，将*C. intermedia* var. *orlata*的唇口紫红圈完全表现出来。

C. intermedia var. *amethystine* 'Armbean' AM/AOS

（*C*. Tokyo Magic × *C*. *lucasina*）兄弟株的唇瓣颜色变化，*C*. Tokyo Magic＝*C*. Irene Finney × *C*. *briegeri*，*C*. *briegeri*的黄色卷筒喇叭唇、*C*. *lucasina*的白色卷筒喇叭唇与*C*. Irene Finney的黄喉大片紫红唇的遗传互相作用，但是卷筒喇叭唇的遗传非常强烈。

（*Laeliocatanthe* Tzeng-Wen Love × *L. anceps*），*Laeliocatanthe*简写*Lcn.*，*Lcn.* Tzeng-Wen Love = *Lc.* Puppy Love × *Gur. aurantiaca*，而*Lc.* Puppy Love = *C.* Dubiosa × *L. anceps*，所以这是*Lcn.* Tzeng-Wen Love再上溯两代去杂交*L. anceps*的后代。*L. anceps*的血统占了62.5%。

（*Lcn*. Tzeng-Wen Love × *L. anceps*）其它花形花色差异。*L. anceps*的唇瓣形态和色彩是很受欢迎的视觉焦点，这个特色在育种上可以好好地应用。

Lc. Tsiku Cefiro（=*C*. Hawaiian Wedding Song × *L. anceps*），*L. anceps*杂交白～浅色整形宽唇花的子代很容易显得高雅。

Lc. Fiesta Days 'Sold Flight'，这个品种=*Lc*. Chiapas × *L. anceps*，而*Lc*. Chiapas=*C*. Quadroon × *L. anceps*，所以她是*Lc*. Chiapas回交 *L. anceps*的品种，*L. anceps*的血统占了75%。相当浓厚的*L. anceps*味。

（*Rlc*. Sweet Sugar × *L. anceps*），黄花或黄花红唇品种杂交*L. anceps*通常都只出现浅黄底～浅橙黄底，带有紫晕～橙黄晕～橙红晕的花色，倒是唇瓣上的颜色对比还颇具观赏性。

（*Rlc*. Red Crab × *L. anceps*），大轮橙紫花浓紫唇的"红蟳"杂交*L. anceps*，出现的花色以橙黄～鲑鱼红居多，唇瓣则较多变。

Lc. Tsiku Rojo（=*C*. Bright Angel × *L. anceps*），单纯花色的杂交通常实生后代较少有多种花色变化。翻开*L. anceps*的唇瓣，会发现她相当美，有多层次的色彩以及美丽的线条，如果不是要育出花色淡雅的品系，记得找个花色丰富而且唇瓣开展的品种来配她。

（*B. nodosa* × *Rlc*. Ewart McDonald 'Adisorn' AM/RHT），*B. nodosa*杂交大轮纯白花紫红唇，大都出现白花、紫红喷点唇瓣。*B. nodosa*的心形宽展白唇，具有将杂交对象的红唇、或唇瓣上的红喉打散成紫红星点的作用，假如唇瓣上再具有黄喉、黄眼或是优美的线条，通常将更吸引人。

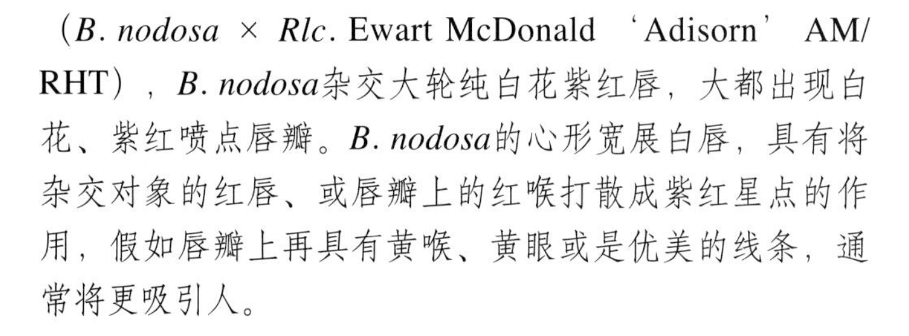

Bc. Morning Glory × *B*. *nodosa*（=*Bc*. Wonder Star），*Bc*. Morning Glory回交*B*. *nodosa*。当*B*. *nodosa*回交*B*. *nodosa*的浅色或白花系统的后代时，通常只产生大同小异的结果；星形花育种的第二步应该着重在色彩的丰富和变化上，譬如以不同花色的浓色子代再互相杂交，或者，一开始便选用色彩遗传丰富又变化多的杂交种作为杂交亲本（见铭花之星形花部分）。

Bc. Morning Glory × *L*. *purpurata*，*Bc*. Morning Glory回交*L*. *purpurata*。同样是*Bc*. Morning Glory的回交，但是在此回交了侧瓣较宽大、唇瓣上线条优美的*L*. *purpurata*；如果要以白色～浅色系列作星形花的育种，下一步的亲本至少有较宽大的侧瓣，或是优美的唇瓣，最好是二者兼备。

（*Rlc*. Tsiku Orpheus × *B*. *nodosa*）'Chunfong'，中轮白花杂交。选用侧瓣、唇瓣皆宽大的亲本作*B*. *nodosa*的F_2育种，因为选用了唇瓣宽大、白底大黄喉的*Rlc*. Tsiku Orpheus作为母本，产生了许多唇瓣色彩层次多变化的F_2后代。

Bc. Amethyst（=*B*. *cucullata* × *C*. *purpurat*）。*B*. *cucullata*的唇瓣色彩遗传有些近似于*B*. *nodosa*，但她却有更尖长的萼片、侧瓣、唇瓣和茎叶。

Bc. Survivor' s（=*B*. *cucullata* × *Bc*. Richard Mueller）。兼具有*B*. *cucullata*和*B*. *nodosa*的血统和遗传。

（*C*. *harrisoniana* × *C*. Sakuragari），优美的开展型唇瓣。

Lctna. Tsiku Amaryllis（=*Ctna*. Heather Pendleton × *Lc*. Puppy Love），*Ctna*. Heather Pendleton=*C*. Vallezac × *Ctna*. Keith Roth，如果唇瓣内部有很美的色彩分布，那么开展的唇瓣将可展现这个美。

Rlc. Shinfong Luohyang ‘新市黄金’，在开展唇瓣上是金橙之中有红喉、再加上放射线条，虽只有两种色彩，但是对比相当优美，是相当漫长而复杂的育种之路。

（*C. nobilior* × *C. violacea*），有的唇瓣不开展而包卷，但是包卷筒上有优美的色彩或线条，与唇瓣口缘的一圈色彩及喉部上的放射线条形成美妙的图案，抢尽整体视觉焦点，是想要含蓄、却更热情奔放的另一种美。

即使是组培苗，仍可能有些植株因各种因素而有不佳的变异。不佳的唇瓣（如图中，要卷不卷、要开不开，还歪歪扭扭）就不能用于育种，因为没有努力的意义，只会造成一大堆经栽培多年后，开了花没人要、却也舍不得丢弃的心血。

上述的变异歪扭唇瓣通常也伴随不正常的蕊柱，通常雄蕊、雌蕊也都不正常，最简单的判别是花粉帽很不正常。遇上此情形千万别硬要用来授粉，通常其花粉块与柱头也都畸形，即使授粉成功、即使有子代产生，也均开花不正常。

7.8 楔形花育种

楔形花的由来及育种是一个有趣的过程，我们之前已有所述，因为她们在卡特兰中是个日渐热门的系列，所以于此另加着墨。

几乎所有卡特兰楔形花（插角）都是由*C. intermedia* var. *aquinii*一脉相承，一代一代筛选育种而来。今天因为组织培养技术的普及，出现了更多的花朵变异，其中也不乏侧瓣唇瓣化的插角变异（以杂交种为多），这些变异将如何遗传并影响育种，目前则因尚未大量使用于杂交而未能进一步了解。

楔形花经过了一代又一代大量杂交之后，在色彩上产生了许多有趣的变化，特别是当楔形花一再与没有插角的种类杂交后，其插角渐渐转变为不像传统插角花的侧瓣尖端色块，更有趣的是变成镶眼、画眉状的色斑，与原本的楔形花相差很大，但仍属于楔形花的范畴。这种情形在大轮花之中已可略现端倪，如*C.* White Spark的‘熊猫’和*Rlc.* Hwa Yuan Grace ‘猫王’等，但是在中轮花、中小轮花里的杂交育种更为普遍，是因中小轮花常常更为讲究色彩的缤纷与搭配，所以目前的育种者一旦发现这种现象就更大量地运用与筛选。

审美观点与流行趋势总是会改变的，而且一直在改变，以前这些表现常会被视为楔形花育种的失败而被淘汰，如今却是新兴而起的明日之秀，所以一个育种者的眼光与思考模式通常别太僵化，别自我设限，并且对于色彩的变化与呈现，一定要敏感，而且，有时参考流行，有时领导流行。

此种插角遗传的走向与表现比例，因属新兴，尚未有正式的市场与统计资料，有兴趣的兰友不妨下番功夫进行研究，并且不妨利用筛选的方法，一代一代地留下自己想育种的色斑表现。这样的筛选，正是在育种工作上纯化出某个特色点的方法。

C. intermedia var. *aquinii*‘Boa Vista’，几乎所有卡特兰楔形花（插角）都是由*C. intermedia* var. *aquinii*一脉相承，一代一代筛选育种而来。

Rlc. Haw Yuan Beauty ‘Yi Mei Angel’ SM/TOGA‘义美天使’。

Rlc. Haw Yuan Beauty ‘Yi Mei Angel’的浓花色模样。

Rlc. Haw Yuan Beauty ‘Quing Min#5’。

Rlc. Haw Yuan Beauty ‘辣妹’。

Rlc. Haw Yuan Beauty 另一个个体。

（*C.* Love Castle ‘Kurena’ × *C. intermedia* var. *aquinii* ‘Boa Vista’）。

紫红花杂交*C. intermedia* var. *aquinii*，出现许多白底镶红边插角花，杂交其它楔形花杂交种也是如此。

（*C.* Aloha Case × *C. intermedia* var. *aquinii*），紫红花杂交*C. intermedia* var. *aquinii*，也会出现许多紫红底插角花，杂交其它楔形花杂交种也是如此。

（*C. walkeriana* var. *alba* × *C.* Janet）（=*C.* Tropic Charm），白花杂交白底插角花，出现许多白底白色（或乳白色、或白梗）插角花。

C. Purple Cascade ‘Fragranty Beauty’ BM/TOGA（=*C.* Tokyo Magic × *C.* Interglossa），白花杂交白底插角花，出现许多白底插角花，优秀的个体就会被选留下来，有的会被大量生产贩卖。

(*Lcn.* Tzeng-Wen Lace × *Rlc.* Haw Yuan Beauty)，有人认为“插角”就剩这么一段很有趣，这种火焰式的楔形由楔形花而来，和“五剑花”、“flame”完全不同。

[（*C.* Butterfly Wings × *C.* Horace）× *Rlc.* Haw Yuan Beauty]，这类品系唇瓣打开会更吸引人。

(*Lc.* Bob Pusavat ‘红粉佳人’ × *Rlc.* Haw Yuan Beauty ‘金玉’)，经过育种的筛选，有的“插角”插到底了，连唇瓣上的紫红都延伸到喉咙里面去了，就像画眉一样。

(*Lc.* Bob Pusavat ‘红粉佳人’ × *C.* Mari’s Song)，有的“插角”形成椭圆紫红圈。

[（*C.* Moscombe × *C.* Penny Kuroda）× *Ctt.* Kauai Starbright]，经过育种的筛选，金黄花朵上出现火焰式的椭圆紫红圈，形成红色的镶眼。

(*Rlc.* Little Toshie × *C.* Netrasiri Beauty)，经过育种的筛选，绿色花朵上的紫红楔形有画龙点睛的震撼。

Rth. Chen Sun ‘C. S.’ （= *Rlc*. Tzeng-Wen Beauty‘布袋’ × *Rth*. Jong Jou Moat ‘金梅花’），整片侧瓣都插角的橙红中，镶着金黄色的眼，这也是楔形花育种的众多新方向之一。

（*Rlc*. Tzeng-Wen Beauty‘布袋’ × *Rl. glauca*），中小轮楔形花杂交迷你原种*Rl. glauca*的变化。

7.9 多花性育种

Ctt. Blazing Treat （= *Ctt*. Trick or Treat × *Ctt*. Rojo），父母本都是多花性种类，多花杂交多花，是基本的多花育种途径。

多花性的育种当然需要来自多花性的种类，其基本考量是多花性种（品种）杂交多花性种（品种），其次才是多花性种（品种）杂交少花性种（品种），但是当多花杂交少花时，其子代的多花性筛选将要比多花杂交多花仔细。

多花性的育种必须考虑植株的搭配、花序排列、各花梗各花朵花开时间的一致性、花梗长而能挺立于植株之上、花梗健壮而能承担多花的重量，所以在亲本的选择上须尽量兼顾这些特色；当有一个种（品种）必须使用来作为亲本之一，但她却不具备这些优点时，通常其子代必须再做第二代的杂交、或兄弟交、或回交，以筛选拢聚出上述的诸项优点。

当然，亲本花色的选择是重点，多花性的种类通常都是中小轮花，所以常以色彩缤纷来取胜；但是对于白色系～粉色系的多花性育种，通常需有光亮的蜡厚质地来搭配，或者以唇瓣的亮眼色彩来增强视觉上的美感。至于清一色的紫红，对于多花性的种类来说可能就比较缺乏色彩的层次美，如果要育种多花性的紫红花，那么至少要能有个吸引眼光的美丽唇瓣。

（*Lcn*. Tzeng-Wen Love × *E. cordigera*），*Lcn*. Tzeng-Wen Love = *Lc*. Puppy Love × *Gur. aurantiaca*，在此杂交种之中引入了围柱兰*E. cordigera*的多花性来育种。

[（*Ctt*. Rojo × *C*. Seagull）×（*Ctt*. Trick or Treat × *C*. Janet）]

[（*Ctt*. Rojo × *C*. Seagull）×（*Ctt*. Trick or Treat × *C*. Janet）]，小花通常就得以多花性取胜。杂交开花之后，记得要去登录，否则，光是一个花名就得把奶奶、爷爷、外婆、外公通通都写上来，很累。

7.10 植株矮肥化育种

由于栽培及观赏上注重方便，渐渐地，许多大型的植株常会被期待能更矮小些；也有许多所谓“迷帝型”的中等植株种类，其株身越是矮短肥硕，配以中轮的开展花朵，更具备市场卖点。因此大型卡特兰植株的矮短化、中型卡特兰植株的矮肥化，也是许多卡特兰育种者的目标。

所谓矮化，与“迷你”种类的意义并不相同，植株迷你通常花朵就小，只不过是还会尽量要求其花朵要大；但是矮化却是先要求花朵还是要一样大，只是植株矮短了。在迷帝型卡特兰的育种中，常将大型、中大型、中型花种类杂交小型花种类，以筛选出矮短植株、花朵越大越好的中型品系，这就是矮化育种的基础；但是所谓的“矮化育种”则必须更仔细挑选所使用的“小型花种类”，此小型花种类必须具备了很大比例的某些矮、肥、短、小、花朵别太小的原种的血统，如*C. sincorana*、*C. nobilior*、*C. walkeriana*、*C. luteola*、*C. coccinea*、*C. briegeri*、*C.bradei*、*C. jongheana*、*C. dayana*、*Rl. glauca*等的血统（通常是其F_1代），并利用原本大型花种类中有某些原种血统、其本身即有的矮肥遗传（如：*C. warneri*、*C. trianae*等），在杂交的基因重组中，某些种的矮肥遗传被拢聚结合在一起，通过子代植株的筛选将她们挑出来。通常第一代未必就有很满意的成果，还必须再做第二代的杂交或兄弟交或回交，以再次筛选拢聚出植株更矮肥、且花朵表现更达到育种理想的个体；并且，还是一句老话：育种，是一代一代做下去，一代一代累聚优点的过程。

Rlc. Tsiku Yvonne（= *C*. Love Knot × *Rlc*. Korat Sunset），将其植株矮化到花朵可盖住植株，如此可造成其盆花即有捧花的视觉效果。

Rlc. Tsiku Yvonne，植株的矮肥化来自*C*. Love Knot的*C. sincorana*、*C. walkeriana*与*Rlc*. Korat Sunset的*C. warneri*、*C. trianae*血统的矮肥遗传结合。

*Cattleya araguaiensis*阿拉古安河卡特兰，不管在迷你花或矮化育种上，她都可能将是明日之秀，目前则尚未被常使用于育种上。

7.11 多倍体与变异

7.11.1 多倍体

许多作物并非一开始就是今天我们所见到的面貌，她们的育种也并非只是来自杂交授粉与筛选这些过程，当然，也有杂种优势的出现，但是大多数成功的作物育种都仰赖于“多倍体”的出现。不管是自然环境还是人工栽培过程中，都会有“多倍体”的产生，多倍体是园艺作物育种上相当重要的一个环节。

今天市面上所见到的许多*C. walkeriana*其实都是由四倍体（4n）选育而来，原本的二倍体其实花朵要瘦得多。

对于植物来说，染色体数量增加的现象常常是强化了其生存的能力，特别是“多倍体”的情形。花卉作物常因多倍体化而产生花径巨大、花瓣质地更厚实、花色更鲜艳、重瓣（复瓣）、花朵数更多、花开更长久、开花性更佳、植株更健壮等各种优点，当然并非全部的优点都会一一具备，并且也可能一些对于人类来说是缺点的性状还被放大了，但是通过之后的筛选与育种，终究会逐步育种出符合人们喜好、各项优点都具有的品种来，多倍体的利用和持续育种，是各项作物育种里最重要的一个环节。

一般生物都是二倍体的染色体，也就是有两套染色体，写为2n，单套染色体（n）则存在于有性生殖的配子（卵子细胞和精子细胞），当卵子和精子结合后形成新的二倍体。染色体数大于二倍，则成为多倍体，如三倍体、四倍体、五倍体、六倍体等。

（1）三倍体：染色体的数目，是单套体（n）的三倍数，写作3n。三倍体通常不孕，或者种子极少，通常不必考虑作为杂交亲本。

（2）四倍体：染色体的数目，是单套体（n）的四倍数，写作4n。四倍体的植株、开花表现通常优于一般的二倍体。四倍体与二倍体杂交之后，其子代为三倍体。

（3）同源多倍体：所有染色体组的性质、内容都相同，都来自同一个物种（原种）的多倍体，也就是原种的多倍体。

（4）异源多倍体：染色体组的性质、内容不相同，来自不同的物种（通常是经由杂交）的多倍体，也就是杂交种的多倍体。

（5）规则多倍体：染色体的增加，是成单套体（n）的整数倍数的增加，如三倍体（3n）、四倍体（4n）、五倍体、六倍体……，又叫整数多倍体。在卡特兰中，规则多倍体中的四倍体、六倍体再杂交之后，通常有许多且表现佳的后代。

（6）不规则多倍体：染色体的增加，成单套体（n）的非整数倍数的增加，如 $3n\pm1$、$3n\pm2$、$3n\pm3$……，$4n\pm1$、$4n\pm2$、$4n\pm3$……，$5n\pm1$、$5n\pm2$、$5n\pm3$等，又叫非整数多倍体。在卡特兰中，这一类的子代通常较少，果荚之中种子较少，通常发芽率及成功成长率也较少。

（7）自然多倍体：自然环境下植株自身所发生的多倍体，多因紫外线照射、温度剧变、减数分裂变异等导致，乃原种之中经山采栽培发现。

（8）人为多倍体：人为的因素所造成的，包括无意或刻意，分为三方面因素，A. 生物因素，如杂交、芽变、生长点变异；B. 物理因素，如放射线、温度剧变、机械性伤害；C. 化学因素，如秋水仙素、咖啡碱等诱发处理所产生，在较具规模的育种系统上常被使用。

有许多的人为多倍体是由人为刻意的促变，如化学因素与物理因素等，但是在杂交种的再杂交过程中，因减数分裂的异常，出现许多不是人为刻意、却在杂交子代植株中出现多倍体的事例，许多卡特兰的大花、浓色花是在如此不经意的情况下出现的，再持续利用其育种，经一代一代数十年的岁月，繁衍出今天多彩多姿、美不胜收的卡特兰世界。

7.11.2 变异

在兰花栽培的历史上，有许多突破性的育种，常是利用新发现的有用变异经杂交而来的。自然的变异固然存在，但是更多的变异是人为创造的，尤其以组培分生植株来说，因其经过更多的外在的、化学性的刺激，发生变异的几率更是比自然的变异要多得多。当然，变异不尽是好的，很多变异是往坏的方向变异，需淘汰。

在此我们列举数个卡特兰的组培分生的变异，供读者参考。这些变异的个体尚未出现多少杂交育种子代，其遗传如何，在目前也尚是个未知数；但是，有兴趣的兰友们可以好好地利用，善用组培的变异，也许可以开创卡特兰育种的新天地，就如今日的紫黑斑蝴蝶兰育种一样。

育种，就是创新，就是追求进步，就是要更好。我们在此鼓舞，但也提醒兰友

Rlc. Hey Song 'Tian Mu'（黑松'天母'）的正常花朵。

Rlc. Memoria Helen Brown 'Napoleon'（海伦布朗'拿破仑'）的正常花朵。

'拿破仑'的组培变异花朵，其变异有许多变化，本图植株指在侧瓣尖端出现不规则的紫红色斑。

黑松'天母'的各种组培变异花朵。

Rlc. Spanish Eyes 'Tian Mu'（西班牙眼睛'天母'）的正常花朵。

Rlc. Spanish Eyes 'Tian Mu'（西班牙眼睛'天母'）的变异花朵。

Rlc. Greenwich ‘Elmhurst’ AM/AOS的正常花朵。

Rlc. Greenwich ‘Elmhurst’ AM/AOS的组培变异花朵，侧瓣尖端出现插角色块。

Rlc. Ahualoa‘满庭芳’(=*Rlc*. Memoria Helen Brown × *Rlc*. Toshie Aoki) 的正常花朵。

Rlc. Ahualoa ‘满庭芳’ 的组培变异花朵，侧瓣尖端出现插角色块。

Rlc. Haw Yuan Beauty ‘义美天使’ 的正常花朵（紫红插角）。

Rlc. Haw Yuan Beauty ‘义美天使’ 的组培变异花朵，侧瓣上失去紫红色素，只呈现乳黄的插角。

们，要育种，必须多看、多阅读、多比较、多用心、多请教。

在本章结束前，也鼓励兰友们，以后有机会可将您栽培的，甚至是您育种的卡特兰，送交审查，目前我国大陆尚无这个机制，在宝岛台湾每年举办国际兰展，AOS及TOGA均进行审查。2010年在重庆所举行的第十届亚太兰展，比照亚太兰展惯例进行了审查，我们或许可将之视为在中国大陆上所进行的第一次正式的洋兰审查。目前我国大陆已经举办过6届海南三亚国际兰展、3届泰山国际兰花节，随着蝴蝶兰、卡特兰、石斛兰、文心兰、天鹅兰等热带兰花的普及和发展，必将创立我国大陆的评审团体和评审奖项！

在大部分审查团体的审查奖项之中（请参考书后附录二），有两个奖是特别为育种者所设的：

AQ Award of Quality 杰出族群品质奖

AD Award of Distinction 卓越育种奖

有机会，兰友们，卡特兰育种者们，努力吧！

Ctna. Jet Set （=*Ctna*. Maui Maid × *Bro*. *sanguinea*），其母本*Ctna*. Maui Maid也是开这样的花，基本上此杂交没有产生太大的不同。在我们作卡特兰杂交授粉之前，一定要先给自己一个确定的育种方向，而不是有花朵就授粉。

Rth. Alpha Plus Love 'AP21' BM/TOGA，在TOGA审查规定中，如要获得AQ审查授奖，该批杂交实生株中至少必须有一个个体曾于近两年内由TOGA授奖，并经审查员2/3以上同意，方能授奖。

Rth. Alpha Plus Love AQ/TOGA，在TOGA审查规定中，如要进行AQ审查，同一次审查之中必须同时陈列同一批杂交实生株中的10个以上不同开花个体，这些个体的整体表现必须优美、并且有所变化，通常要尽量避免列出逊色于父母亲本的个体。

Rlc. Liu's Joyance 'Yeon Dain#3'

8 第捌章

卡特兰的趣味

曾经，卡特兰是骄贵、高不可攀、只愿生长在温室里；如今，卡特兰，就像“昔时王榭堂前燕”，终也“飞入寻常百姓家”，以她多彩多姿的娇容，随时随地点缀你我的生活，增添情趣。

Rlc. Beauty Girl 'KOVA'

8.1 日常生活中的卡特兰

卡特兰的欣赏方式有许多种，最简单的就是盆花观赏。当花朵开放时，整盆捧来身边欣赏，其艳丽的花朵、缤纷的花色、怡人的花香，令人心情舒畅、心旷神怡之余，还叫人赞叹天地造物的神奇。种少数几盆的，左看右看远看近看都不厌倦，每有"我看卡特兰多妩媚，料卡特兰见我应如是"的惺惺之惜；种多些盆的，自己栽培的地方俨然就是个小兰室，当繁花盛开、满庭花簇簇时，总是留连终日、废寝忘食，就算睡着了，仍有馨恬相陪，忆及梦里也还偷笑。

室内摆上一盆或几盆盛开的卡特兰，会使家居更显得生机勃勃和满室生辉。艳丽的卡特兰盆花往往会成为室内视觉的焦点，具有较强的装饰性和观赏效果。布置卡特兰盆花应以突出重点为原则，按照其外形、质地、花色来选择合适品种，如红木式办公桌宜用开黄花或白花的卡特兰配置，相反，一些白色的台面，则可选择开红色花或黄色花的卡特兰来点缀装饰。利用这种色彩反差的点状配置会使卡特兰的家居装饰效果更清晰而突出。卡特兰的日常生活欣赏与应用还有以下几个方面：

居室布置：如窗台、阳台、小花圃的栽培开花与摆设等。将卡特兰栽培或在花开时，装饰于美丽、可爱、有趣或与自己有特殊感情牵绊的器皿或小物品上；也可自己动些巧思，来个活泼有趣的小组盆花。

公共场所景观装饰：如公司、会场、办公室一角的小景观，或办公桌、茶桌、讲桌、讲台上的单盆或组合盆。组合盆花与礼盆花，下面的小节会继续介绍。

庭园、公园树干上着生栽培的卡特兰，增添绿化的趣味，当花开时更是一番独乐乐不若与人乐乐的惊喜。

胸花、腕花、肩花、手捧花：通常用于婚礼上的新娘、伴娘、花童装饰，近年来各种社交场合、开幕、迎宾、走秀、展览等，使用得越来越多。

卡特兰与艺术：绘画（包含国画与西画）、摄影、雕塑、瓷盘、小饰品等，化一时的花开为永久，装点生活与心灵。

居家窗台上的卡特兰。

窗台边开着花的围柱兰（*Encyclia bractescens*），赏花兼品香。

家居一角开着花的卡特兰。

开花中的卡特兰摆置于室内一角。

办公桌上开花中的卡特兰。

办公桌上的卡特兰之二。

茶桌上的卡特兰组合插花。

柜台上的卡特兰。

置于办公室一角的卡特兰。

简易而美观大方的组合。

竹筐栽植卡特兰。

在贝壳中栽植的卡特兰。

木框栽植卡特兰。

兰展上卡特兰小巧思制作。

庭园树树干上种植的卡特兰。（新加坡国立兰园）

庭园树树干上种植的卡特兰。（美国迈阿密 R.F. Orchids）

卡特兰胸花范例。

模特展示卡特兰头发装饰。

卡特兰腕花、肩花、手捧花。（台湾天母兰业作）

卡特兰腕花。

卡特兰肩花范例。

卡特兰手捧花示范。

任务完成后的卡特兰手捧花，随手插置瓶中杯中，即是生活中美不胜收的点缀。

卡特兰手捧花示范。

卡特兰插花。

卡特兰插花。

兰画：卡特兰与其它兰花。（画作：天津—赵毅）

卡特兰水彩画。

兰画：空谷幽兰－卡特兰。（画作：天津—赵毅，节录）

各种与卡特兰相关的工艺品。

$225.00
Esperanza Ulloa
FIRST PLACE
Michelle Joseph
Sandi Jo Larsen

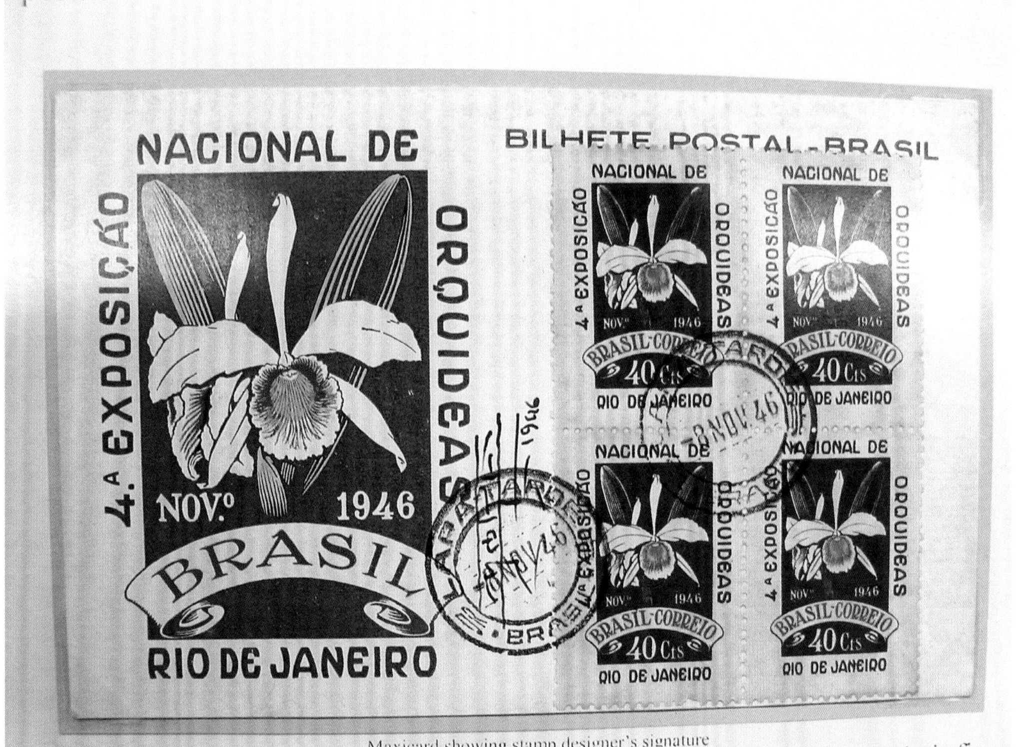

带有卡特兰图案的钱币。

带有卡特兰图案的邮票。

8.2 卡特兰的欣赏

欣赏卡特兰主要侧重于花形和花色两个方面。至于花香方面，有香者比无香者更受欢迎。我们下面所谈的几点，并不是评判一朵花的绝对标准，“萝卜青菜，各有所爱”，也许在一些人眼中不起眼、不入流的花朵，在另一些人看来则是可爱至极，爱不释手。下面的几点，只是相比较而言，是以目前市场的流行趋势、普通大众的喜爱程度总结而来。

在花朵形状方面，全花外观应趋于圆整，以柱头为圆心，各花被片之末端应位于圆周之上，各部位应尽量填满该圆形。花萼片应宽大且能填满二侧瓣与唇瓣间的空隙，侧瓣应自然平整，宽大圆整，唇瓣面积应与侧瓣相称，平整浑圆。对于我们前面提到的“怪花”则不在此列，“怪花”就是要怪得出奇，怪得令人惊叹才能取胜。但如果花朵形态在“圆整花”和“怪花”之间，唇瓣与花瓣都呈狭窄细瘦状，则为下品。

就花色方面，花色应求清纯、明亮，均匀分布，色调一致。一般来说，单色花以艳丽色纯者为优良；白色者以纯白不带其它杂色者为上；黄花以金黄色为上；紫色者以深紫色为上，浅紫色和红紫色次之；一些少有的花，如绿色、褐色和蓝色等，应以颜色深者比色浅者为优。在杂色花多色花方面，同一部位（一般指花瓣）有不同的花色则要求色彩对比强烈，如五剑类和插角类卡特兰，白色底面上有红色五剑或插角则更显眼。就整朵花而言，唇瓣应较其它部分更具有强烈的色彩，这样才能与花瓣和萼片对比强烈，例如白花红唇类卡特兰，以萼片和花瓣纯白，唇瓣呈绒质红色者为上。

卡特兰有着花2～4朵的大花型，也有一梗多花的小花型。大花型的卡特兰花朵越大者其品位就越高，相反，花朵越小者则品位越低；小花型卡特兰以花朵多、排列紧密为佳，花朵少、排列稀疏者则较次。各类卡特兰的花梗必须自然直立，能够支撑花朵使其能完全展开。大花型卡特兰以花梗粗壮、花朵硕大、花香持久者为上品；而花梗纤弱或过短则为下品。小花型卡特兰以花多、排列紧密、花朵之间距离整齐划一为上品，花朵少（一些少花品种除外），排列稀疏和不整齐者为下品。

8.3　卡特兰花朵的观赏整理

卡特兰花朵的整理是一件见仁见智的事，有时颇有争议，但此类争议大都出现在太过于不自然的“整形”而引致包括个体审查（Medal Judging）及商业贩卖上的争执。

大部分的大轮花卡特兰在花朵绽放后，为了更增加其观赏及商业价值，可给予适当的整理，称之为观赏整理，因其花朵巨大、瓣质肉厚而重，常导致在绽放过程中侧瓣下压而弯拗，所以大轮花卡特兰的花朵观赏整理首重侧瓣的开展固定，并且适当地将花梗及子房予以挺立，三萼片也一并处理。当一梗二朵以上时，也要注重其花朵排序及方向。而中小轮花卡特兰的花朵因为较少出现因重量弯拗的情形，通常只需注重其花序的舒展及排列方向即可，对中小轮花卡特兰来说，除了较省栽培空间外，这也是她们会受特别喜爱的原因之一；但是大轮花卡特兰的王者风姿、雍容贵气，却始终是中小轮花卡特兰及其它兰花所无法比拟的。

此观赏整理一般适用于自家观赏、商品应用以及兰花竞赛，但过于整饰压夹而失真作假是不被认同的，并且在各国际性兰花协会、国际兰展的个体审查中太着痕迹的整理“整形”将不会被审查授奖，因为所谓的个体审查是以该花自身条件来评定分数，讲求其本质的呈现。

大轮花卡特兰的观赏整理因人而异，在此介绍最常用而方便的方法。以轻软铝线（一定要轻，否则会压垮花朵；一定要软，否则因不易弯拗导致手指痛，子房断裂，花朵损伤）、透明塑封膜来进行处理。以图片说明如下：

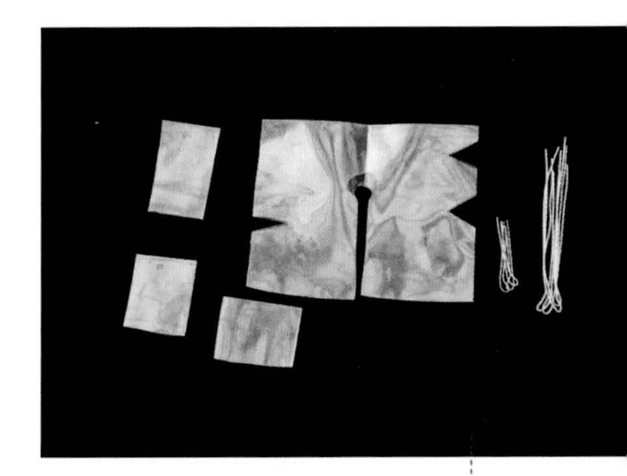

整理卡特兰花朵的塑封膜和轻软铝线。塑封膜需要剪裁成如图形状，轻软铝线对折，呈发夹状。

放任自由开展的大轮卡特兰花朵（以*Rlc*. Haw Yuan Gold ‘Yong Kang # 2’－‘永康二号’为示范）。

①剪取适当长度之软铝线，一端先缠绕固定于铁丝提耳上方（近弯曲处）。

②另一端小心自花朵子房近末端处弯拗，小心缠绕一圈。

③缠绕花朵子房完成图。请注意软铝线是轻轻贴合子房表面，但并非夹紧，否则将损伤子房影响花朵绽放，用此来调整花朵开放角度。

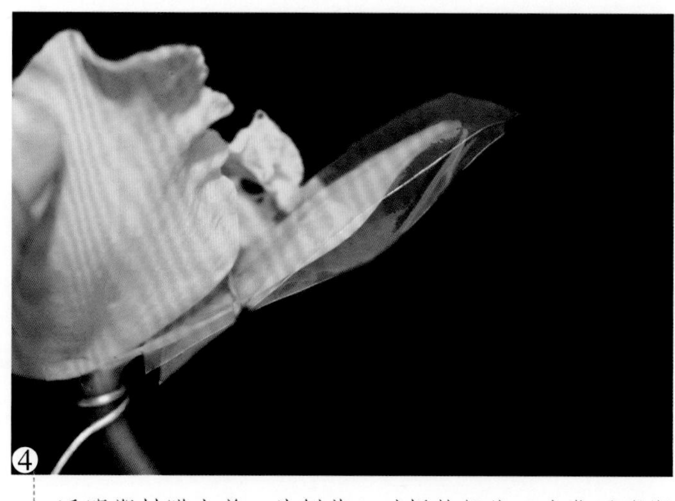

④透明塑封膜夹着一片侧萼，对折软铝线又夹住透明塑封膜。

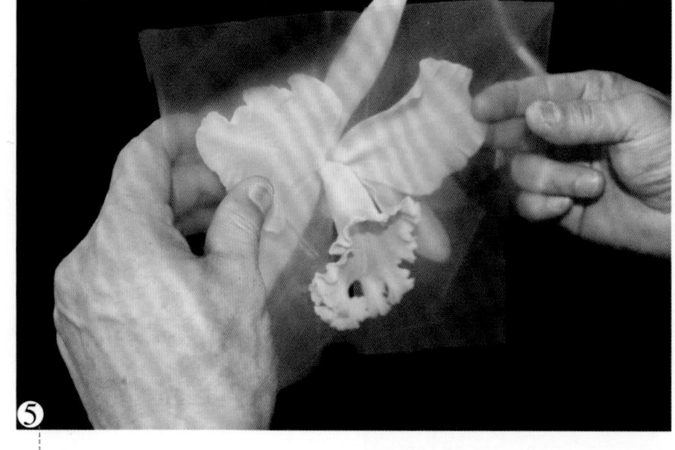

⑤再来夹侧瓣，取大张的透明塑封膜，其两面各有配合花朵位置的剪洞。小心夹入花朵的两片侧瓣，并将整片唇瓣露出来。

⑥对折软铝线纵向和横向夹住透明塑封膜。

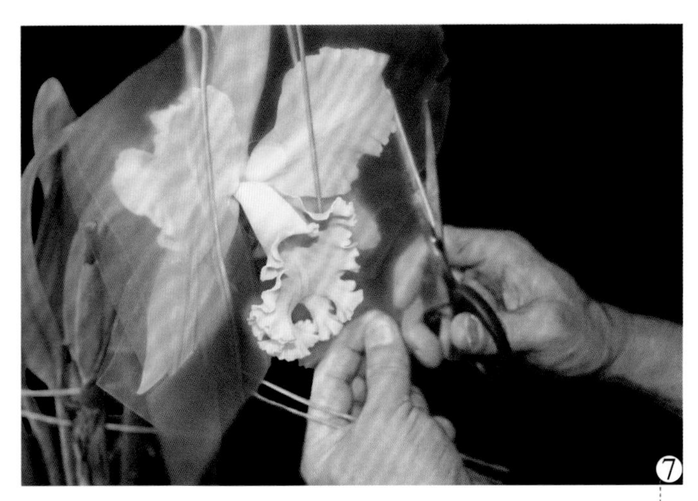

将多余的透明塑封膜剪去，以免过重，并影响花朵呼吸。

自上方再夹入一软铝线，托住横向软铝线，再来夹上萼。

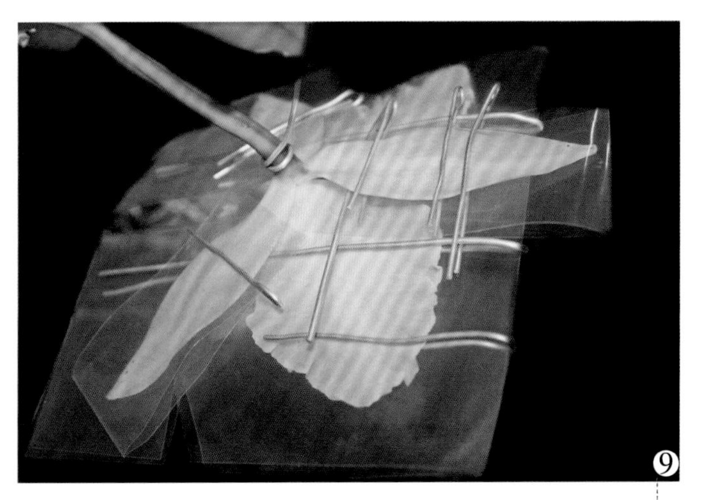

自花朵背后察看效果。

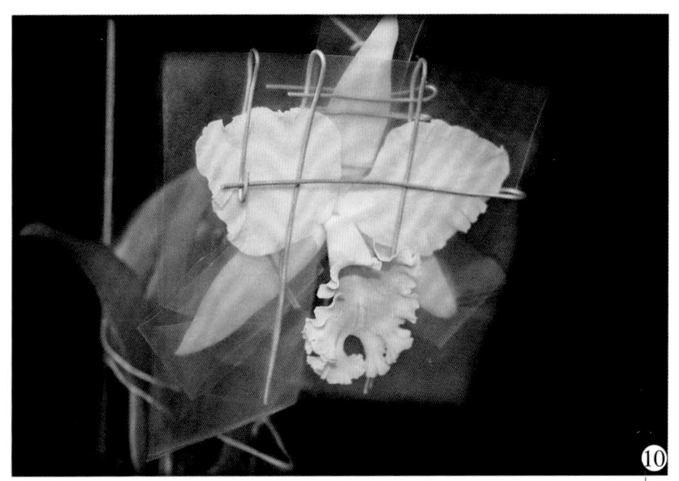

唇瓣两侧的透明塑料套袋显得松浮。

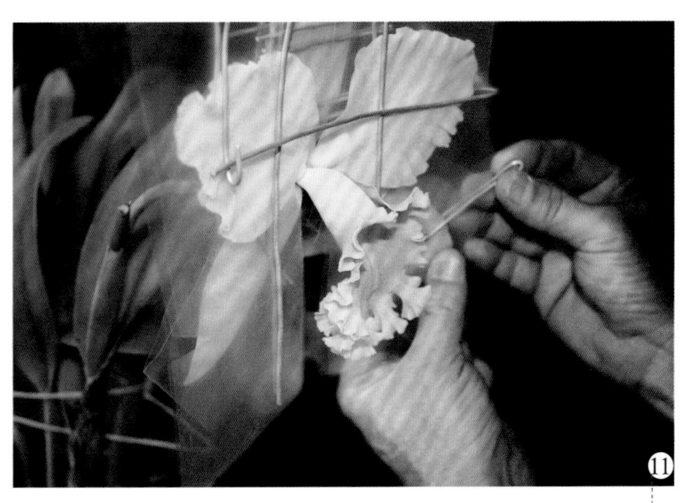

自一侧的侧萼处夹住。

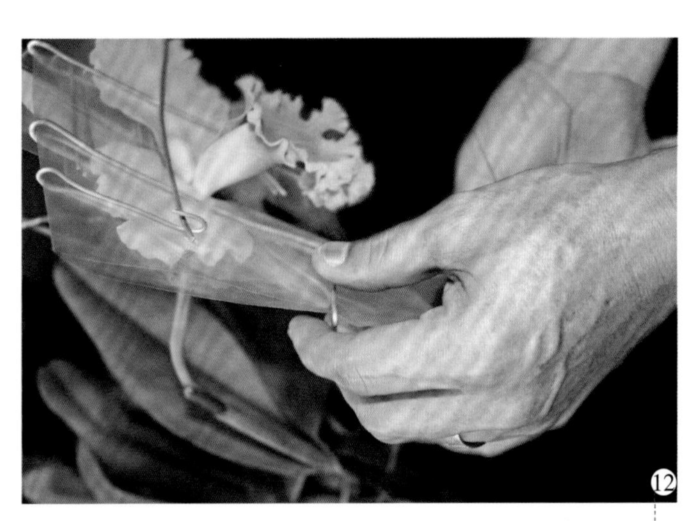

再夹另一侧的侧萼处。

全花完成图。

2～3天后，小心取下软铝线与透明塑封膜，此时花朵平展，具有更高的观赏价值。

C. Orglade's Grand 'Tian Mu' 整理前。

C. Orglade's Grand 'Tian Mu' 整理后。

集中放置的卡特兰花朵观赏整理株。

当一盆多花时，每一朵花都一一分别做观赏整理。

如果软铝线太多将不易进行整理，可以用订书机简易处理。

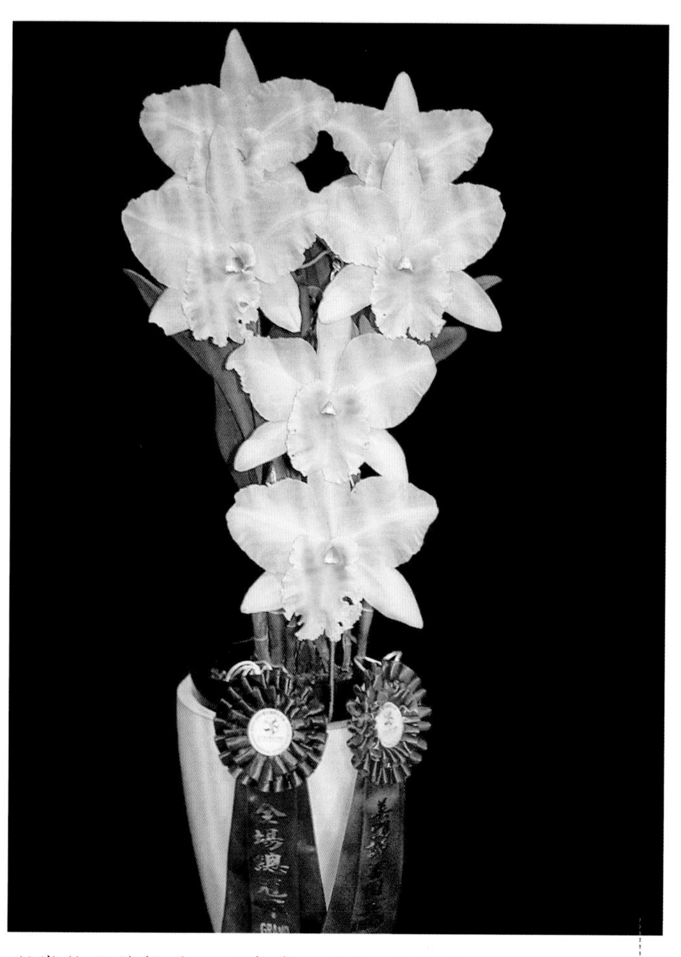

观赏整理的极致：‘永康二号’（*Rlc*. Haw Yuan Gold ‘Yong Kang # 2’），三枝花梗，六朵大轮花，呈四个层次二面向的排列。

大轮花卡特兰的观赏整理通常在花开2天后进行，而整理2 ~ 3天后花朵大致定型，即可拆掉透明塑封膜与软铝线，但是花梗及子房上的软铝线则保留着。请注意：在个体审查的场合中，通常铝丝支撑及软线缠绕不可超过第一朵花，当然子房上也不可缠绕；在观赏、商业、兰展比赛上则为了提高观赏价值常会将之支撑固定。

在图示说明中，我们以‘永康二号’（*Rlc*. Haw Yuan Gold ‘Yong Kang # 2’）来示范，此‘永康二号’在国际性兰展上屡得总冠军等佳绩，就是因为她本身的花朵、花径、花瓣、花质、花序、花色等条件俱佳，只再加以适当的略微整理，就能尽展风华、大放异彩。比如在2009年台北国际花卉展同时获得全场总冠军、美国评审团大奖、兰展审查90分的FCC金牌奖三料大奖，这便是其花朵观赏整理的极致展现，该花因同时开放了三支花梗，并且花序排列适当，便顺其自然形势由下至上四层次、并左右开展的面向展出。时常地，即使一个品种，或是一盆花，本身的开花条件极其优异，但如果花主本身连适当的整理都不愿意，如何能展现她最完美的状态呢？有些人的兰株杂乱，最夸张的是还有的兰盆脏污、或是杂草滋生蔓长，请注意，这也都是卡特兰观赏整理的一部分。

8.4 卡特兰的组合盆花与礼盆花

每当逢年过节以及各种婚丧喜庆时刻，从单独的盆株到多株兰花合并而成的组合盆礼品花，一盆盆美观而各适其份的兰花是表达心意的最佳选择。卡特兰有其两大特点：本身的多样性和硕大无比、霸气十足的花朵，在许多场合的组合盆花、礼盆花需求上是无法被取代的。譬如，大轮花的卡特兰，只一朵、两朵到数朵，便尽展王者风范，数朵至多朵的王者之姿所累聚的壮观与惊叹，则无任何的花卉可与之媲美。由本书介绍的各式各样卡特兰组合盆花，即可见其全豹之一斑。

卡特兰的简单和小巧组合盆花是可以随时尝试的乐趣，但是大型的组合盆花或礼盆花，则是技术门坎相当高的专业，尤其有三层次、甚至四层次组合的大轮花礼盆花，更是名师巧手才可得以完成。当然，这些组合盆花，尤其是大轮花品种，在组合之前都先得经过一系列的调试整理，加之组合面貌的事先规划，每一个组合盆作品都是一件独特的花卉艺术作品。

卡特兰单朵切花的装箱。

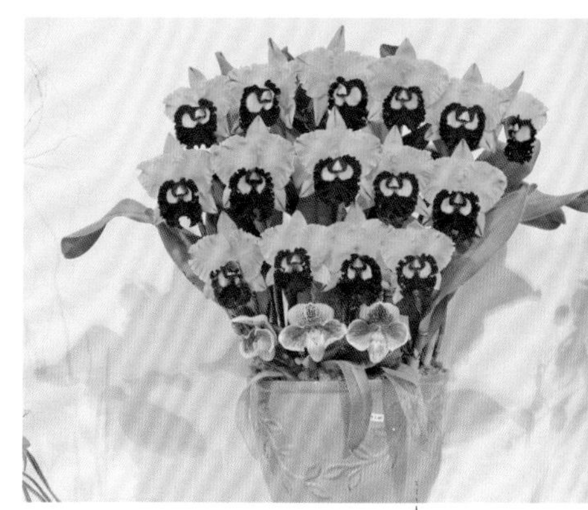

卡特兰礼盆花。（台湾天母兰业·周进昌 作）

卡特兰插花组合，桌上或讲台。

卡特兰单一品种组合礼盆花。（*Rlc.* Beauty Girl ‘KOVA’，台湾天母兰业·周进昌 作）

卡特兰与其它兰属组合欣赏。（昆明真善美兰业·陈振皇 作）

卡特兰组合欣赏。（昆明真善美兰业·陈振皇 作）

卡特兰在兰展比赛上的组合礼盆花应用。

参评卡
E1-06

445

8.5　卡特兰的购买

卡特兰除了自亲朋好友分株分盆所得之外，通常许多美丽或新颖的种类都得通过购买来获得，到有贩卖卡特兰的花店或花市的摊位，直接挑选自己喜爱的种类，如果是开花株，买回欣赏，花谢后可经过自己的栽培管理，等待下次开花；如果是买小、中、大苗株或是没开花的成株来栽培，倒也是充满了期待的乐趣。

除了花店、花市外，直接到栽培卡特兰的兰园选购，也是不错的选择，一方面可观察到其生长情形，另一方面还可向园方人员请教栽培等种种问题，再有个最大的优点是可以多多比较其它的种类，供作选购参考。

还有个同时可以见到许多开花种类的场合，就是各种大型兰展或兰花欣赏会上的展售摊位，但是也有许多兰展并没有展售摊位。有些国内外兰园或公司有邮购贩卖，但如果是自国外购买，则要面临检疫、报关、关税、贮运过久后植株损伤等问题，必须留意。

卡特兰贩卖花店：台湾台中。

卡特兰贩卖花店：美国迈阿密。

卡特兰兰园实地看实花。

卡特兰兰园购花。

兰展摊位——台湾国际兰展。（2010 年）

兰展摊位——美国迈阿密Redland International Orchid Show。（2008 年）

兰展摊位——新加坡 Singapore International Orchid Show。（2011 年）

8.6 参观兰展

兰展有各种大、中、小不同的规模，通常地方性、区域性的多为小型兰展，而国际性的多为大型兰展，除了吸引各国兰花、兰友与业者前来参加外，也会有许多国外兰花专家来参与评审。兰展大都是各类兰花一同展出，但常会分开类别来比赛，卡特兰常会自成一个大类，而且卡特兰类通常被设为第一类。

兰展在比赛评审之后，才会让民众参观，有些兰展贩卖门票以回收成本，有些则开放自由参观。参观兰展切勿喧哗，注重公德，切记不可触摸花朵与植株，也不可为图自己拍照方便而碰触、挪动兰盆。并且，请勿在现场擅自评断优劣、高谈阔论，通常，一定会招致反感，而不会显得自己多在行。

参观兰展可以见到各类的兰花，各色各样的卡特兰，欣赏及拍照之余，自己还可以做些笔记。我们可以说，关于兰花，想增长见识的办法是：行万里路，读万卷书，还有，多多参观兰展！

兰展景观布置——第一届三亚国际兰展。（2007 年）

兰展景观布置——第六届三亚国际兰展。（2012 年）

兰展景观布置——迈阿密世界兰展。（2008 年）

兰展景观布置—婚礼——台湾国际兰展。(2007年)

浪漫婚宴拱门。(2007年)

以卡特兰为兰展景观布置主角的美。(2008年)

兰展欣赏卡特兰——台湾台中朴提兰展。(2010年)

兰展——台湾自然科学博物馆兰展。(TOGA承办,2010年)

兰展欣赏卡特兰——台湾第四届台中广播公司兰展。(2012年)(收花现场)

兰展欣赏卡特兰——福建厦门园林植物园五一兰展。(2009 年)

兰展欣赏卡特兰——山东泰山兰展。(2011 年)

兰展欣赏卡特兰——台湾自然科学博物馆兰展，社团法人台湾兰花产销发展协会（TOGA）承办。(2010 年)

卡特兰展示——第五届三亚国际兰展。（2011 年）

兰花协会的欣赏会或审查会——社团法人台湾兰花产销发展协会（TOGA）月例欣赏会暨审查会上的卡特兰。（2008 年）

卡特兰展示——第十届亚太兰展。（2010 年 重庆市）

卡特兰展示——第十届亚太兰展。(2010 年 重庆市)

由兰展参展花的展示名牌认识卡特兰——台湾国际兰展。（2008 年）

8.7 参加兰展比赛

喜爱栽种卡特兰的兰友们，兰展看也看多了、看久了，如果想要参加兰展，就大方地踏出第一步。参加兰展就只是把花种好→花开了→拿去会场报名展示→得奖或未得奖，兰展结束后带回继续种→再接再励，只是如此。栽培时固然要细心及讲究，得奖与否则不必太在意。当然，应该保持兰盆、植株、花朵干净清洁，而且不要有病虫害。

关于参加兰展比赛还有一点要注意，有的人是一整盆兰花拿了就上，连整理都没整理，有人则是太过于不当整饰，如铁丝缠绕过度等，严重地影响了花朵的观赏价值，当然也别说要取得比赛佳绩了。过与不及都是缺点，兰友们需多加注意。

许多人看兰展时，总爱说自己有株花如何美、如何好，就只差没拿来比赛，否则就如何如何了。种花是陶冶性情的事，怡然自得，种花的人要注重修身养性，如果近期有兰展，把您正开花的美丽卡特兰拿出去，就对了！

植株虽然观赏整理过，但铁丝缠绕过多，显得杂乱，相当影响观赏价值，对比赛成绩也会有影响。*Rlc*. Taiwan Queen ‘Golden Monkey’ HCC/AOS（‘金丝猴’）

虽然花开得热闹壮观，但是连略施整理都没有，大大降低观赏价值，肯定不会引起兰友和评委的青睐。*Rlc*. King of Taiwan ‘Da Shin #1’ AM/AOS（‘大新一号’）

8.7.1 兰展比赛项目

所谓的兰展，一般分为两种基本形式，一是纯粹的兰花展示，没有比赛；一是有比赛的，通常有奖品或奖金。大部分的兰展都属于后者，因为奖品或奖金是一个相当吸引人的诱因，可以吸引四面八方的兰友提花参展，而且，通常越高额的奖品或奖金才越能吸引越高品质的兰花。但是，不管有没有奖品或奖金的吸引，一个知名度与号召力都甚高的兰展，其本身响亮的名气就已令人“与有荣焉”，当得了奖项时，获得的奖品或奖金更是一项锦上添花的肯定。

8.7.1.1 个体花竞赛

所谓个体花，就是一盆一盆写上了名字的兰花，当然必须是开花株，特别称之为个体花竞赛。要注意相关事项，包括：

A. 花名必须正确。通常会有对于各种类、品种相当了解的人担任收花人员，在收花的同时也进行着花名的校对、品种正确与否的把关。

B. 病虫害植株不得参加比赛，否则可能造成大传染。

C. 合并株可参与展出但不得授奖。因为所谓“比赛”，除了比该兰株本身的表现条件外，也比着花主栽培的功力，栽培得越好其植株越健壮、越硕大。通常，越硕大、庞大的植株也代表着开越多的花，会强烈吸引着人们目光，直接影响到比赛成绩。评审员在评审时都会针对庞大的兰株仔细地检查，通常合并株这种投机取巧的做法是无法遁形的。在商业买卖上，也有从业者刻意将两棵以上的植株合并种植，以快速达到繁花盛开的目的，应注意此类植株不可直接参加比赛。

D. 整体的评比。花朵只是一部分，植株的健康与否、盆器植材是否干净清洁都会直接影响到比赛的成绩，所以在比赛前，不仅兰株、花茎、花朵要予以适当的观赏整理，兰盆外观的清洁与整理也很重要。

8.7.1.2 景观布置竞赛

对于一个大型兰展来说，除了个体花竞赛外，景观布置也是民众参观的重点，对于兰花业者来说，也是专业形象的表现与广告。对于纯粹卡特兰的竞赛来说，景观布置如果完全以卡特兰来布置，其难度相当高，通常可以搭配某些比例的其它兰类来完成。关于卡特兰的景观布置可参阅前面章节部分，其中也有完全是以卡特兰布置的景观，这种由卡特兰所展现的大气、强劲的力与美，的确是搭配了其它兰花种类的布置所无法比拟的。

8.7.1.3 组合盆花竞赛

除了景观布置外，兰花应用的比赛项目通常还包括组合盆花竞赛。组合盆花竞赛一般分为大型与小型组。组合盆花通常也被视为桌上型具体而微的景观布置，所以其重点和精神与景观布置近似，但是更注重于巧手的技术性。组合盆花竞赛同时也是重要的商业推广媒介。

8.7.2 个体花审查

个体花审查并不包含在比赛项目之中，但是在国际性的大型兰展中，个体花审查通常在个体花竞赛之后进行。所谓个体花竞赛指的是将所有参展花评审出名次，而个体花审查则是选出部分优异的参赛株将其一一打分数，一般来说，达到75分以上即是优秀的个体，至少已是铜牌奖（HCC或BM）得主。关于审查授奖请查阅附录二。

请注意，个体花审查的金牌奖（FCC或GM）、银牌奖（AM或SM）、铜牌奖（HCC或BM），与个体花竞赛的金奖、银奖、铜奖并不相同，一个是分数，一个是名次。关于TIOS（台湾国际兰展）和 TOGA（台湾兰花产销发展协会）个体审查请参阅附录五。

8.7.3 竞赛人员编制

8.7.3.1 审查长

由兰展大会聘请资深、具专业知识及高号召力的德高望重人士担任，然后由审查长规划整个评审计划、奖项分配、评审人员分配等，向兰展大会提出报告后实施。

8.7.3.2 组长

由审查长选任各分组专业、具影响力、号召力者担任，向兰展大会提出报告后确定。组长和审查长一样，必须公平公正无私地主持、带动评审的进行，并且要能协调及掌控各评审员之间不同的意见，兼具沟通意见的桥梁，在大型的国际性兰展中还得照应着外国的评审员。在工作量较繁复的兰展竞赛中，组长会有助理协助，此助理可能是另外的工作人员，也可由该组中一位评审员担任。通常组长主持着该组的评审表决而不参与表决，当有争议或同票数情况时由组长继续协调，或直接投下关键性一票决定；也有的情形是组长一开始就与组员一同评审表决，视情况而异。

8.7.3.3 评审员

评审员必须是对该类该组专业擅长，而且公正公平之人士。

8.7.3.4 复审团

当评审进入关键性时段，譬如分组冠军公布前或全场总冠军投票前，为了避免不公平的人为操作情形发生，慎重的做法是还要有复审程序，由复审团进行。通常是由审查长带领各组组长一起进行巡查，遇有得奖不合理的情形，即向该组评审提出质疑并进行讨论。

8.7.4 奖项的设置

一般一场兰展竞赛中，大致上会有以下奖项：

（1）全场总冠军：一个。

（2）分组冠军：若干个；在纯粹卡特兰竞赛中，若干小组合成一个分组，每一个分组有一个分组冠军；在综合性兰展中，所有的兰类参与竞赛，通常卡特兰就是一个分组。

（3）金奖：每小组一个或若干个。

（4）银奖：每小组若干个。

（5）铜奖：通常每小组铜奖数多于银奖数。

通常，奖项的产生是以金字塔型堆叠的，也就是在每一个小组里先评出金奖、银奖、铜奖之后，由同一分组内所有小组的金奖再一起评出分组冠军，所有的分组冠军再评出一个全场总冠军。

金奖、银奖、铜奖也就是第一奖、第二奖、第三奖，以金银铜提高其质量感。在欧美常见以蓝带奖、红带奖、白带奖来表示，但是对于中国社会来说，其含义似乎较抽象，一般民众较难理解。

至于奖项与奖金的发放，则有重复授奖与不重复授奖的分别：

重复授奖：情形有二，A、以全场总冠军来说，她同时也是分组冠军及小组的金奖，每一个阶段的奖都发放奖品或奖金，如此一来，最杰出的那一株花将是一路挂彩，更加突显其独特的尊荣地位，有利于兰展活动的推广及增加其新闻性。B、不管金奖、银奖、铜奖，甚至分组冠军或全场总冠军，尚有可能被另外颁发栽培奖、最佳人气奖等奖项，其奖品或奖金当然也是另外发放。

不重复授奖：该全场总冠军同时兼具的分组冠军及小组金奖的奖品或奖金不另外发放，有的甚至连分组冠军及小组金奖的奖带都被拿掉了，除了削弱其大众目光聚焦度外，也平白失去新闻性运作的机会。

奖项的分配，除了全场总冠军与分组冠军原则上不可变动外，各小组的金奖、银奖、铜奖数目，可视现场各小组收花数量及水平做适度的调整，如收花数量较少或整体水平较差的小组，其奖数可酌减，而将之转移给收花数量较多或整体水平较高的小组。其奖项的细微重新分配或挪移，通常由同组内评审讨论通过后，再由组长向审查长提出报告，而后施行。

8.7.5 卡特兰的分组

（1）新花组：新育种的新开花株，因为植株通常比较弱小，在比赛时与栽培多年的植株放置一起相比一定会吃亏，但是育种新花是整个兰花产业中相当重要的一环，所以大部分的兰展都会将其列为一组：育种新花组，通常简称新花组，其基本条件是第一次开花的植株。新花组比赛的重点在于与父母本相比较是否有进步，而非各新花之间的相互比赛（兄弟株除外）。

（2）原种组：当兰展大会竞赛办法公告前，假如预计会有相当多的原种出现，有时原种组还会被分为两个组，通常分为大型种与小型种，或是按照属类区分。请注意，野外采来却未经驯化的植株不可参加比赛。

（3）迷你种类：通常指植株高度在20cm以下，不包含花茎。

（4）迷帝种类：通常指植株高度在20 ~ 30cm之间，不包含花茎。

（5）多花性种类。

（6）紫红、粉红色系。

（7）绿花及黄花色系。

（8）白花、白花红唇。

（9）楔形花、覆轮花。

（10）橙红花、朱红花、砖红花。

（11）其它近缘属类杂交种：通常包含树兰属（*Epi.*）、节茎兰属（*Cau.*）、圈柱兰属（*E.*）、佛焰苞兰属（*Psh.*）等其它近缘属的杂交种，非传统的卡特兰类。

附录 Appendices

附录一　属名及属间杂交新属属名表

Alphabetical One-table List of Genera and Intergeneric Combinations (Cattleya Alliance)

AMBLOSTOMA (Amb.) = Natural genus

× Epidendrum .... = × Epistoma

× ANDERSONARA (Ande.) .... = Brassavola × Cattleya × Caularthron × Guarianthe × Laelia × Rhyncholaelia

× ANDREARA (Andr.) .... = Cattleya × Leptotes × Rhyncholaelia

× APPLETONARA (Aea.) .... = Cattleya × Encyclia × Laelia × Rhyncholaelia

× ASCHERSONARA (Ach.) .... = Broughtonia × Cattleya × Myrmecophila × Prosthechea

× BALLANTINEARA (Bln.) .... = Broughtonia × Cattleya × Encyclia × Guarianthe

× BARAVOLIA (Bvl.) .... = Barkeria × Brassavola × Encyclia

× BARCATANTHE (Bkt.) .... = Barkeria × Cattleya × Guarianthe

× BARCLIA (Bac.) .... = Barkeria × Encyclia

× BARDENDRUM (Bard.) .... = Barkeria × Epidendrum

× BARKERANTHE (Bkn.) .... = Barkeria × Guarianthe

BARKERIA (Bark.) .... = Natural genus

× Brassavola .... = × Brassokeria

× Brassavola × Encyclia .... = × Baravolia

× Brassavola × Encyclia × Epidendrum .... = × Kerchoveara

× Brassavola × Epidendrum .... = × Hummelara

× Broughtonia × Cattleya .... = × Turnbowara

× Cattleya .... = × Cattkeria

× Cattleya × Encyclia × Rhyncholaeli .... = × Rauhara

× Cattleya × Epidendrum .... = × Barkleyadendrum

× Cattleya × Guarianthe .... = × Barcatanthe

× Cattleya × Laelia .... = × Laeliocattkeria

× Caularthron .... = × Caulkeria

× Caularthron × Epidendrum .... = × Caulbardendrum

× Domingoa × Epidendrum .... = × Epidominkeria

× Encyclia .... = × Barclia

× Epidendrum .... = × Bardendrum

× Guarianthe .... = × Barkeranthe

× Laelia .... = × Laeliokeria

× Leptotes .... = × Leptokeria

× Oerstedella .... = × Oerstedkeria

× Tetramicra .... = × Tetrakeria

× BARKLEYADENDRUM (Bkd.) .... = Barkeria × Cattleya × Epidendrum

× BERGMANARA (Brg.) .... = Brassavola × Cattleya × Encyclia × Laelia

× BERNARDARA (Bern.) .... = Cattleya × Encyclia × Epidendrum × Laelia

× BETTSARA (Bet.) .... = Broughtonia × Cattleya × Encyclia × Laelia × Rhyncholaelia

× BRASSACATHRON (Bcn.) .... = Brassavola × Cattleya × Caularthron

× BRASSANTHE (Bsn.) .... = Brassavola × Guarianthe

BRASSAVOLA (B.) .... = Natural genus

× Barkeria .... = × Brassokeria

× Barkeria × Encyclia .... = × Baravolia

× Barkeria × Encyclia × Epidendrum .... = × Kerchoveara

× Barkeria × Epidendrum .... = × Hummelara

× Broughtonia .... = × Brassotonia

× Broughtonia × Cattleya .... = × Stellamizutaara

× Broughtonia × Cattleya × Caularthron .... = × Youngyouthara

× Broughtonia × Cattleya × Encyclia .... = × Nebrownara

× Broughtonia × Cattleya × Epidendrum × Laelia .... = × Hattoriara

× Broughtonia × Cattleya × Guarianthe .... = × Claudehamiltonara

× Broughtonia × Cattleya × Guarianthe × Rhyncholaelia .... = × Fowlieara

× Broughtonia × Cattleya × Laelia .... = × Otaara

× Broughtonia × Cattleya × Laelia × Myrmecophila .... = × Siebertara

× Broughtonia × Cattleya × Laelia × Prostheche .... = × Keishunara

× Broughtonia × Cattleya × Rhyncholaelia .... = × Hyeara

× Broughtonia × Encyclia .... = × Encytonavola

× Broughtonia × Encyclia × Guarianthe .... = × Lambeauara

× Broughtonia × Epidendrum .... = × Wooara

× Broughtonia × Guarianthe .... = × Broanthevola

× Cattleya .... = × Brassocattleya

× Cattleya × Caularthron .... = × Brassacathron

× Cattleya × Caularthron × Guarianthe × Laelia .... = × Ghillanyara

× Cattleya × Caularthron × Guarianthe × Laelia × Rhyncholaelia .... = × Andersonana

× Cattleya × Caularthron × Laelia × Myrmecophila .... = × Rolfwilhelmara

× Cattleya × Domingoa × Epidendrum × Laelia .... = × Kawamotoara

× Cattleya × Encyclia .... = × Encyleyvola

×Cattleya ×Encyclia ×Guarianthe .... =× Lesueurara
×Cattleya ×Encyclia ×Guarianthe ×Laelia .... =× Pynaertara
×Cattleya ×Encyclia ×Guarianthe ×Laelia ×Rhyncholaelia .... =× Maumeneara
×Cattleya ×Encyclia ×Guarianthe ×Rhyncholaelia .... =× Louiscappeara
×Cattleya ×Encyclia ×Laelia .... =× Bergmanara
×Cattleya ×Encyclia ×Laelia ×Prosthechea .... =× Orpetara
×Cattleya ×Encyclia ×Rhyncholaelia .... =× Johnlagerara
×Cattleya ×Epidendrum .... =× Vaughnara
×Cattleya ×Epidendrum ×Tetramicra .... =× Estelaara
×Cattleya ×Guarianthe .... =× Brassocatanthe
×Cattleya ×Guarianthe ×Laelia .... =× Garlippara
×Cattleya ×Guarianthe ×Rhyncholaelia .... =× Cahuzacara
×Cattleya ×Laelia .... =× Brassolaeliocattleya
×Cattleya ×Laelia ×Myrmecophila .... =× Jellesmaara
×Cattleya ×Laelia ×Myrmecophila ×Prosthechea .... =× Roezlara
×Cattleya ×Laelia ×Myrmecophila ×Pseudolaelia .... =× Hayataara
×Cattleya ×Laelia ×Rhyncholaelia .... =× Keyesara
×Cattleya ×Myrmecophila .... =× Myrmecatavola
×Cattleya ×Myrmecophila ×Pseudolaelia .... =× Fowlerara
×Cattleya ×Myrmecophila ×Pseudolaelia ×Rhyncholaelia .... =× Knudsenara
×Cattleya ×Myrmecophila ×Rhyncholaelia .... =× Warnerara
×Cattleya ×Prosthechea .... =× Procatavola
×Cattleya ×Psychilis .... =× Psybrassocattleya
×Cattleya ×Psychilis ×Tetramicra .... =× Donaestelaara
×Cattleya ×Rhyncholaelia .... =× Rhynchobrassoleya
×Caularthron .... =× Caulavola
×Caularthron ×Guarianthe .... =× Caulrianvola
×Caularthron ×Guarianthe ×Laelia .... =× Millerara
×Caularthron ×Laelia .... =× Marvingerberara
×Encyclia .... =× Encyvola
×Encyclia ×Epidendrum .... =× Encyvolendrum
×Encyclia ×Guarianthe .... =× Guarvolclia
×Epidendrum .... =× Brassoepidendrum
×Epidendrum ×Leptotes .... =× Epileptovola

× Epidendrum × Prosthechea .... = × Epithechavola

× Epidendrum × Rhyncholaelia............ = × Rhynchavolarum

× Guarianthe............ = × Brassanthe

× Guarianthe × Laelia............ = × Guarilaelivola

× Guarianthe × Rhyncholaelia............ = × Rhynchovolanthe

× Hagsatera............ = × Hagsavola

× Laelia............ = × Brassolaelia

× Leptotes............ = × Leptovola

× Myrmecophila .... = × Myrmecavola

× Prosthechea .... = × Prosavola

× Psychilis .... = × Psycavola

× Quisqueya .... = × Quisavola

× Rhyncholaelia .... = × Rhynchovola

× Tetramicra .... = × Brassomicr

× BRASSOCATANTHE (Bct.) .... = Brassavola × Cattleya × Guarianthe

× BRASSOCATTLEYA (Bc.)............ = Brassavola × Cattleya

× BRASSOEPIDENDRUM (Bepi.)............ = Brassavola × Epidendrum

× BRASSOKERIA (Brsk)............ = Barkeria × Brassavola

× BRASSOLAELIA (Bl.) .... = Brassavola × Laelia

× BRASSOLAELIOCATTLEYA (Blc.) .... = Brassavola × Cattleya × Laelia

× BRASSOMICRA (Bmc.)............ = Brassavola × Tetramicra

× BRASSOTONIA (Bstna.) .... = Brassavola × Broughtonia

× BROANTHEVOLA (Btv.)............ = Brassavola × Broughtonia × Guarianthe

× BROLAELIANTHE (Blt.)............ = Broughtonia × Guarianthe × Laelia

× BROLARCHILIS (Boc.) .... = Broughtonia × Caularthron × Psychilis

× BROMECANTHE (Brm.) .... = Broughtonia × Guarianthe × Myrmecophila

BROUGHTONIA (Bro.)............ = Natural genus

× Barkeria × Cattleya. .... = × Turnbowara

× Brassavola. .... = × Brassotonia

× Brassavola × Cattleya............ = × Stellamizutaara

× Brassavola × Cattleya × Caularthron .... = × Youngyouthara

× Brassavola × Cattleya × Encyclia............ = × Nebrownara

× Brassavola × Cattleya × Epidendrum × Laelia .... = × Hattoriara

× Brassavola × Cattleya × Guarianthe............ = × Claudehamiltonara

× Brassavola × Cattleya × Guarianthe × Rhyncholaelia .... = × Fowlieara

× Brassavola × Cattleya × Laelia .... = × Otaara

× Brassavola × Cattleya × Laelia × Myrmecophila .... = × Siebertara

× Brassavola × Cattleya × Laelia × Prosthechea .... = × Keishunara

× Brassavola × Cattleya × Rhyncholaelia .... = × Hyeara

× Brassavola × Encyclia .... = × Encytonavola

× Brassavola × Encyclia × Guarianthe .... = × Lambeauara

× Brassavola × Epidendrum .... = × Wooara

× Brassavola × Guarianthe. .... = × Broanthevola

× Cattleya. .... = × Cattleytonia

× Cattleya × Caularthron. .... = × Cautonleya

× Cattleya × Caularthron × Encyclia × Laelia × Prosthechea × Rhyncholaelia .... = × Warasara

× Cattleya × Caularthron × Guarianthe × Laelia .... = × Denisara

× Cattleya × Caularthron × Guarianthe × Laelia × Rhyncholaelia .... = × Dodara

× Cattleya × Caularthron × Guarianthe × Psychilis × Rhyncholaelia .... = × Hiattara

× Cattleya × Caularthron × Laelia .... = × Williamcookara

× Cattleya × Caularthron × Myrmecophila .... = × Wojcechowskiara

× Cattleya × Encyclia .... = × Cycatonia

× Cattleya × Encyclia × Guarianthe .... = × Ballantineara

× Cattleya × Encyclia × Laelia. .... = × Sevillaara

× Cattleya × Encyclia × Laelia × Rhyncholaelia .... = × Bettsara

× Cattleya × Encyclia × Rhyncholaelia .... = × Helenadamsara

× Cattleya × Epidendrum .... = × Epicatonia

× Cattleya × Epidendrum × Guarianthe .... = × Wolleydodara

× Cattleya × Epidendrum × Laelia .... = × Jewellara

× Cattleya × Epidendrum × Rhyncholaelia .... = × Hofmannara

× Cattleya × Guarianthe. .... = × Guaricattonia

× Cattleya × Guarianthe × Laelia .... = × Janssensara

× Cattleya × Guarianthe × Laelia × Rhyncholaelia .... = × Dunstervilleara

× Cattleya × Guarianthe × Myrmecophila .... = × Wilmotteara

× Cattleya × Guarianthe × Rhyncholaelia .... = × Volkertara

× Cattleya × Laelia .... = × Laeliocatonia

× Cattleya × Laelia × Rhyncholaelia .... = × Vriesara

× Cattleya × Myrmecophila .... = × Cattoniphila

× Cattleya × Myrmecophila × Prosthechea .... = × Aschersonara
× Cattleya × Myrmecophila × Rhyncholaelia .... = × Verboonenara
× Cattleya × Prosthechea........................ = × Proleytonia
× Cattleya × Prosthechea × Rhyncholaelia........................ = × Gumeyara
× Cattleya × Psychilis........................ = × Psycattleytonia
× Cattleya × Rhyncholaelia........................ = × Rhyntonleya
× Cattleya × Tetramicra .... = × Susanperreiraara
× Caularthron .... = × Caultonia
× Caularthron × Guarianthe........................ = × Duckittara
× Caularthron × Myrmecophila........................ = × Caultoniophila
× Caularthron × Psychilis .... = × Brolarchilis
× Domingoa........................ = × Domintonia
× Encyclia × Guarianthe .... = × Guaritoniclia
× Epidendrum........................ = × Epitonia
× Epidendrum × Guarianthe........................ = × Epitonanthe
× Guarianthe .... = × Guaritonia
× Guarianthe × Laelia .... = × Brolaelianthe
× Guarianthe × Myrmecophil .... = × Bromecanthe
× Guarianthe × Prosthechea .... = × Guartonichea
× Guarianthe × Tetramicra........................ = × Tetrabroughtanthe
× Laelia........................ = × Laelonia
× MyrmBecophila .... = × Myrmetonia
× Oerstedella .... = × Oertonia
× Prosthechea .... = × Prostonia
× Psychilis .... = × Psytonia
× Psychilis × Tetramicra........................ = × Tetronichilis
× Tetramicra. .... = × Tetratonia
× BULLARA (Bul.) .... = Cattleya × Encyclia × Guarianthe × Rhyncholaelia
× CAHUZACARA (Chz.)........................ = Brassavola × Cattleya × Guarianthe × Rhyncholaelia
× CATCAULLIA (Ctll.) .... = Cattleya × Caularthron × Encyclia
× CATCYLAELIA (Ctyl.)........................ = Cattleya × Encyclia × Laelia
× CATMINICHEA (Cnc.) .... = Cattleya × Domingoa × Prosthechea
× CATTARTHROPHILA (Ctr.)........................ = Cattleya × Caularthron × Myrmecophila
× CATTKERIA (Cka.) .... = Barkeria × Cattleya

× CATTLEYCHEA (Ctyh.) .... = Cattleya × Prosthechea

CATTLEYA (C.) .... = Natural genus

× Barkeria .... = × Cattkeria

× Barkeria × Broughtonia .... = × Turnbowara

× Barkeria × Encyclia × Rhyncholaelia .... = × Rauhara

× Barkeria × Epidendrum .... = × Barkleyadendrum

× Barkeria × Guarianthe .... = × Barcatanthe

× Barkeria × Laelia .... = × Laeliocattkeria

× Brassavola .... = × Brassocattleya

× Brassavola × Broughtonia. .... = × Stellamizutaara

× Brassavola × Broughtonia × Caularthron .... = × Youngyouthara

× Brassavola × Broughtonia × Encyclia .... = × Nebrownara

× Brassavola × Broughtonia × Epidendrum × Laelia .... = × Hattoriara

× Brassavola × Broughtonia × Guarianthe .... = × Claudehamiltonara

× Brassavola × Broughtonia × Guarianthe × Rhyncholaelia .... = × Fowlieara

× Brassavola × Broughtonia × Laelia .... = × Otaara

× Brassavola × Broughtonia × Laelia × Myrmecophila .... = × Siebertara

× Brassavola × Broughtonia × Laelia × Prosthechea .... = × Keishunara

× Brassavola × Broughtonia × Rhyncholaelia .... = × Hyeara

× Brassavola × Caularthron .... = × Brassacathron

× Brassavola × Caularthron × Guarianthe × Laelia .... = × Ghillanyara

× Brassavola × Caularthron × Guarianthe × Laelia × Rhyncholaelia .... = × Andersonara

× Brassavola × Caularthron × Laelia × Myrmecophila .... = × Rolfwilhelmara

× Brassavola × Domingoa × Epidendrum × Laelia .... = × Kawamotoara

× Brassavola × Encyclia .... = × Encyleyvola

× Brassavola × Encyclia × Guarianthe .... = × Lesueurara

× Brassavola × Encyclia × Guarianthe × Laelia .... = × Pynaertara

× Brassavola × Encyclia × Guarianthe × Laelia × Rhyncholaelia .... = × Maumeneara

× Brassavola × Encyclia × Guarianthe × Rhyncholaelia .... = × Louiscappeara

× Brassavola × Encyclia × Laelia .... = × Bergmanara

× Brassavola × Encyclia × Laelia × Prosthechea .... = × Orpetara

× Brassavola × Encyclia × Rhyncholaelia .... = × Johnlagerara

× Brassavola × Epidendrum. .... = × Vaughnara

× Brassavola × Epidendrum × Tetramicra .... = × Estelaara

× Brassavola × Guarianthe .... = × Brassocatanthe

× Brassavola × Guarianthe × Laelia .... = × Garlippara

× Brassavola × Guarianthe × Rhyncholaelia .... = × Cahuzacara

× Brassavola × Laelia .... = × Brassolaeliocattleya

× Brassavola × Laelia × Myrmecophila .... = × Jellesmaara

× Brassavola × Laelia × Myrmecophila × Prosthechea .... = × Roezlara

× Brassavola × Laelia × Myrmecophila × Pseudolaelia .... = × Hayataara

× Brassavola × Laelia × Rhyncholaelia .... = × Keyesara

× Brassavola × Myrmecophila .... = × Myrmecatavola

×Brassavola ×Myrmecophila ×Pseudolaelia ×Rhyncholaelia .... =× Knudsenara

×Brassavola ×Myrmecophila ×Pseudolaelia .... =× Fowlerara

× Brassavola × Myrmecophila × Rhyncholaelia .... = × Warnerara

× Brassavola × Prosthechea .... = × Procatavola

× Brassavola × Psychilis .... = × Psybrassocattleya

× Brassavola × Psychilis × Tetramicra .... = × Donaestelaara

× Brassavola × Rhyncholaelia .... = × Rhynchobrassoleya

× Broughtonia .... = × Cattleytonia

× Broughtonia × Caularthron .... = × Cautonleya

× Broughtonia × Caularthron × Encyclia × Laelia × Prosthechea × Rhyncholaelia .... = × Warasara

× Broughtonia × Caularthron × Guarianthe × Laelia .... = × Denisara

× Broughtonia × Caularthron × Guarianthe × Laelia × Rhyncholaelia .... = × Dodara

× Broughtonia × Caularthron × Guarianthe × Psychilis × Rhyncholaelia .... = × Hittara

× Broughtonia × Caularthron × Laelia .... = × Williamcookara

× Broughtonia × Caularthron × Myrmecophila .... = × Wojcechowskiara

× Broughtonia × Encyclia .... = × Cycatonia

×Broughtonia ×Encyclia ×Guarianthe .... =× Ballantineara

× Broughtonia × Encyclia × Laelia .... = × Sevillaara

× Broughtonia × Encyclia × Laelia × Rhyncholaelia .... = × Bettsara

× Broughtonia × Encyclia × Rhyncholaelia .... = × Helenadamsara

× Broughtonia × Epidendrum .... = × Epicatonia

× Broughtonia × Epidendrum × Guarianthe .... = × Wolleydodara

× Broughtonia × Epidendrum × Laelia .... = × Jewellara

× Broughtonia × Epidendrum × Rhyncholaelia .... = × Hofmannara

× Broughtonia × Guarianthe .... = × Guaricattonia

× Broughtonia × Guarianthe × Laelia .... = × Janssensara

× Broughtonia × Guarianthe × Laelia × Rhyncholaelia .... = × Dunstervilleara

× Broughtonia × Guarianthe × Myrmecophila .... = × Wilmotteara

× Broughtonia × Guarianthe × Rhyncholaelia .... = × Volkertara

× Broughtonia × Laelia .... = × Laeliocatonia

× Broughtonia × Laelia × Rhyncholaelia .... = × Vriesara

× Broughtonia × Myrmecophila .... = × Cattoniphila

× Broughtonia × Myrmecophila × Prosthechea .... = × Aschersonara

× Broughtonia × Myrmecophila × Rhyncholaelia .... = × Verboonenara

× Broughtonia × Prosthechea .... = × Proleytonia

× Broughtonia × Prosthechea × Rhyncholaelia .... = × Gumeyara

× Broughtonia × Psychilis .... = × Psycattleytonia

× Broughtonia × Rhyncholaelia .... = × Rhyntonleya

× Broughtonia × Tetramicra .... = × Susanperreiraara

× Caularthron .... = × Caulocattleya

× Caularthron × Encyclia .... = × Catcaullia

× Caularthron × Encyclia × Laelia .... = × Lebaudyara

× Caularthron × Epidendrum .... = × Epicatarthron

× Caularthron × Epidendrum × Guarianthe × Laelia × Rhyncholaelia .... = × Dormanara

× Caularthron × Guarianthe .... = × Guarthroleya

× Caularthron × Guarianthe × Laelia .... = × Ledienara

× Caularthron × Guarianthe × Laelia × Myrmecophila × Rhyncholaelia .... = × Kautskyara

× Caularthron × Guarianthe × Laelia × Rhyncholaelia .... = × Jackfowlieara

× Caularthron × Guarianthe × Rhyncholaelia .... = × Friedaara

× Caularthron × Laelia .... = × Laeliocatarthron

× Caularthron × Laelia × Myrmecophila .... = × Hasskarlara

× Caularthron × Laelia × Rhyncholaelia .... = × Meloara

× Caularthron × Myrmecophila .... = × Cattarthrophila

× Caularthron × Prosthechea .... = × Proscatarthron

× Caularthron × Rhyncholaelia .... = × Rhynarthrolyea

× Constantia .... = × Conattleya

× Domingoa .... = × Domingleya

× Domingoa × Prosthechea .... = × Catminichea

× Domingoa × Prosthechea × Rhyncholaelia .... = × Chapmanara

× Encyclia .... = × Catyclia
× Encyclia × Epidendrum × Guarianthe .... = × Robertsara
× Encyclia × Epidendrum × Laelia .... = × Bernardara
× Encyclia × Epidendrum .... = × Epicatcyclia
× Encyclia × Guarianthe .... = × Enanthleya
× Encyclia × Guarianthe × Laelia .... = × Stricklandara
× Encyclia × Guarianthe × Laelia × Rhyncholaelia .... = × Devriesara
× Encyclia × Guarianthe × Prosthechea .... = × Moensara
× Encyclia × Guarianthe × Rhyncholaelia .... = × Bullara
× Encyclia × Laelia .... = × Catcylaelia
× Encyclia × Laelia × Prosthechea .... = × Mylamara
× Encyclia × Laelia × Rhyncholaelia. .... = × Appletonara
× Encyclia × Prosthechea.. .... = × Procycleya
× Encyclia × Prosthechea × Rhyncholaelia .... = × Marshara
× Encyclia × Rhyncholaelia. .... = × Rhyncatclia
× Epidendrum .... = × Epicattleya
× Epidendrum × Guarianthe. .... = × Epicatanthe
× Epidendrum × Guarianthe × Laelia .... = × Pabstara
× Epidendrum × Laelia. .... = × Epilaeliocattleya
× Epidendrum × Laelia × Oerstedella .... = × Rafinesqueara
× Epidendrum × Prosthechea.. .... = × Epicatechea
× Epidendrum × Rhyncholaelia .... = × Rhyncatdendrum
× Guarianthe .... = × Cattlianthe
× Guarianthe × Laelia .... = × Laeliocatanthe
× Guarianthe × Laelia × Prosthechea .... = × Obrienara
×Guarianthe ×Laelia ×Rhyncholaelia .... =× Rechingerara
× Guarianthe × Myrmecophila.. .... = × Guaricatophila
× Guarianthe × Prosthechea. .... = × Proguarleya
×Guarianthe ×Prosthechea ×Rhyncholaelia .... =× Lovelessara
× Guarianthe × Psychilis × Rhyncholaelia. .... = × Dungsara
× Guarianthe × Rhyncholaelia .... = × Rhyncattleanthe
× Laelia .... = × Laeliocattleya
× Laelia × Myrmecophila .... = × Myrmecatlaelia
× Laelia × Prosthechea. .... = × Proslaeliocattleya

×Laelia ×Psychilis .... =× Psylaeliocattleya

×Laelia ×Rhyncholaelia .... =× Rhyncatlaelia

×Leptotes .... =× Cattotes

×Leptotes ×Rhyncholaelia .... =× Andreara

×Myrmecophila .... =× Myrmecocattleya

×Myrmecophila ×Prosthechea .... =× Proleyophila

×Myrmecophila ×Prosthechea ×Rhyncholaelia .... =× Emilythwaitesara

×Myrmecophila ×Rhyncholaelia .... =× Rhynchomyrmeleya

×Prosthechea .... =× Cattleychea

×Prosthechea ×Rhyncholaelia .... =× Prosrhyncholeya

×Psychilis .... =× Cattychilis

×Psychilis ×Rhyncholaelia .... =× Rhynchopsyleya

×Rhyncholaelia .... =× Rhyncholaeliocattleya

×Tetramicra .... =× Tetracattleya

× CATTLEYTONIA (Ctna.) .... = Broughtonia × Cattleya

× CATTLIANTHE (Ctt.) .... = Cattleya × Guarianthe

× CATTONIPHILA (Ctph.) .... = Broughtonia × Cattleya × Myrmecophila

× CATTOTES (Ctts.) .... = Cattleya × Leptotes

× CATTYCHILIS (Cyi.) .... = Cattleya × Psychilis

× CATYCLIA (Cty.) .... = Cattleya × Encyclia

× CAULAELIA (Cll.) .... = Caularthron × Laelia

CAULARTHRON (Cau.) .... = Natural genus

× Barkeria .... =× Caulkeria

× Barkeria × Epidendrum .... =× Caulbardendrum

× Brassavola .... =× Caulavola

× Brassavola × Broughtonia × Cattleya .... =× Youngyouthara

× Brassavola × Cattleya .... =× Brassacathron

× Brassavola × Cattleya × Guarianthe × Laelia .... =× Ghillanyara

× Brassavola × Cattleya × Guarianthe × Laelia × Rhyncholaelia .... =× Andersonara

× Brassavola × Cattleya × Laelia × Myrmecophila .... =× Rolfwilhelmara

× Brassavola × Guarianthe .... =× Caulrianvola

× Brassavola × Guarianthe × Laelia .... =× Millerara

× Brassavola × Laelia .... =× Marvingerberara

× Broughtonia .... =× Caultonia

× Broughtonia × Cattleya .... = × Cautonleya

× Broughtonia × Cattleya × Encyclia × Laelia × Prosthechea × Rhyncholaelia .... = × Warasara

× Broughtonia × Cattleya × Guarianthe × Laelia .... = × Denisara

× Broughtonia × Cattleya × Guarianthe × Laelia × Rhyncholaelia .... = × Dodara

× Broughtonia × Cattleya × Guarianthe × Psychilis × Rhyncholaelia .... = × Hiattara

× Broughtonia × Cattleya × Laelia .... = × Williamcookara

× Broughtonia × Cattleya × Myrmecophila .... = × Wojcechowskiara

× Broughtonia × Guarianthe .... = × Duckittara

× Broughtonia × Myrmecophila .... = × Caultoniophila

× Broughtonia × Psychilis .... = × Brolarchilis

× Cattleya .... = × Caulocattleya

× Cattleya × Encyclia .... = × Catcaullia

× Cattleya × Encyclia × Laelia .... = × Lebaudyara

× Cattleya × Epidendrum .... = × Epicatarthron

× Cattleya × Epidendrum × Guarianthe × Laelia × Rhyncholaelia .... = × Dormanara

× Cattleya × Guarianthe .... = × Guarthroleya

× Cattleya × Guarianthe × Laelia .... = × Ledienara

× Cattleya × Guarianthe × Laelia × Myrmecophila × Rhyncholaelia .... = × Kautskyara

× Cattleya × Guarianthe × Laelia × Rhyncholaelia .... = × Jackfowlieara

× Cattleya × Guarianthe × Rhyncholaelia .... = × Friedaara

× Cattleya × Laelia .... = × Laeliocatarthron

× Cattleya × Laelia × Myrmecophila .... = × Hasskarlara

× Cattleya × Laelia × Rhyncholaelia .... = × Meloara

× Cattleya × Myrmecophila .... = × Cattarthrophila

× Cattleya × Prosthechea .... = × Proscatarthron

× Cattleya × Rhyncholaelia .... = × Rhynarthrolyea

× Encyclia .... = × Encyclarthron

× Encyclia × Laelia .... = × Encyarthrolia

× Epidendrum .... = × Epiarthron

× Guarianthe .... = × Guarthron

× Guarianthe × Laelia .... = × Guarilaeliarthron

× Laelia .... = × Caulaelia

× Myrmecophila .... = × Caulophila

× Prosthechea .... = × Prosarthron

× Psychilis .... =× Psycarthron

× Rhyncholaelia .... =× Rhynarthron

× Tetramicra .... =× Tetrarthron

× CAULAVOLA (Clv.) .... = Brassavola × Caularthron

× CAULBARDENDRUM (Cbd.) .... = Barkeria × Caularthron × Epidendrum

× CAULKERIA (Ckr.) .... = Barkeria × Caularthron

× CAULOCATTLEYA (Clty.) .... = Cattleya × Caularthron

× CAULOPHILA (Cup.) .... = Caularthron × Myrmecophila

× CAULRIANVOLA (Cuv.) .... = Brassavola × Caularthron × Guarianthe

× CAULTONIA (Cul.) .... = Broughtonia × Caularthron

× CAULTONIOPHILA (Cnph.) .... = Broughtonia × Caularthron × Myrmecophila

× CAUTONLEYA (Cny.) .... = Broughtonia × Cattleya × Caularthron

× CHAPMANARA (Chap.) .... = Cattleya × Domingoa × Prosthechea × Rhyncholaelia

× CLAUDEHAMILTONARA (Cdh.) .... = Brassavola × Broughtonia × Cattleya × Guarianthe

× CONATTLEYA (Coy.) .... = Cattleya × Constantia

CONSTANTIA (Const.) .... = Natural genus

× Cattleya .... =× Conattleya

× CYCATONIA (Cct.) .... = Broughtonia × Cattleya × Encyclia

× DENISARA (Dni.) .... = Broughtonia × Cattleya × Caularthron × Guarianthe × Laelia

× DEVRIESARA (Dvr.) .... = Cattleya × Encyclia × Guarianthe × Laelia × Rhyncholaelia

DINEMA (Din.) .... = Natural genus

× DODARA (Doda.) .... = Broughtonia × Cattleya × Caularthron × Guarianthe × Laelia × Rhyncholaelia

× DOMINGLEYA (Dml.) .... = Cattleya × Domingoa

DOMINGOA (Dga.) .... = Natural genus

× Barkeria × Epidendrum .... =× Epidominkeria

× Brassavola × Cattleya × Epidendrum × Laelia .... =× Kawamotoara

× Broughtonia .... =× Domintonia

× Cattleya .... =× Domingleya

× Cattleya × Prosthechea .... =× Catminichea

× Cattleya × Prosthechea × Rhyncholaelia .... =× Chapmanara

× Epidendrum .... =× Epigoa

× Laelia .... =× Laegoa

× Prosthechea .... =× Prosgoa

× Scaphyglottis .... =× Scaphingoa

× DOMINTONIA (Dmtna.) .... = Broughtonia × Domingoa
× DONAESTELAARA (Dnt.) .... = Brassavola × Cattleya × Psychilis × Tetramicra
× DORMANARA (Drm.) .... = Cattleya × Caularthron × Epidendrum × Guarianthe × Laelia × Rhyncholaelia
× DUCKITTARA (Duk.) .... = Broughtonia × Caularthron × Guarianthe
× DUNGSARA (Dug.) .... =Cattleya × Guarianthe × Psychilis × Rhyncholaelia
× DUNSTERVILLEARA (Dnv.) .... = Broughtonia × Cattleya × Guarianthe × Laelia × Rhyncholaelia
× EMILYTHWAITESARA (Emy.) .... = Cattleya × Myrmecophila × Prosthechea × Rhyncholaelia
× ENANTHLEYA (Eny.) .... = Cattleya × Encyclia × Guarianthe
× ENCYARTHROLIA (Eyr.) .... = Caularthron × Encyclia × Laelia
× ENCYCLARTHRON (Ect.) .... = Caularthron × Encyclia
ENCYCLIA (E.) .... = Natural genus
× Barkeria .... = × Barclia
× Barkeria × Brassavola .... = × Baravolia
× Barkeria × Brassavola × Epidendrum .... = × Kerchoveara
× Barkeria × Cattleya × Rhyncholaelia .... = × Rauhara
× Brassavola .... = × Encyvola
× Brassavola × Broughtonia .... = × Encytonavola
× Brassavola × Broughtonia × Cattleya .... = × Nebrownara
× Brassavola × Broughtonia × Guarianthe .... = × Lambeauara
× Brassavola × Cattleya .... = × Encyleyvola
× Brassavola × Cattleya × Guarianthe .... = × Lesueurara
× Brassavola × Cattleya × Guarianthe × Laelia .... = × Pynaertara
× Brassavola × Cattleya × Guarianthe × Laelia × Rhyncholaelia .... = × Maumeneara
× Brassavola × Cattleya × Guarianthe × Rhyncholaelia .... = × Louiscappeara
× Brassavola × Cattleya × Laelia .... = × Bergmanara
× Brassavola × Cattleya × Laelia × Prosthechea .... = × Orpetara
× Brassavola × Cattleya × Rhyncholaelia .... = × Johnlagerara
× Brassavola × Epidendrum .... = × Encyvolendrum
× Brassavola × Guarianthe .... = × Guarvolclia
× Broughtonia × Cattleya .... = × Cycatonia
× Broughtonia × Cattleya × Caularthron × Laelia × Prosthchea × Rhyncholaelia .... = × Warasara
× Broughtonia × Cattleya × Guarianthe .... = × Ballantineara
× Broughtonia × Cattleya × Laelia .... = × Sevillaara
× Broughtonia × Cattleya × Laelia × Rhyncholaelia .... = × Bettsara

× Broughtonia × Cattleya × Rhyncholaelia .... =× Helenadamsara
× Broughtonia × Guarianthe .... =× Guaritoniclia
× Cattleya .... =× Catyclia
× Cattleya × Caularthron .... =× Catcaullia
× Cattleya × Caularthron × Laelia .... =× Lebaudyara
× Cattleya × Epidendrum .... =× Epicatcyclia
× Cattleya × Epidendrum × Guarianthe .... =× Robertsara
× Cattleya × Epidendrum × Laelia .... =× Bernardara
× Cattleya × Guarianthe .... =× Enanthleya
× Cattleya × Guarianthe × Laelia .... =× Stricklandara
× Cattleya × Guarianthe × Laelia × Rhyncholaelia .... =× Devriesara
× Cattleya × Guarianthe × Prosthechea .... =× Moensara
× Cattleya × Guarianthe × Rhyncholaelia .... =× Bullara
× Cattleya × Laelia .... =× Catcylaelia
× Cattleya × Laelia × Prosthechea .... =× Mylamara
× Cattleya × Laelia × Rhyncholaelia .... =× Appletonara
× Cattleya × Prosthechea .... =× Procycleya
× Cattleya × Prosthechea × Rhyncholaelia .... =× Marshara
× Cattleya × Rhyncholaelia .... =× Rhyncatclia
× Caularthron .... =× Encyclarthron
× Caularthron × Laelia .... =× Encyarthrolia
× Epidendrum .... =× Epicyclia
× Epidendrum × Guarianthe × Prosthechea .... =× Tateara
× Guarianthe .... =× Guaricyclia
× Guarianthe × Prosthechea .... =× Guariencychea
× Guarianthe × Rhyncholaelia .... =× Guarcholia
× Laelia .... =× Encylaelia
× Myrmecophila .... =× Encyphila
× Nidema .... =× Nideclia
× Prosthechea .... =× Prosyclia
× Psychilis .... =× Psyclia
× Rhyncholaelia .... =× Rhyncyclia
× Tetramicra .... =× Tetracyclia
× ENCYLAELIA (Enl.) .... = Encyclia × Laelia

× ENCYLEYVOLA (Eyy.) .... = Brassavola × Cattleya × Encyclia
× ENCYPHILA (Eyp.) .... = Encyclia × Myrmecophila
× ENCYTONAVOLA (Etl.) .... = Brassavola × Broughtonia × Encyclia
× ENCYVOLA (Eyv.) .... = Brassavola × Encyclia
× ENCYVOLENDRUM (Ece.) .... = Brassavola × Encyclia × Epidendrum
× EPIARTHRON (Ert.) .... = Caularthron × Epidendrum
× EPICATANTHE (Ett.) .... = Cattleya × Epidendrum × Guarianthe
× EPICATARTHRON (Eth.) .... = Cattleya × Caularthron × Epidendrum
× EPICATCYCLIA (Ety.) .... = Cattleya × Encyclia × Epidendrum
× EPICATECHEA (Ecc.) .... = Cattleya × Epidendrum × Prosthechea
× EPICATONIA (Epctn.) .... = Broughtonia × Cattleya × Epidendrum
× EPICATTLEYA (Epc.) .... = Cattleya × Epidendrum
× EPICYCLIA (Epy.) .... = Encyclia × Epidendrum
EPIDENDRUM (Epi.) .... = Natural genus
× Amblostoma .... = × Epistoma
× Barkeria .... = × Bardendrum
× Barkeria × Brassavola .... = × Hummelara
× Barkeria × Brassavola × Encyclia .... = × Kerchoveara
× Barkeria × Cattleya .... = × Barkleyadendrum
× Barkeria × Caularthron .... = × Caulbardendrum
× Barkeria × Domingoa .... = × Epidominkeria
× Brassavola .... = × Brassoepidendrum
× Brassavola × Broughtonia .... = × Wooara
× Brassavola × Broughtonia × Cattleya × Laelia .... = × Hattoriara
× Brassavola × Cattleya .... = × Vaughnara
× Brassavola × Cattleya × Domingoa × Laelia .... = × Kawamotoara
× Brassavola × Cattleya × Tetramicra .... = × Estelaara
× Brassavola × Encyclia .... = × Encyvolendrum
× Brassavola × Leptotes .... = × Epileptovola
× Brassavola × Prosthechea .... = × Epithechavola
× Brassavola × Rhyncholaelia .... = × Rhynchavolarum
× Broughtonia .... = × Epitonia
× Broughtonia × Cattleya .... = × Epicatonia
× Broughtonia × Cattleya × Guarianthe .... = × Wolleydodara

× Broughtonia × Cattleya × Laelia .... = × Jewellara
× Broughtonia × Cattleya × Rhyncholaelia .... = × Hofmannara
× Broughtonia × Guarianthe .... = × Epitonanthe
× Cattleya .... = × Epicattleya
× Cattleya × Caularthron .... = × Epicatarthron
× Cattleya × Caularthron × Guarianthe × Laelia × Rhyncholaelia .... = × Dormanara
× Cattleya × Encyclia .... = × Epicatcyclia
× Cattleya × Encyclia × Guarianthe .... = × Robertsara
× Cattleya × Encyclia × Laelia .... = × Bernardara
× Cattleya × Guarianthe .... = × Epicatanthe
× Cattleya × Guarianthe × Laelia .... = × Pabstara
× Cattleya × Laelia .... = × Epilaeliocattleya
× Cattleya × Laelia × Oerstedella .... = × Rafinesqueara
× Cattleya × Prosthechea .... = × Epicatechea
× Cattleya × Rhyncholaelia .... = × Rhyncatdendrum
× Caularthron .... = × Epiarthron
× Domingoa .... = × Epigoa
× Encyclia .... = × Epicyclia
× Encyclia × Guarianthe × Prosthechea .... = × Tateara
× Guarianthe .... = × Guaridendrum
× Guarianthe × Laelia .... = × Laelidendranthe
× Guarianthe × Rhyncholaelia .... = × Epirhynanthe
× Isabelia .... = × Isadendrum
× Laelia .... = × Epilaelia
× Laelia × Rhyncholaelia .... = × Rhyndenlia
× Leptotes .... = × Leptodendrum
× Myrmecophila .... = × Epiphila
× Nidema .... = × Epinidema
× Prosthechea .... = × Epithechea
× Rhyncholaelia .... = × Rhynchodendrum
× Scaphyglottis .... = × Epiglottis
× Tetramicra .... = × Epimicra
× EPIDOMINKERIA (Emk.) .... = Barkeria × Domingoa × Epidendrum
× EPIGLOTTIS (Epgl.) .... = Epidendrum × Scaphyglottis

× EPIGOA (Epg.) .... = Domingoa × Epidendrum

× EPILAELIA (Epl.) .... = Epidendrum × Laelia

× EPILAELIOCATTLEYA (Eplc.) .... = Cattleya × Epidendrum × Laelia

× EPILEPTOVOLA (Elva.) .... = Brassavola × Epidendrum × Leptotes

× EPIMICRA (Emc.) .... = Epidendrum × Tetramicra

× EPINIDEMA (Epn.) .... = Epidendrum × Nidema

× EPIPHILA (Eil.) .... = Epidendrum × Myrmecophila

× EPIRHYNANTHE (Ery.) .... = Epidendrum × Guarianthe × Rhyncholaelia

× EPISTOMA (Epstm.) .... = Amblostoma × Epidendrum

× EPITHECHAVOLA (Etv.) .... = Brassavola × Epidendrum × Prosthechea

× EPITHECHEA (Etc.) .... = Epidendrum × Prosthechea

× EPITONANTHE (Enn.) .... = Broughtonia × Epidendrum × Guarianthe

× EPITONIA (Eptn.) .... = Broughtonia × Epidendrum

× ESTELAARA (Esta.) .... = Brassavola × Cattleya × Epidendrum × Tetramicra

× FOWLERARA (Fow.) .... = Brassavola × Cattleya × Myrmecophila × Pseudolaelia

× FOWLIEARA (Flr.) .... = Brassavola × Broughtonia × Cattleya × Guarianthe × Rhyncholaelia

× FRIEDAARA (Fri.) .... = Cattleya × Caularthron × Guarianthe × Rhyncholaelia

× GARLIPPARA (Gpp.) .... = Brassavola × Cattleya × Guarianthe × Laelia

× GHILLANYARA (Ghi.) .... = Brassavola × Cattleya × Caularthron × Guarianthe × Laelia

× GUARCHOLIA (Guc.) .... = Encyclia × Guarianthe × Rhyncholaelia

× GUARECHEA (Grc.) .... = Guarianthe × Prosthechea

GUARIANTHE (Gur.) .... = Natural genus

× Barkeria .... = × Barkeranthe

× Barkeria × Cattleya .... = × Barcatanthe

× Brassavola .... = × Brassanthe

× Brassavola × Broughtonia .... = × Broanthevola

× Brassavola × Broughtonia × Cattleya .... = × Claudehamiltonara

× Brassavola × Broughtonia × Cattleya × Rhyncholaelia .... = × Fowlieara

× Brassavola × Broughtonia × Encyclia .... = × Lambeauara

× Brassavola × Cattleya .... = × Brassocatanthe

× Brassavola × Cattleya × Caularthron × Laelia .... = × Ghillanyara

× Brassavola × Cattleya × Caularthron × Laelia × Rhyncholaelia .... = × Andersonara

× Brassavola × Cattleya × Encyclia .... = × Lesueurara

× Brassavola × Cattleya × Encyclia × Laelia .... = × Pynaertara

× Brassavola × Cattleya × Encyclia × Laelia × Rhyncholaelia....................= × Maumeneara

× Brassavola × Cattleya × Encyclia × Rhyncholaelia....................= × Louiscappeara

× Brassavola × Cattleya × Laelia....................= × Garlippara

× Brassavola × Cattleya × Rhyncholaelia....................= × Cahuzacara

× Brassavola × Caularthron....................= × Caulrianvola

× Brassavola × Caularthron × Laelia....................= × Millerara

× Brassavola × Encyclia....................= × Guarvolclia

× Brassavola × Laelia....................= × Guarilaelivola

× Brassavola × Rhyncholaelia....................= × Rhynchovolanthe

× Broughtonia....................= × Guaritonia

× Broughtonia × Cattleya....................= × Guaricattonia

× Broughtonia × Cattleya × Caularthron × Laelia....................= × Denisara

× Broughtonia × Cattleya × Caularthron × Laelia × Rhyncholaelia....................= × Dodara

× Broughtonia × Cattleya × Caularthron × Psychilis × Rhyncholaelia....................= × Hiattara

× Broughtonia × Cattleya × Encyclia....................= × Ballantineara

× Broughtonia × Cattleya × Epidendrum....................= × Wolleydodara

× Broughtonia × Cattleya × Laelia....................= × Janssensara

× Broughtonia × Cattleya × Laelia × Rhyncholaelia....................= × Dunstervilleara

× Broughtonia × Cattleya × Myrmecophila....................= × Wilmotteara

× Broughtonia × Cattleya × Rhyncholaelia....................= × Volkertara

× Broughtonia × Caularthron....................= × Duckittara

× Broughtonia × Encyclia....................= × Guaritoniclia

× Broughtonia × Epidendrum....................= × Epitonanthe

× Broughtonia × Laelia....................= × Brolaelianthe

× Broughtonia × Myrmecophila....................= × Bromecanthe

× Broughtonia × Prosthechea....................= × Guartonichea

× Broughtonia × Tetramicra....................= × Tetrabroughtanthe

× Cattleya....................= × Cattlianthe

× Cattleya × Caularthron....................= × Guarthroleya

× Cattleya × Caularthron × Epidendrum × Laelia × Rhyncholaelia....................= × Dormanara

× Cattleya × Caularthron × Laelia....................= × Ledienara

× Cattleya × Caularthron × Laelia × Myrmecophila × Rhyncholaelia....................= × Kautskyara

× Cattleya × Caularthron × Laelia × Rhyncholaelia....................= × Jackfowlieara

× Cattleya × Caularthron × Rhyncholaelia....................= × Friedaara

× Cattleya × Encyclia .... = × Enanthleya

× Cattleya × Encyclia × Epidendrum .... = × Robertsara

× Cattleya × Encyclia × Laelia .... = × Stricklandara

× Cattleya × Encyclia × Laelia × Rhyncholaelia .... = × Devriesara

× Cattleya × Encyclia × Prosthechea .... = × Moensara

× Cattleya × Encyclia × Rhyncholaelia .... = × Bullara

× Cattleya × Epidendrum .... = × Epicatanthe

× Cattleya × Epidendrum × Laelia .... = × Pabstara

× Cattleya × Laelia .... = × Laeliocatanthe

× Cattleya × Laelia × Prosthechea .... = × Obrienara

× Cattleya × Laelia × Rhyncholaelia .... = × Rechingerara

× Cattleya × Myrmecophila .... = × Guaricatophila

× Cattleya × Prosthechea .... = × Proguarleya

× Cattleya × Prosthechea × Rhyncholaelia .... = × Lovelessara

× Cattleya × Psychilis × Rhyncholaelia .... = × Dungsara

× Cattleya × Rhyncholaelia .... = × Rhyncattleanthe

× Caularthron .... = × Guarthron

× Caularthron × Laelia .... = × Guarilaeliarthron

× Encyclia .... = × Guaricyclia

× Encyclia × Epidendrum × Prosthechea .... = × Tateara

× Encyclia × Prosthechea .... = × Guariencychea

× Encyclia × Rhyncholaelia .... = × Guarcholia

× Epidendrum .... = × Guaridendrum

× Epidendrum × Laelia .... = × Laelidendranthe

× Epidendrum × Rhyncholaelia .... = × Epirhynanthe

× Laelia .... = × Laelianthe

× Laelia × Prosthechea .... = × Laerianchea

× Laelia × Rhyncholaelia .... = × Rhynchoguarlia

× Leptotes .... = × Leptoguarianthe

× Myrmecophila .... = × Myrmecanthe

× Prosthechea .... = × Guarechea

× Psychilis .... = × Psychanthe

× Rhyncholaelia .... = × Rhyncanthe

× Tetramicra .... = × Guarimicra

× GUARICATOPHILA (Gcp.) .... = Cattleya × Guarianthe × Myrmecophila

× GUARICATTONIA (Gct.) .... = Broughtonia × Cattleya × Guarianthe

× GUARICYCLIA (Gcy.) .... = Encyclia × Guarianthe

× GUARIDENDRUM (Gdd.) .... = Epidendrum × Guarianthe

× GUARIENCYCHEA (Gny.) .... = Encyclia × Guarianthe × Prosthechea

× GUARILAELIARTHRON (Glt.) .... = Caularthron × Guarianthe × Laelia

× GUARILAELIVOLA (Glv.) .... = Brassavola × Guarianthe × Laelia

× GUARIMICRA (Gmc.) .... = Guarianthe × Tetramicra

× GUARITONIA (Grt.) .... = Broughtonia × Guarianthe

× GUARITONICLIA (Grn.) .... = Broughtonia × Encyclia × Guarianthe

× GUARTHROLEYA (Gty.) .... = Cattleya × Caularthron × Guarianthe

× GUARTHRON (Gut.) .... = Caularthron × Guarianthe

× GUARTONICHEA (Gtc.) .... = Broughtonia × Guarianthe × Prosthechea

× GUARVOLCLIA (Gvl.) .... = Brassavola × Encyclia × Guarianthe

× GUMEYARA (Guy.) .... = Broughtonia × Cattleya × Prosthechea × Rhyncholaelia

HAGSATERA (Hag.) .... = Natural genus

× Brassavola .... = × Hagsavola

× Prosthechea .... = × Hagsechea

× HAGSAVOLA (Hgv.) .... = Brassavola × Hagsatera

× HAGSECHEA (Hgc.) .... = Hagsatera × Prosthechea

× HASSKARLARA (Has.) .... = Cattleya × Caularthron × Laelia × Myrmecophila

× HATTORIARA (Hatt.) .... = Brassavola × Broughtonia × Cattleya × Epidendrum × Laelia

× HAYATAARA (Hay.) .... = Brassavola × Cattleya × Laelia × Myrmecophila × Pseudolaelia

× HELENADAMSARA (Hdm.) .... = Broughtonia × Cattleya × Encyclia × Rhyncholaelia

× HIATTARA (Hiat.) .... = Broughtonia × Cattleya × Caularthron × Guarianthe × Psychilis × Rhyncholaelia

× HOFMANNARA (Hfm.) .... = Broughtonia × Cattleya × Epidendrum × Rhyncholaelia

× HUMMELARA (Humm.) .... = Barkeria × Brassavola × Epidendrum

× HYEARA (Hyea.) .... = Brassavola × Broughtonia × Cattleya × Rhyncholaelia

ISABELIA (Isa.) .... = Natural genus

× Epidendrum .... = × Isadendrum

× ISADENDRUM (Isd.) .... = Epidendrum × Isabelia

× JACKFOWLIEARA (Jkf.) .... = Cattleya × Caularthron × Guarianthe × Laelia × Rhyncholaelia

× JANSSENSARA (Jan.) .... = Broughtonia × Cattleya × Guarianthe × Laelia

× JELLESMAARA (Jel.) .... = Brassavola × Cattleya × Laelia × Myrmecophila

× JEWELLARA (Jwa.) .... = Broughtonia × Cattleya × Epidendrum × Laelia

× JOHNLAGERARA (Jol.) .... = Brassavola × Cattleya × Encyclia × Rhyncholaelia

× KAUTSKYARA (Kts.) .... = Cattleya × Caularthron × Guarianthe × Laelia × Myrmecophila × Rhyncholaelia

× KAWAMOTOARA (Kwmta.) .... = Brassavola × Cattleya × Domingoa × Epidendrum × Laelia

× KEISHUNARA (Kei.) .... = Brassavola × Broughtonia × Cattleya × Laelia × Prosthechea

× KERCHOVEARA (Ker.) .... = Barkeria × Brassavola × Encyclia × Epidendrum

× KEYESARA (Key.) .... = Brassavola × Cattleya × Laelia × Rhyncholaelia

× KNUDSENARA (Knd.) .... = Brassavola × Cattleya × Myrmecophila × Pseudolaelia × Rhyncholaelia

× LAECHILIS (Lah.) .... = Laelia × Psychilis

× LAEGOA (Lga.) .... = Domingoa × Laelia

LAELIA (L.) .... = Natural genus

× Barkeria .... = × Laeliokeria

× Barkeria × Cattleya .... = × Laeliocattkeria

× Brassavola .... = × Brassolaelia

× Brassavola × Broughtonia × Cattleya .... = × Otaara

× Brassavola × Broughtonia × Cattleya × Epidendrum .... = × Hattoriara

× Brassavola × Broughtonia × Cattleya × Myrmecophila .... = × Siebertara

× Brassavola × Broughtonia × Cattleya × Prosthechea .... = × Keishunara

× Brassavola × Cattleya .... = × Brassolaeliocattleya

× Brassavola × Cattleya × Caularthron × Guarianthe .... = × Ghillanyara

× Brassavola × Cattleya × Caularthron × Guarianthe × Rhyncholaelia .... = × Andersonara

× Brassavola × Cattleya × Caularthron × Myrmecophila .... = × Rolfwilhelmara

× Brassavola × Cattleya × Domingoa × Epidendrum .... = × Kawamotoara

× Brassavola × Cattleya × Encyclia .... = × Bergmanara

× Brassavola × Cattleya × Encyclia × Guarianthe .... = × Pynaertara

× Brassavola × Cattleya × Encyclia × Guarianthe × Rhyncholaelia .... = × Maumeneara

× Brassavola × Cattleya × Encyclia × Prosthechea .... = × Orpetara

× Brassavola × Cattleya × Guarianthe .... = × Garlippara

× Brassavola × Cattleya × Myrmecophila .... = × Jellesmaara

× Brassavola × Cattleya × Myrmecophila × Prosthechea .... = × Roezlara

× Brassavola × Cattleya × Myrmecophila × Pseudolaelia .... = × Hayataara

× Brassavola × Cattleya × Rhyncholaelia .... = × Keyesara

× Brassavola × Caularthron .... = × Marvingerberara

× Brassavola × Caularthron × Guarianthe .... = × Millerara

× Brassavola × Guarianthe .... =× Guarilaelivola
× Broughtonia .... =× Laelonia
× Broughtonia × Cattleya .... =× Laeliocatonia
× Broughtonia × Cattleya × Caularthron .... =× Williamcookara
× Broughtonia × Cattleya × Caularthron × Encyclia × Prosthechea × Rhyncholaelia .... =× Warasara
× Broughtonia × Cattleya × Caularthron × Guarianthe .... =× Denisara
× Broughtonia × Cattleya × Caularthron × Guarianthe × Rhyncholaelia .... =× Dodara
× Broughtonia × Cattleya × Encyclia .... =× Sevillaara
× Broughtonia × Cattleya × Encyclia × Rhyncholaelia .... =× Bettsara
× Broughtonia × Cattleya × Epidendrum .... =× Jewellara
× Broughtonia × Cattleya × Guarianthe .... =× Janssensara
× Broughtonia × Cattleya × Rhyncholaelia .... =× Vriesara
× Broughtonia × Guarianthe .... =× Brolaelianthe
× Cattleya .... =× Laeliocattleya
× Cattleya × Caularthron .... =× Laeliocatarthron
× Cattleya × Caularthron × Encyclia .... =× Lebaudyara
× Cattleya × Caularthron × Epidendrum × Guarianthe × Rhyncholaelia .... =× Dormanara
× Cattleya × Caularthron × Guarianthe .... =× Ledienara
× Cattleya × Caularthron × Guarianthe × Myrmecophila × Rhyncholaelia .... =× Kautskyara
× Cattleya × Caularthron × Guarianthe × Rhyncholaelia .... =× Jackfowlieara
× Cattleya × Caularthron × Myrmecophila .... =× Hasskarlara
× Cattleya × Caularthron × Rhyncholaelia .... =× Meloara
× Cattleya × Encyclia .... =× Catcylaelia
× Cattleya × Encyclia × Epidendrum .... =× Bernardara
× Cattleya × Encyclia × Guarianthe .... =× Stricklandara
× Cattleya × Encyclia × Guarianthe × Rhyncholaelia .... =× Devriesara
× Cattleya × Encyclia × Prosthechea .... =× Mylamara
× Cattleya × Encyclia × Rhyncholaelia .... =× Appletonara
× Cattleya × Epidendrum .... =× Epilaeliocattleya
× Cattleya × Epidendrum × Guarianthe .... =× Pabstara
× Cattleya × Epidendrum × Oerstedella .... =× Rafinesqueara
× Cattleya × Guarianthe .... =× Laeliocatanthe
× Cattleya × Guarianthe × Prosthechea .... =× Obrienara
× Cattleya × Guarianthe × Rhyncholaelia .... =× Rechingerara

× Cattleya × Myrmecophila .... = × Myrmecatlaelia

× Cattleya × Prosthechea .... = × Proslaeliocattleya

× Cattleya × Psychilis .... = × Psylaeliocattleya

× Cattleya × Rhyncholaelia .... = × Rhyncatlaelia

× Caularthron .... = × Caulaelia

× Caularthron × Encyclia .... = × Encyarthrolia

× Caularthron × Guarianthe .... = × Guarilaeliarthron

× Domingoa .... = × Laegoa

× Encyclia .... = × Encylaelia

× Epidendrum .... = × Epilaelia

× Epidendrum × Guarianthe .... = × Laelidendranthe

× Epidendrum × Rhyncholaelia .... = × Rhyndenlia

× Guarianthe .... = × Laelianthe

× Guarianthe × Prosthechea .... = × Laerianchea

× Guarianthe × Rhyncholaelia .... = × Rhynchoguarlia

× Leptotes .... = × Leptolaelia

× Myrmecophila .... = × Myrmecolaelia

× Myrmecophila × Rhyncholaelia .... = × Rhycopelia

× Oerstedella .... = × Oerstelaelia

× Prosthechea .... = × Proslia

× Prosthechea × Rhyncholaelia .... = × Rhynchothechlia

× Psychilis .... = × Laechilis

× Rhyncholaelia .... = × Laelirhynchos

× LAELIANTHE (Lnt.) .... = Guarianthe × Laelia

× LAELIDENDRANTHE (Ldt.) .... = Epidendrum × Guarianthe × Laelia

× LAELIOCATANTHE (Lcn.) .... = Cattleya × Guarianthe × Laelia

× LAELIOCATARTHRON (Lcr.) .... = Cattleya × Caularthron × Laelia

× LAELIOCATONIA (Lctna.) .... = Broughtonia × Cattleya × Laelia

× LAELIOCATTKERIA (Lcka.) .... = Barkeria × Cattleya × Laelia

× LAELIOCATTLEYA (Lc.) .... = Cattleya × Laelia

× LAELIOKERIA (Lkra.) .... = Barkeria × Laelia

× LAELIRHYNCHOS (Lrn.) .... = Laelia × Rhyncholaelia

× LAELONIA (Lna.) .... = Broughtonia × Laelia

× LAERIANCHEA (Lca.) .... = Guarianthe × Laelia × Prosthechea

× LAMBEAUARA (Lam.)......= Brassavola × Broughtonia × Encyclia × Guarianthe
× LEBAUDYARA (Leb.)......= Cattleya × Caularthron × Encyclia × Laelia
× LEDIENARA (Led.)......= Cattleya × Caularthron × Guarianthe × Laelia
× LEPTODENDRUM (Lptdm.)......= Epidendrum × Leptotes
× LEPTOGUARIANTHE (Lgt.)......= Guarianthe × Leptotes
× LEPTOKERIA (Lptka.)......= Barkeria × Leptotes
× LEPTOLAELIA (Lptl.)......= Laelia × Leptotes
LEPTOTES (Lpt.)......= Natural genus
× Barkeria ......= × Leptokeria
× Brassavola ......= × L eptovola
× Brassavola × Epidendrum ......= × Epileptovola
× Cattleya ......= × Cattotes
× Cattleya × Rhyncholaelia ......= × Andreara
× Epidendrum ......= × Leptodendrum
× Guarianthe ......= × Leptoguarianthe
× Laelia ......= × Leptolaelia
× LEPTOVOLA (Lptv.)......= Brassavola × Leptotes
× LESUEURARA (Lsu.)......= Brassavola × Cattleya × Encyclia × Guarianthe
× LOUISCAPPEARA (Lou.)......= Brassavola × Cattleya × Encyclia × Guarianthe × Rhyncholaelia
× LOVELESSARA (Lov.)......= Cattleya × Guarianthe × Prosthechea × Rhyncholaelia
× MARSHARA (Msh.)......= Cattleya × Encyclia × Prosthechea × Rhyncholaelia
× MARVINGERBERARA (Mrv.)......= Brassavola × Caularthron × Laelia
× MAUMENEARA (Mau.)......= Brassavola × Cattleya × Encyclia × Guarianthe × Laelia × Rhyncholaelia
× MELOARA (Mel.)......= Cattleya × Caularthron × Laelia × Rhyncholaelia
× MILLERARA (Mla.)......= Brassavola × Caularthron × Guarianthe × Laelia
× MOENSARA (Moe.)......= Cattleya × Encyclia × Guarianthe × Prosthechea
× MYLAMARA (Mym.)......= Cattleya × Encyclia × Laelia × Prosthechea
× MYRMECANTHE (Mcn.)......= Guarianthe × Myrmecophila
× MYRMECATAVOLA (Mcv.)......= Brassavola × Cattleya × Myrmecophila
× MYRMECATLAELIA (Mycl.)......= Cattleya × Laelia × Myrmecophila
× MYRMECAVOLA (Myv.)......= Brassavola × Myrmecophila
× MYRMECHEA (Myh.)......= Myrmecophila × Prosthechea
× MYRMECOCATTLEYA (Myc.)......= Cattleya × Myrmecophila
× MYRMECOLAELIA (Myl.)......= Laelia × Myrmecophila

MYRMECOPHILA (Mcp.) ....= Natural genus

× Brassavola ....= × Myrmecavola

× Brassavola × Broughtonia × Cattleya × Laelia ....= × Siebertara

× Brassavola × Cattleya ....= × Myrmecatavola

× Brassavola × Cattleya × Caularthron × Laelia ....= × Rolfwilhelmara

× Brassavola × Cattleya × Laelia ....= × Jellesmaara

× Brassavola × Cattleya × Laelia × Prosthechea ....= × Roezlara

× Brassavola × Cattleya × Laelia × Pseudolaelia ....= × Hayataara

× Brassavola × Cattleya × Pseudolaelia ....= × Fowlerara

× Brassavola × Cattleya × Pseudolaelia × Rhyncholaelia ....= × Knudsenara

× Brassavola × Cattleya × Rhyncholaelia ....= × Warnerara

× Broughtonia ....= × Myrmetonia

× Broughtonia × Cattleya ....= × Cattoniphila

× Broughtonia × Cattleya × Caularthron ....= × Wojcechowskiara

× Broughtonia × Cattleya × Guarianthe ....= × Wilmotteara

× Broughtonia × Cattleya × Prosthechea ....= × Aschersonara

× Broughtonia × Cattleya × Rhyncholaelia ....= × Verboonenara

× Broughtonia × Caularthron ....= × Caultoniophila

× Broughtonia × Guarianthe ....= × Bromecanthe

× Cattleya ....= × Myrmecocattleya

× Cattleya × Caularthron ....= × Cattarthrophila

× Cattleya × Caularthron × Guarianthe × Laelia × Rhyncholaelia ....= × Kautskyara

× Cattleya × Caularthron × Laelia ....= × Hasskarlara

× Cattleya × Guarianthe ....= × Guaricatophila

× Cattleya × Laelia ....= × Myrmecatlaelia

× Cattleya × Prosthechea ....= × Proleyophila

× Cattleya × Prosthechea × Rhyncholaelia ....= × Emilythwaitesara

× Cattleya × Rhyncholaelia ....= × Rhynchomyrmeleya

× Caularthron ....= × Caulophila

× Encyclia ....= × Encyphila

× Epidendrum ....= × Epiphila

× Guarianthe ....= × Myrmecanthe

× Laelia ....= × Myrmecolaelia

× Laelia × Rhyncholaelia ....= × Rhycopelia

× Prosthechea .... = × Myrmechea

× MYRMETONIA (Myt.) .... = Broughtonia × Myrmecophila

× NEBROWNARA (Neb.) .... = Brassavola × Broughtonia × Cattleya × Encyclia

× NIDECLIA (Ndc.) .... = Encyclia × Nidema

NIDEMA (Nid.) .... = Natural genus

× Encyclia .... = × Nideclia

× Epidendrum .... = × Epinidema

× OBRIENARA (Obr.) .... = Cattleya × Guarianthe × Laelia × Prosthechea

OERSTEDELLA (Oe.) .... = Natural genus

× Barkeria .... = × Oerstedkeria

× Broughtonia .... = × Oertonia

× Cattleya × Epidendrum × Laelia .... = × Rafinesqueara

× Laelia .... = × Oerstelaelia

× OERSTEDKERIA (Ork.) .... = Barkeria × Oerstedella

× OERSTELAELIA (Osl.) .... = Laelia × Oerstedella

× OERTONIA (Oer.) .... = Broughtonia × Oerstedella

× ORPETARA (Orp.) .... = Brassavola × Cattleya × Encyclia × Laelia × Prosthechea

× OTAARA (Otr.) .... = Brassavola × Broughtonia × Cattleya × Laelia

× PABSTARA (Pabs.) .... = Cattleya × Epidendrum × Guarianthe × Laelia

× PROCATAVOLA (Pcv.) .... = Brassavola × Cattleya × Prosthechea

× PROCYCLEYA (Pcc.) .... = Cattleya × Encyclia × Prosthechea

× PROGUARLEYA (Pgy.) .... = Cattleya × Guarianthe × Prosthechea

× PROLEYOPHILA (Plh.) .... = Cattleya × Myrmecophila × Prosthechea

× PROLEYTONIA (Pre.) .... = Broughtonia × Cattleya × Prosthechea

× PROSARTHRON (Prh.) .... = Caularthron × Prosthechea

× PROSAVOLA (Psv.) .... = Brassavola × Prosthechea

× PROSCATARTHRON (Psr.) .... = Cattleya × Caularthron × Prosthechea

× PROSGOA (Pg.) .... = Domingoa × Prosthechea

× PROSLAELIOCATTLEYA (Plc.) .... = Cattleya × Laelia × Prosthechea

× PROSLIA (Psl.) .... = Laelia × Prosthechea

× PROSRHYNCHOLEYA (Pry.) .... = Cattleya × Prosthechea × Rhyncholaelia

PROSTHECHEA (Psh.) .... = Natural genus

× Brassavola .... = × Prosavola

× Brassavola × Broughtonia × Cattleya × Laelia..........= × Keishunara

× Brassavola × Cattleya ....= × Procatavola

× Brassavola × Cattleya × Encyclia × Laelia..........= × Orpetara

× Brassavola × Cattleya × Laelia × Myrmecophila..........= × Roezlara

× Brassavola × Epidendrum ....= × Epithechavola

× Broughtonia ....= × Prostonia

× Broughtonia × Cattleya ....= × Proleytonia

× Broughtonia × Cattleya × Caularthron × Encyclia × Laelia × Rhyncholaelia ....= × Warasara

× Broughtonia × Cattleya × Myrmecophila..........= × Aschersonara

× Broughtonia × Cattleya × Rhyncholaelia ....= × Gumeyara

× Broughtonia × Guarianthe ....= × Guartonichea

× Cattleya ....= × Cattleychea

× Cattleya × Caularthron ....= × Proscatarthron

× Cattleya × Domingoa ....= × Catminichea

× Cattleya × Domingoa × Rhyncholaelia ....= × Chapmanara

× Cattleya × Encyclia ....= × Procycleya

× Cattleya × Encyclia × Guarianthe ....= × Moensara

× Cattleya × Encyclia × Laelia ....= × Mylamara

× Cattleya × Encyclia × Rhyncholaelia ....= × Marshara

× Cattleya × Epidendrum ....= × Epicatechea

× Cattleya × Guarianthe ....= × Proguarleya

× Cattleya × Guarianthe × Laelia ....= × Obrienara

× Cattleya × Guarianthe × Rhyncholaelia ....= × Lovelessara

× Cattleya × Laelia ....= × Proslaeliocattleya

× Cattleya × Myrmecophila ....= × Proleyophila

× Cattleya × Myrmecophila × Rhyncholaelia..........= × Emilythwaitesara

× Cattleya × Rhyncholaelia ....= × Prosrhyncholeya

× Caularthron ....= × Prosarthro

× Domingoa ....= × Prosgoa

× Encyclia ....= × Prosyclia

× Encyclia × Epidendrum × Guarianthe ....= × Tateara

× Encyclia × Guarianthe ....= × Guariencychea

× Epidendrum ....= × Epithechea

× Guarianthe ....= × Guarechea

× Guarianthe × Laelia .... = × Laerianchea

× Hagsatera .... = × Hagsechea

× Laelia .... = × Proslia

× Laelia × Rhyncholaelia .... = × Rhynchothechlia

× Myrmecophila .... = × Myrmechea

× Psychilis .... = × Psythechea

× Rhyncholaelia .... = × Rhynchothechea

× PROSTONIA (Pros.) .... = Broughtonia × Prosthechea

× PROSYCLIA (Prc.) .... = Encyclia × Prosthechea

PSEUDOLAELIA (Pdla.) .... = Natural genus

× Brassavola × Cattleya × Laelia × Myrmecophila .... = × Hayataara

× Brassavola × Cattleya × Myrmecophila .... = × Fowlerara

× Brassavola × Cattleya × Myrmecophila × Rhyncholaelia .... = × Knudsenara

× PSYBRASSOCATTLEYA (Pbc.) .... = Brassavola × Cattleya × Psychilis

× PSYCARTHRON (Pyrt.) .... = Caularthron × Psychilis

× PSYCATTLEYTONIA (Psct.) .... = Broughtonia × Cattleya × Psychilis

× PSYCAVOLA (Pyv.) .... = Brassavola × Psychilis

× PSYCHANTHE (Phh.) .... = Guarianthe × Psychilis

× PSYCHELIA (Pye.) .... = Psychilis × Rhyncholaelia

PSYCHILIS (Psy.) .... = Natural genus

× Brassavola .... = × Psycavola

× Brassavola × Cattleya .... = × Psybrassocattleya

× Brassavola × Cattleya × Tetramicra .... = × Donaestelaara

× Broughtonia .... = × Psytonia

× Broughtonia × Cattleya .... = × Psycattleytonia

× Broughtonia × Cattleya × Caularthron × Guarianthe × Rhyncholaelia .... = × Hiattara

× Broughtonia × Caularthron .... = × Brolarchilis

× Broughtonia × Tetramicra .... = × Tetronichilis

× Cattleya .... = × Cattychilis

× Cattleya × Guarianthe × Rhyncholaelia .... = × Dungsara

× Cattleya × Laelia .... = × Psylaeliocattleya

× Caularthron .... = × Psycarthron

× Encyclia .... = × Psyclia

× Guarianthe .... = × Psychanthe

× Laelia ....= × Laechilis

× Prosthechea ....= × Psythechea

× Quisqueya ....= × Quischilis

× Rhyncholaelia ....= × Psychelia

× PSYCLIA (Psyl.)..........= Encyclia × Psychilis

× PSYLAELIOCATTLEYA (Pyct.) ....= Cattleya × Laelia × Psychilis

× PSYTHECHEA (Pyh.) ....= Prosthechea × Psychilis

× PSYTONIA (Pyt.) ....= Broughtonia × Psychili

× PYNAERTARA (Pya.)..........= Brassavola × Cattleya × Encyclia × Guarianthe × Laelia

× QUISAVOLA (Qvl.) ....= Brassavola × Quisqueya

× QUISCHILIS (Qch.) ....= Psychilis × Quisqueya

QUISQUEYA (Qui.) ....= Natural genus

× Brassavola ....= × Quisavola

× Psychilis ....= × Quischilis

× RAFINESQUEARA (Raf.) ....= Cattleya × Epidendrum × Laelia × Oerstedella

× RAUHARA (Rau.) ....= Barkeria × Cattleya × Encyclia × Rhyncholaelia

× RECHINGERARA (Rchg.) ....= Cattleya × Guarianthe × Laelia × Rhyncholaelia

× RHYCOPELIA (Ryp.) ....= Laelia × Myrmecophila × Rhyncholaelia

× RHYNARTHROLYEA (Rry.)..........= Cattleya × Caularthron × Rhyncholaelia

× RHYNARTHRON (Rrt.) ....= Caularthron × Rhyncholaelia

× RHYNCANTHE (Ryn.)..........= Guarianthe × Rhyncholaelia

× RHYNCATCLIA (Rcc.)..........= Cattleya × Encyclia × Rhyncholaelia

× RHYNCATDENDRUM (Rnd.) ....= Cattleya × Epidendrum × Rhyncholaelia

× RHYNCATLAELIA (Ryc.) ....= Cattleya × Laelia × Rhyncholaelia

× RHYNCATTLEANTHE (Rth.) ....= Cattleya × Guarianthe × Rhyncholaelia

× RHYNCHAVOLARUM (Rvm.)..........= Brassavola × Epidendrum × Rhyncholaelia

× RHYNCHOBRASSOLEYA (Rby.) ....= Brassavola × Cattleya × Rhyncholaelia

× RHYNCHODENDRUM (Rdd.) ....= Epidendrum × Rhyncholaelia

× RHYNCHOGUARLIA (Rgl.)..........= Guarianthe × Laelia × Rhyncholaelia

RHYNCHOLAELIA (Rl.) ....= Natural genus

× Barkeria × Cattleya × Encyclia ....= × Rauhara

× Brassavola ....= × Rhynchovola

× Brassavola × Broughtonia × Cattleya ....= × Hyeara

× Brassavola × Broughtonia × Cattleya × Guarianthe ....= × Fowlieara

× Brassavola × Cattleya ....=× Rhynchobrassoleya

× Brassavola × Cattleya × Caularthron × Guarianthe × Laelia ....=× Andersonara

× Brassavola × Cattleya × Encyclia ....=× Johnlagerara

× Brassavola × Cattleya × Encyclia × Guarianthe ....=× Louiscappeara

× Brassavola × Cattleya × Encyclia × Guarianthe × Laelia ....=× Maumeneara

× Brassavola × Cattleya × Guarianthe ....=× Cahuzacara

× Brassavola × Cattleya × Laelia ....=× Keyesara

× Brassavola × Cattleya × Myrmecophila ....=× Warnerara

× Brassavola × Cattleya × Myrmecophila × Pseudolaelia ....=× Knudsenara

× Brassavola × Epidendrum ....=× Rhynchavolarum

× Brassavola × Guarianthe ....=× Rhynchovolanthe

× Brassavola × Sophronitis ....=× Rhynchovolitis

× Broughtonia × Cattleya ....=× Rhyntonleya

× Broughtonia × Cattleya × Caularthron × Encyclia × Laelia × Prosthechea ....=× Warasara

× Broughtonia × Cattleya × Caularthron × Guarianthe × Laelia ....=× Dodara

× Broughtonia × Cattleya × Caularthron × Guarianthe × Psychilis ....=× Hiattara

× Broughtonia × Cattleya × Encyclia ....=× Helenadamsara

× Broughtonia × Cattleya × Encyclia × Laelia ....=× Bettsara

× Broughtonia × Cattleya × Epidendrum ....=× Hofmannara

× Broughtonia × Cattleya × Guarianthe ....=× Volkertara

× Broughtonia × Cattleya × Guarianthe × Laelia ....=× Dunstervilleara

× Broughtonia × Cattleya × Laelia ....=× Vriesara

× Broughtonia × Cattleya × Myrmecophila ....=× Verboonenara

× Broughtonia × Cattleya × Prosthechea ....=× Gumeyara

× Cattleya ....=× Rhyncholaeliocattleya

× Cattleya × Caularthron ....=× Rhynarthrolyea

× Cattleya × Caularthron × Epidendrum × Guarianthe × Laelia ....=× Dormanara

× Cattleya × Caularthron × Guarianthe ....=× Friedaara

× Cattleya × Caularthron × Guarianthe × Laelia ....=× Jackfowlieara

× Cattleya × Caularthron × Guarianthe × Laelia × Myrmecophila ....=× Kautskyara

× Cattleya × Caularthron × Laelia ....=× Meloara

× Cattleya × Domingoa × Prosthechea ....=× Chapmanara

× Cattleya × Encyclia ....=× Rhyncatclia

× Cattleya × Encyclia × Guarianthe ....=× Bullara

× Cattleya × Encyclia × Guarianthe × Laelia ....=× Devriesara
× Cattleya × Encyclia × Laelia ....=× Appletonara
× Cattleya × Encyclia × Prosthechea ....=× Marshara
× Cattleya × Epidendrum ....=× Rhyncatdendrum
× Cattleya × Guarianthe ....=× Rhyncattleanthe
× Cattleya × Guarianthe × Laelia ....=× Rechingerara
× Cattleya × Guarianthe × Prosthechea ....=× Lovelessara
× Cattleya × Guarianthe × Psychilis ....=× Dungsara
× Cattleya × Laelia ....=× Rhyncatlaelia
× Cattleya × Leptotes ....=× Andreara
× Cattleya × Myrmecophila ....=× Rhynchomyrmeleya
× Cattleya × Myrmecophila × Prosthechea ....=× Emilythwaitesara
× Cattleya × Prosthechea ....=× Prosrhyncholeya
× Cattleya × Psychilis ....=× Rhynchopsyleya
× Caularthron ....=× Rhynarthron
× Encyclia ....=× Rhyncyclia
× Encyclia × Guarianthe ....=× Guarcholia
× Epidendrum ....=× Rhynchodendrum
× Epidendrum × Guarianthe ....=× Epirhynanthe
× Epidendrum × Laelia ....=× Rhyndenlia
× Guarianthe ....=× Rhyncanthe
× Guarianthe × Laelia ....=× Rhynchoguarlia
× Laelia ....=× Laelirhynchos
× Laelia × Myrmecophila ....=× Rhycopelia
× Laelia × Prosthechea ....=× Rhynchothechlia
× Prosthechea ....=× Rhynchothechea
× Psychilis ....=× Psychelia
× RHYNCHOLAELIOCATTLEYA (Rlc.) ....= Cattleya × Rhyncholaelia
× RHYNCHOMYRMELEYA (Rmy.) ....= Cattleya × Myrmecophila × Rhyncholaelia
× RHYNCHOPSYLEYA (Rop.) ....= Cattleya × Psychilis × Rhyncholaelia
× RHYNCHOTHECHEA (Rct.) ....= Prosthechea × Rhyncholaelia
× RHYNCHOTHECHLIA (Rhh.) ....= Laelia × Prosthechea × Rhyncholaelia
× RHYNCHOVOLA (Rcv.) ....= Brassavola × Rhyncholaelia
× RHYNCHOVOLANTHE (Rvt.) ....= Brassavola × Guarianthe × Rhyncholaelia

× RHYNCYCLIA (Rcy.) .... = Encyclia × Rhyncholaelia
× RHYNDENLIA (Rdl.) .... = Epidendrum × Laelia × Rhyncholaelia
× RHYNTONLEYA (Rly.) .... = Broughtonia × Cattleya × Rhyncholaelia
× ROBERTSARA (Rbt.) .... = Cattleya × Encyclia × Epidendrum × Guarianthe
× ROEZLARA (Roz.) .... = Brassavola × Cattleya × Laelia × Myrmecophila × Prosthechea
× ROLFWILHELMARA (Rwm.) .... = Brassavola × Cattleya × Caularthron × Laelia × Myrmecophila
× SCAPHINGOA (Scg.) .... = Domingoa × Scaphyglottis
SCAPHYGLOTTIS (Scgl.) .... = Natural genus
× Domingoa .... = × Scaphingoa
× Epidendrum .... = × Epiglottis
× SEVILLAARA (Svl.) .... = Broughtonia × Cattleya × Encyclia × Laelia
× SIEBERTARA (Sbt.) .... = Brassavola × Broughtonia × Cattleya × Laelia × Myrmecophila
× STELLAMIZUTAARA (Stlma.) .... = Brassavola × Broughtonia × Cattleya
× STRICKLANDARA (Str.) .... = Cattleya × Encyclia × Guarianthe × Laelia
× SUSANPERREIRAARA (Sprra.) .... = Broughtonia × Cattleya × Tetramicra
× TATEARA (Tat.) .... = Encyclia × Epidendrum × Guarianthe × Prosthechea
× TETRABROUGHTANTHE (Tbg.) .... = Broughtonia × Guarianthe × Tetramicra
× TETRACATTLEYA (Ttct.) .... = Cattleya × Tetramicra
× TETRACYCLIA (Tcy.) .... = Encyclia × Tetramicra
× TETRAKERIA (Ttka.) .... = Barkeria × Tetramicra
TETRAMICRA (Ttma.) .... = Natural genus
× Barkeria .... = × Tetrakeria
× Brassavola .... = × Brassomicra
× Brassavola × Cattleya × Epidendrum .... = × Estelaara
× Brassavola × Cattleya × Psychilis .... = × Donaestelaara
× Broughtonia .... = × Tetratonia
× Broughtonia × Cattleya .... = × Susanperreiraara
× Broughtonia × Guarianthe .... = × Tetrabroughtanthe
× Broughtonia × Psychilis .... = × Tetronichilis
× Cattleya .... = × Tetracattleya
× Caularthron .... = × Tetrarthron
× Encyclia .... = × Tetracyclia
× Epidendrum .... = × Epimicra
× Guarianthe .... = × Guarimicra

× TETRARTHRON (Ttt.) .... = Caularthron × Tetramicra

× TETRATONIA (Tttna.) .... = Broughtonia × Tetramicra

× TETRONICHILIS (Trn.) .... = Broughtonia × Psychilis × Tetramicra

× TURNBOWARA (Tbwa.) .... = Barkeria × Broughtonia × Cattleya

× VAUGHNARA (Vnra.) .... = Brassavola × Cattleya × Epidendrum

× VERBOONENARA (Vbn.) .... = Broughtonia × Cattleya × Myrmecophila × Rhyncholaelia

× VOLKERTARA (Vkt.) .... = Broughtonia × Cattleya × Guarianthe × Rhyncholaelia

× VRIESARA (Vri.) .... = Broughtonia × Cattleya × Laelia × Rhyncholaelia

× WARASARA (Wrs.) .... = Broughtonia × Cattleya × Caularthron × Encyclia × Laelia × Prosthechea × Rhyncholaelia

× WARNERARA (Wrn.) .... = Brassavola × Cattleya × Myrmecophila × Rhyncholaelia

× WILLIAMCOOKARA (Wll.) .... = Broughtonia × Cattleya × Caularthron × Laelia

× WILMOTTEARA (Wmt.) .... = Broughtonia × Cattleya × Guarianthe × Myrmecophila

× WOJCECHOWSKIARA (Woj.) .... = Broughtonia × Cattleya × Caularthron × Myrmecophila

× WOLLEYDODARA (Wly.) .... = Broughtonia × Cattleya × Epidendrum × Guarianthe

× WOOARA (Woo.) .... = Brassavola × Broughtonia × Epidendrum

× YOUNGYOUTHARA (Ygt.) .... = Brassavola × Broughtonia × Cattleya × Caularthron

注：1. 按 RHS 规定，杂交属属名之前须加上代表杂交的“×”符号，在本书中为避免读者阅读时混淆，故未加上“×”符号。

2. 本附录中，按照顺序出现的每一个属名，都以全部字母大写的方式呈现，但实际使用时，属名的第一个字母大写，其余小写。

3. 本附录中，为求读者比对查阅方便，所有属名皆未以斜体方式编排，在一般专业书籍上属名、种名等拉丁文的学名都以斜体方式编排，以与英文文字区分。

附录二　常见的兰花授奖之国际性兰花协会及兰展与审查授奖奖别

常见的兰花授奖国际性兰花协会：（以目前常见程度为序排列）

简写	原文全名	中文名称
AOS	American Orchid Society	美国兰花协会
TOGA	Taiwan Orchid Growers Association	台湾兰花产销发展协会
TPS	Taiwan Paphiopedilum Society	台湾仙履兰协会（只针对兜兰亚科）
RHS	Royal Horticultural Society	英国皇家园艺学会
JOGA	Japan Orchid Growers Association	日本洋兰农业协同组合（日本汉字名）
AJOS	All Japan Orchid Society	全日本兰协会（日本汉字名）
JOS	Japan Orchid Society	日本兰协会（日本汉字名）
OST	Orchid Society of Thailand	泰国兰花协会
HOS	Hononulu Orchid Society	檀香山兰花协会
DOG	Deutsche Orchideen-Gesellschaft E.V.	德国兰花协会
DOS	Dutch Orchid Society	荷兰兰花协会

常见的兰花授奖之国际性兰展：

简写	英文全名	中文名称
WOC	World Orchid Conference	世界兰花会议（常俗称世界兰展）
APOC	Asia Pacific Orchid Conference	亚太兰花会议（常俗称亚太兰展）
JGP	Japan Grand Prix. International Orchid Festival	世界兰展日本大赏（日本汉字名）
TIOS	Taiwan International Orchid Show	台湾国际兰展（常由TOGA与AOS分别审查授奖）

审查授奖之奖别：

简写	英文全名	中文名称
GM	Gold Medal	金牌奖（90分以上）
SM	Silver Medal	银牌奖（80分以上，90分以下）
BM	Bronze Medal	铜牌奖（75分以上，80分以下）
FCC	First Class Certificate	金牌奖　（90分以上）
AM	Award of Merit	银牌奖（80分以上，90分以下）
HCC	Highly Commended Certificate	铜牌奖（75分以上，80分以下）
CCM	Certificate of Cultural Merit	栽培奖
CCE	Certificate of Cultural Excellence	卓越栽培奖（栽培分数90分以上）
AQ	Award of Quality	杰出族群品质奖
AD	Award of Distinction	卓越育种奖
CHM	Certificate of Horticultural Merit	园艺特殊价值奖（原种，杂交种）
CBR	Certificate of Botanical Recognition	植物特殊价值奖（针对原种）
JC	Judge' s Commendation	评审推荐奖

测量记录导读：（单位：厘米／cm）

简写	英文全名	中文名称 （附注）
花朵资料：		
NS	Natural Spread	自然开展（水平 × 垂直）
DS	Dorsal Sepal	上萼（宽 × 长）
LS	Lateral Sepal	下萼（宽 × 长）
P	Petal	花瓣（侧瓣，宽 × 长）
L	Lip	唇瓣（宽 × 长）
植株资料：		
PW	Plant Width	株宽（连同叶片开展，量最宽处）
StL	Stem Length	花梗长 （量最长的一支）
PH	Plant Height	株高（植株最高处，不包括花梗长）
F	Flower	花朵数 （正绽放的花朵）
ST	Stem	花梗数 （现有的开花梗数）
B	Bud	花苞数 （未开的花苞）

注：以上数据，必须选定最大的一朵花，做固定花朵的测量。

附录三　卡特兰组织培养常用的培养基配方

MS继代培养基配方表

成分	用量(mg · L^{-1})
硝酸钾　KNO_3	1900
硝酸铵　NH_4NO_3	1650
磷酸二氢钾　KH_2PO_4	170
硫酸镁　$MgSO_4 \cdot 7H_2O$	370
氯化钙　$CaCl_2 \cdot 2H_2O$	440
碘化钾　KI	0.83
硼酸　H_3BO_3	6.2
硫酸锰　$MnSO_4 \cdot 4H_2O$	22.3
硫酸锌　$ZnSO_4 \cdot 7H_2O$	8.6
钼酸钠　$Na_2MoO_4 \cdot 2H_2O$	0.25
硫酸铜　$CuSO_4 \cdot 5H_2O$	0.025
氯化钴　$CoCl_2 \cdot 6H_2O$	0.025
乙二胺四乙酸二钠　$Na_2 \cdot EDTA$	37.3
硫酸亚铁　$FeSO_4 \cdot 7H_2O$	27.8
肌醇	100
甘氨酸	2
盐酸硫胺素　VB_1	0.1
盐酸吡哆醇　VB_6	0.5
烟酸　VB_5或VPP	0.5
蔗糖　sucrose	30g · L^{-1}
琼脂　agar	7g · L^{-1}
pH	5.8

VW改良型诱导培养基

成分	用量(mg · L^{-1})
过磷酸钙　$Ca_3(PO_4)_2$	200
硝酸钾　KNO_3	525
磷酸二氢钾　KH_2PO_4	250
硫酸铵　$(NH_4)_2SO_4$	1650
草酸铁$Fe_2(C_4H_4O_6)_3$	28
硫酸锰　$MnSO_4 \cdot 4H_2O$	7.5
硫酸镁　$MgSO_4 \cdot 7H_2O$	250
蔗糖　sucrose	20g · L^{-1}
pH	5.0 ~ 5.5

Knudson C 改良分化培养基

成分	用量(mg · L^{-1})
硝酸钙　$Ca(NO_3)_2 \cdot 4H_2O$	1000
硫酸镁　$MgSO_4 \cdot 7H_2O$	250
硫酸铵　$(NH_4)_2SO_4$	500
硫酸亚铁　$FeSO_4 \cdot 7H_2O$	500
磷酸二氢钾　KH_2PO_4	250
硼酸　H_3BO_3	0.056
氧化钼　Mo_2O_3	0.016
硫酸铜　$CuSO_4$	0.040
硫酸锌　$ZnSO_4 \cdot 7H_2O$	0.331
蔗糖　sucrose	20g · L^{-1}
pH	5.1 ~ 5.4

Fonuesbech壮苗培养基

成分	用量(mg · L^{-1})
硝酸钙$Ca(NO_3)_2 \cdot 4H_2O$	400
硫酸铵　$(NH_4)_2SO_4$	300
磷酸二氢钾　KH_2PO_4	250
磷酸氢二钾K_2HPO_4	212
硫酸镁　$MgSO_4 \cdot 7H_2O$	250
硫酸亚铁　$FeSO_4 \cdot 7H_2O$	27.9
乙二胺四乙酸二钠　$Na_2 \cdot EDTA$	37.8
硫酸锰　$MnSO_4 \cdot 4H_2O$	25
硫酸锌　$ZnSO_4 \cdot 7H_2O$	10
硼酸　H_3BO_3	10
钼酸钠　$Na_2MoO_4 \cdot 2H_2O$	0.25
硫酸铜　$CuSO_4 \cdot 5H_2O$	0.025
甘氨酸	2
烟酸	1
吡哆醇（VB_6）	0.5
硫氨酸（VB_1）	0.5
萘乙酸	1.86
肌醇	100
激动素	0.215
酪蛋白氨基酸	2 ~ 3
椰汁	100-150
蔗糖　sucrose	30 ~ 40g · L^{-1}
pH	5.5 ~ 5.8

卡特兰组培培养基 (mg · L^{-1})

成分	启动 Lindemann	增殖 Knudson C	生根 Arditti
硫酸镁 $MgSO_4 \cdot 7H_2O$	120	120	250
磷酸二氢钾 KH_2PO_4	135	135	250
硝酸钙 $Ca(NO_3)_2 \cdot 4H_2O$	500	500	1000
硝酸铵 $(NH_4)_2SO_4$	1000	1000	500
氯化钾 KCl	1050	1050	
碘化钾 KI	0.099	0.099	
硼酸 H_3BO_3	1.014	1.014	0.056
硫酸锰 $MnSO_4 \cdot 4H_2O$	0.068	0.068	7.5
硫酸锌 $ZnSO_4 \cdot 7H_2O$	0.565	0.565	0.331
氧化钼 Mo_2O_3			0.016
五水硫酸铜 $CuSO_4 \cdot 5H_2O$	0.019	0.019	
硫酸铜 $CuSO_4$			0.040
氯化铝 $AlCl_3$	0.031	0.031	
氯化镍 $NiCl_2$	0.017	0.017	
硫酸亚铁 $FeSO_4$			25
草酸铁 $FeC_6H_5O_7 \cdot 3H_2O$	5.4	5.4	
肌醇		18.0	
烟酸		1.22	
盐酸吡哆醇（VB_6）		0.21	
盐酸硫胺素（VB_1）		0.34	
叶酸		4.4	
生物素		0.024	
泛酸钙		0.48	
谷氨酸		15.0	
天门冬氨酰		13.0	
乌嘌呤核苷酸		182.0	
胞嘧啶核苷酸		162.0	
椰乳（ml/L）	150	100	
水解酪蛋白			
蔗糖 sucrose	50g · L^{-1}	20g · L^{-1}	20g · L^{-1}
琼脂 agar			12 ~ 15g · L^{-1}
KT	0.2	0.22	
NAA	0.1	0.18	
GA_3		0.35	
pH	5.5	5.5	

附录四 *Rlc*. Hey Song（黑松）亲本树谱系图

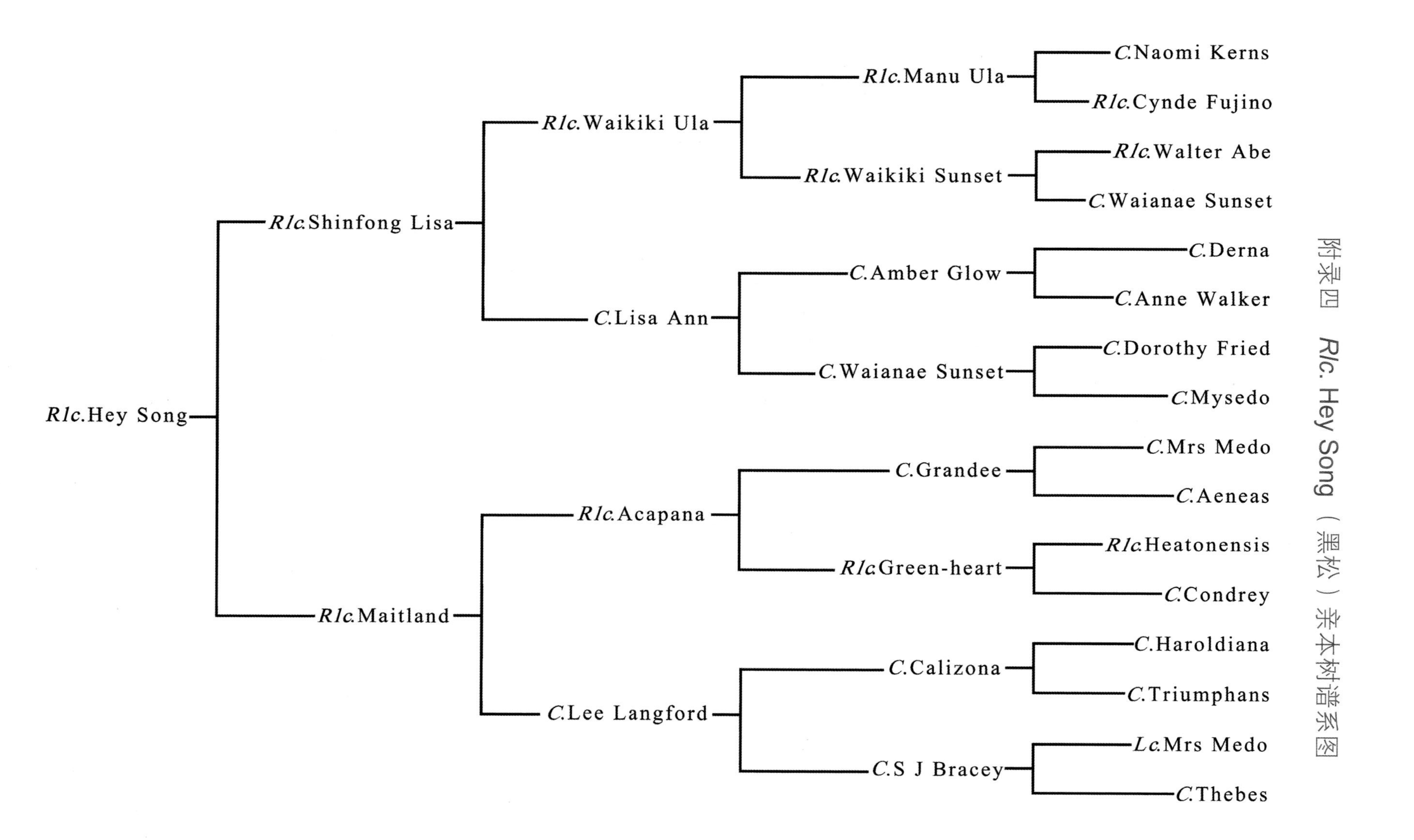

此图并未列出*Rlc.* Hey Song（黑松）的所有亲本谱系，只追溯到其第5代，有兴趣的读者可在RHS网站上继续查询追溯。

Rlc. Hey Song （黑松）原种比例分析

原种	所占比例（%）
C. eldorado	0.10
C. xanthina	0.10
C. coccinea	0.10
C. lueddemanniana	0.20
C. mendelii	0.20
C. purpurata	0.20
C. gaskelliana	0.29
C. schroderae	0.59
C. schilleriana	1.17
C. cinnabarina	1.17
C. mossiae	1.76
C. warscewiczii	10.35
C. tenebrosa	13.23
C. labiata	2.15
C. warneri	2.20
C. trianae	2.73
Rl. digbyana	3.71
C. rex	3.91
C. dowiana	49.90
C. bicolor	5.96

Rlc. Hey Song （黑松）各原种所占比例

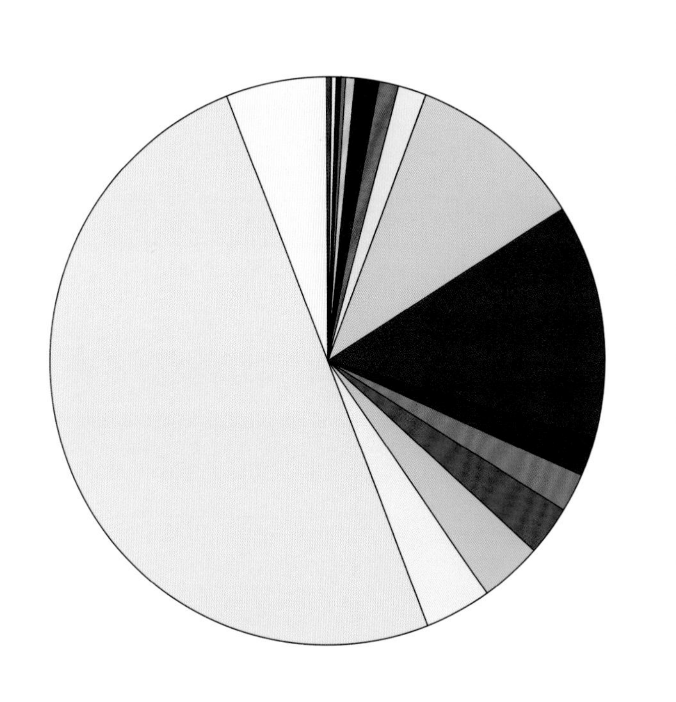

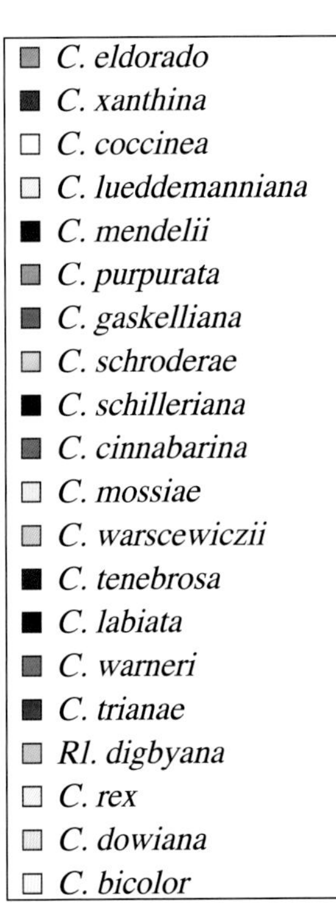

附录五 TIOS 和 TOGA个体审查评分表

TIOS & TOGA Point Scale for Medal Judging

	一般通用 General	卡特兰属及其附属 *Cattleya*	蕙兰属及其附属 *Cymbidium*	石斛兰属及其附属 *Dendrobium*	堇色兰属、文心兰属 *Miltonia*、*Oncidium*	齿舌兰属及其附属 *Odontoglossum*	兜兰属（单花）*Paphiopedilum*(Single)	蝴蝶兰属及其附属 *Phalaenopsis*	万代兰属及其附属 *Vanda*	兜兰属（多花）*Paphiopedilum*(Multi)	得分 Points Scored
花型 FLOWER FORM											
全貌 General Form	-	15	15	15	15	15	20	15	15	15	
萼片（上萼片）Sepals(*Dorsal Sepal)	-	5	5	5	6	5	10*	5	7	7	
侧瓣 Petals	-	5	5	5		5	5	6	5	4	
唇瓣 Labellum(*Pouch)	-	5	5	5	9	5	5*	4	3	4	
小计 TOTAL	30	30	30	30	30	30	40	30	30	30	
花色 COLOR OF FLOWER											
全花色彩 General Color	-	15	15	15	15	15	20	15	15	15	
萼片（上萼片）Sepals(*Dorsal Sepal)	-	7	8	5	6	5	10*	10	7	7	
侧瓣 Petals	-			5		5	5		5	4	
唇瓣 Labellum(*Pouch)		8	7	5	9	5	5*	5	3	4	
小计 TOTAL	30	30	30	30	30	30	40	30	30	30	
其它特征 OTHER CHARACTERISTICS											
大小 Flower Size	10	10	10	10	10	10	10	10	10	10	
瓣质与肌理 Substance and Texture	10	20	10	10	10	10	5	10	10	10	
习性与花序排列 Habit and Arrangement of Inflorescence(s)	10	-	10	10	10	10	-	10	10	10	
花数 Floriferousness	10	-	10	10	10	10	-	10	10	10	
多花性与花茎 Floriferousness & Stem	-	10	-	-	-	-	-	-	-	-	
花茎 Stem	-	-	-	-	-	-	5	-	-	-	
小计 TOTAL	40	40	40	40	40	40	20	40	40	40	

Rlc. Creation

参考文献
References

01. CARLl L. WITHNER . THE CATTLEYAS AND THEIR RELATIVES Volumn I.: The Cattleyas . Timber Press，1988 .

02. CARLl L. WITHNER . THE CATTLEYAS AND THEIR RELATIVES Volumn II.: The Laelias . Timber Press，1990 .

03. CARLl L. WITHNER . THE CATTLEYAS AND THEIR RELATIVES Volumn III.: Schomburgkia，Sophronitis，and Other South American Genera . Timber Press，1990 .

04. CARLl L. WITHNER . THE CATTLEYAS AND THEIR RELATIVES Volumn IV.: The Bahamian and Caribbean Species . Timber Press，1996 .

05. CARLl L. WITHNER . THE CATTLEYAS AND THEIR RELATIVES VolumnV.: *Brassavola*，*Encyclia*，and Other Genera of México and Central America . Timber Press，1998 .

06. CARLl L. WITHNER . THE CATTLEYAS AND THEIR RELATIVES Volumn VI.: The South American *Encyclia* Species . Timber Press，2000 .

07. L.C. Menezes . ORQUIDEAS/ORCHIDS *Cattleya labiata autumnalis* . Brasília：Edições IBAMA，2002 .

08. ALEC PRIDGEON . The Illustrated Encyclopedia of ORCHIDS . Timber Press，2000 .

09. D. Mulder，T. Mulder-Roelfsema，André Schuiteman . Orchids travel by air：a pictorial safari . Het Houten Hert，the Netherlands，1990 .

10. RICK IMES . The ORCHID IDENTIFIER . Simon＆Schuster Australia，1993 .

11. Fowlie J. A. . The Brazilian bifoliate Cattleya and their color varieties：Their speciation，distribution，literature，and cultivation . Azul Quinta Press USA，1977 .

12. 卢思聪 . 中国兰与洋兰/Chinese and Exotic Orchids . 中国科学院植物研究所北京植物园，北京：金盾出版社，2002 .

13. 卢思聪 . 兰花栽培入门 . 北京：金盾出版社，2006 .

14. 陈心启，吉占和 . 中国兰花全书/THE ORCHIDS OF CHINA . 北京：中国林业出版社，1998 .

15. 林维明 . 英汉兰学辞典 . 台北：淑馨出版社，1993 .

16. 黄祯宏/Tsiku Huang 等 . 兰花浅介/Guide To Orchids In Class . 台湾兰花产销发展协会/TOGA，2004 .

17. 赖本智 等 . 兰花经济栽培技术 . 行政院青年辅导委员会, 2004 .

18. 唐泽耕司/Karasawa Kohji . 原种ラン图鉴-I.解说编/Species Orchidacearum-I Text . 日本放送出版协会，2003 .

19. 唐泽耕司/Karasawa Kohji . 原种ラン图鉴-II.写真编/Species Orchidacearum-II Plates . 日本放送出版协会，2003 .

20. 唐泽耕司. 监修 . 山溪カラ－名鑑：兰ラン . 山と溪谷社,1996.

21. 冈田弘，広田哲也，和中雅人 . 原种カトレヤ全书 ォーキッドバイブル 1/CATTLEYA SPECIES . 株式会社 草土出版，2001 .

22. 唐泽耕司 等 . 世界兰纪行/WILD ORCHIDS . 株式会社 草土出版，1992 .

23. 福田辉明 . カラ-版 洋ランの病害虫防除 . 家の光协会，1997 .

24. 长井雄治 . 监修 . ランの病害虫. 生理障害＝见分け方け防け方＝ . タキイ种苗株式会社，1996 .

25. Dressler,R.L. and W.E.Higgins . *Guarianthe*, a generic name for the"*Cattleya*"*skinneri* complex . 2003 . Lankesteriana 7：37～38 .

26. Wesley E. Higgins . The Genus Protherchea：An Old Name Resurrrected . Orchids . 1999. 11 P.1114～1125 .

27. 郑金楞.嘉德丽雅的大变革.生活兰艺月刊/Orchids＆Life Monthly No.24 , 2008. 2 P30～39 .

28. 郑金楞 .嘉德丽雅的大变革续集（上）. 生活兰艺月刊/Orchids ＆Life Monthly No.29，2008. 7 P17～23 .

29. 郑金楞 .嘉德丽雅的大变革续集（下）. 生活兰艺月刊/Orchids ＆Life Monthly No.30，2008. 8 P20～30 .

30. 郑金楞 . 嘉德丽雅族群的大变革总整理（上）. 生活兰艺月刊/ Orchids＆Life Monthly No. 48，2010. 2 P30～46 .

31. 郑金楞 . 嘉德丽雅族群的大变革总整理（中）. 生活兰艺月刊/ Orchids＆Life Monthly No. 49，2010. 3 P46～53 .

32. 郑金楞 . 嘉德丽雅族群的大变革总整理（下）. 生活兰艺月刊/ Orchids＆Life Monthly No. 50，2010. 4 P31～48 .

33. 齐藤正博，刘黄崇德 . 在登录时得以使用的主要蕾莉雅亚族的原生种：有关于最近的变更 . 生活兰艺月刊/Orchids＆Life Monthly No. 29，2008.7 P24～35 .

34. 赖清义 . 个体名的故事系列2～36 . 生活兰艺月刊/Orchids＆Life Monthly No.28～64，2008.6～2011.6 .

35. Wildcatt Orchids（兰花杂交登录查询软件）1994-2007 Wildcatt Database Co .

36. The International Orchids Register. http：// apps.rhs.org.uk/ horticulturaldatabase/ orchidregister/ .

37. 胡松华，余志满 . 洋兰 . 北京：中国林业出版社，2004 .

38. 胡松华. 热带兰花 . 北京：中国林业出版社，2002 .

作者后记
The Postscript

十几年前，第一次看到卡特兰，便被她那硕大、艳丽的花朵所诱惑，投身到卡特兰种质资源的收集、栽培和育种研究中，开始享受卡特兰带来的无限乐趣和他人无限惊羡的目光。并一路追逐着卡特兰的身影，我参加了在美国迈阿密的第19届及在新加坡的第20届世界兰展、韩国高阳及中国重庆亚太兰展、台湾国际兰展、三亚国际兰展等大型专业兰花展会，随着看到更多类型的卡特兰优秀品种，却愈发困惑于卡特兰家族的庞大、迷惑于其系统的复杂，作为一个科研工作者，如何解开卡特兰属类的关系，成为了我的一个心结。同时，卡特兰——“洋兰之王”在我国大陆的市场上难得一见，偶尔一现的也是差不多20年前的品种，更不要说卡特兰的栽培、生产、育种等产业和技术，还几乎处于空白。因此，萌发了编写本书的冲动。十分荣幸卡特兰生产、育种、研究翘楚陈振皇先生、周照川先生、黄祯宏先生及郑宝强博士应邀共同倾情笔耕，历时两年余，终于即将付梓。

在本书中，我们清晰梳理了卡特兰家族的变革，整理了品种的分类系统，介绍了最新的栽培、繁殖、育种、应用的理念、技术和趋势，希望带给兰花专业人员一个科学的、真实的卡特兰世界，带给兰花爱好者一个全面客观了解卡特兰的平台，期待着更多的人士爱上卡特兰、迷上卡特兰！

王 雁

研究员 博士生导师

中国林业科学研究院林业研究所

中国植物学会兰花分会理事

2012年5月

卡特兰的栽培与育种在欧美已有近两百年的历史，她是所谓“洋兰”的代表，在整个广大的中国大陆，却像是一个无法定位新旧的个别花卉，说她新，却明明早有零星引人，栽个数株几十盆的大有人在；说她旧，却似乎从来没什么发展，既没有园艺业者以商业导向进行量产，也没有产生一批兴趣者踏人育种或研发。卡特兰，在中国大陆，其实是一个新生的世界，是个新兴的花卉种类。

虽然被誉为洋兰之王，卡特兰却不是娇生惯养在温室里的花朵，家家户户的窗架阳台都可以栽养，只要个简易的防强光日晒、防风霜冰雪暴寒，就如同我们给家中其它花木盆栽安个落脚处一样，用那么点心思，就会有五颜六色、瑰丽缤纷、各式各样喜随您意的卡特兰，点缀您一年四季的生活。

礼盆花，并非只有蝴蝶兰，当全世界都充满了“全世界最多……也就是全世界最普遍”的蝴蝶兰，您何不给自己和为对方做个漂亮的改变，扮抹起全新的彩妆，美丽的卡特兰。

陈振皇

台湾云林兰友会审查长

台湾天母兰业有限公司总经理

昆明真善美兰业有限公司总经理

2012年5月

卡特兰花型变化多姿，气息芬芳可人，颜色丰富多彩，有“洋兰之王”之称。我国大陆自20世纪70年代开始引种卡特兰，但一直未能规模化生产，究其原因，一方面是我们的栽培技术不过关，另一方面是我们没有最新最优的品种，抓不住普通民众的眼球。而我国台湾已经成为卡特兰世界育种及栽培的供应中心，在本书合作过程中，台湾同仁的敬业精神、专业知识令我深深敬佩，也深深认识到大陆与台湾在卡特兰方面的差距。希望借由此书向广大兰花爱好者介绍卡特兰的前世今生以及发展趋势，介绍先进的栽培经验，先进的育种理念，希望此书能够对您的卡特兰栽培、育种、研究、欣赏提供帮助！

郑宝强 博士
中国林业科学研究院林业研究所
台湾嘉德丽雅兰艺协会顾问
2012年5月

二十五年的卡特兰栽培经验，比起许许多多兰坛老前辈来说，我们吃过的米或许是没有人家吃过的盐多，但我们累积的是专业生产的经验和心得，付出更多的心力，而且愿意和大家一起分享。

中国人栽培兰花已有相当悠久的历史，我们的国兰，深植我们文化的各层面，梅兰竹菊四君子更代表了中国人的风骨涵养。但是全球性的卡特兰，对中国大陆来说，却是新的东西，并非她新，而是因为有一大段岁月的不曾接触。

今后卡特兰的栽培、育种、发展，透过两岸的合作，也将要傲视群伦。愿献我们所学、所长、所专精，共同努力，一起合作研究，让卡特兰也可成为炎黄子孙的另一个骄傲。

周照川
台湾云林兰友会 会长
2012年5月

所有的园艺栽培与作物育种都是由自然物种开始的，自然物种就是原种。原种，是一切园艺的源头，是身为园艺工作者必须了解的根本。如果不稍微了解卡特兰的原种，当然也别说您懂卡特兰。

在本书中，我们由浅入门、自入门而带您进入可以借以管窥一豹的卡特兰大家族原种世界，尤其在这样一个卡特兰类属名大变革的时代，且以我们的专业，为您娓娓道来。感谢TOGA现任（第四届）主审郑金楞先生，当初在我们都还忸怩不愿接受RHS掀起这个剧变的时候，是他在默默整理文献为我们先将那把打开大门的钥匙给准备好。也感谢赖清义、李柏欣、张进丰等好友提供多张铭花照片，另外TOGA也提供了一些审查花照片，在此一并感谢。

如果您早就很懂卡特兰了，劝您别怀疑了，重新认识卡特兰吧。如果您还不懂卡特兰，更别怀疑了，打开本书，开始啃吧。

黄祯宏
生活兰艺月刊 总编辑
TOGA第二、第三届主编
2005～2009年台湾国际兰展专辑主编
2012年5月